JN193977

ゼロから学ぶ Power Apps

実践に役立つ ビジネスアプリ開発入門

パワ実 著

秀和システム

はじめに

「プログラミングの経験もないのに、アプリ開発なんてできるの?」

そう思っている方も多いのではないでしょうか?

「Power Apps」は、ローコードプラットフォームのため、ほとんどプログラミングをしなくてよい開発基盤です。

しかし、非エンジニアが「0から」アプリ開発を学ぶのはローコードでもハードルが高いです。

本書は、全くプログラミングの経験がない非エンジニアが、Power Appsアプリ開発を「0から学ぶ」ための書籍です。

本書では、Power Appsアプリ開発に必要な最低限の基礎知識に加え、「そもそもシステムで何を実現したいのか?」という要件の整理や、アプリの簡単な設計を含めたPower Appsアプリ開発全体の流れを体験しながら、体系的な知識を学んでいきます。

さらに、最新の「生成AI」を活用したアプリ開発を効率化する考え方についても触れています。

これらの知識は、他のPower Platformサービスを含め、あらゆるアプリ開発において役立つ内容となっていますので、ぜひ最後まで読んでいただければと思います!

● 本書の使い方

本書は、株式会社パワプに所属する、総務部の「ミムチ」を主人公とし、ストーリー形式で進めていきます。

あるとき組織にMicrosoft 365が導入されたのを機に立ち上がった「DX推進プロジェクト」のプロジェクトメンバーに任命された「ミムチ」が、Power Appsを使い、部署の業務を効率化する「申請アプリ」開発に奮闘します。

皆さんもぜひ「ミムチ」を応援しながら、一緒にハンズオン形式で、Power Appsアプリ開発を進めていただければと思います。

● 本書の対象者

本書は、Power Appsアプリ開発をしたいすべての方を対象にしています(SharePointリストを使ったキャンバスアプリが対象です)。

特に次のような方にはぜひ読んでいただきたいです。

本書を読んでほしい人

● プログラミングの経験がないけど、Power Appsアプリ開発がしたい

● 突然Power Appsでのアプリ開発を命じられて困っている…

● 自分たちの業務をどうにか効率化したいが、どうやってできるのか分からない

　本書は、基本的にプログラミング経験の全くない「非エンジニア」の方を対象としていますが、Excelで簡単な関数式（SUM関数等）を使った経験があると、より本書の理解がしやすくなります。

● **本書に記載の情報について**

　本書に記載されている情報は、本書の執筆時点の内容になります。

　サービスのアップデート等により、情報が古くなる場合がございますので、あらかじめご了承ください。

読者特典について

　本書の読者特典として、以下のサイトから本書の第5章で作成するPower Appsのサンプル（申請アプリ）ファイルや、Power Platform学習に役立つ情報を記載したリファレンスを取得できます。

読者特典のWebページ

https://www.powerplatformknowledge.com/powerapps-book1-benefit/
パスワード：最後から2ページ目のページ下をご参照ください。

特典内容

- 本書のハンズオンで使うファイル
  - 本書第3章で使う「TaskList.xlsx」のファイル
- Power Appsサンプルアプリ
  - 本書第5章で作成する「申請アプリ」の完成版ファイル
  - アプリのインポート手順書（Webページ）
- 学習リファレンス（Webページ）
  - 学習に役立つリンク集
  - 分からないことを自分で調べるためのコツ

※読者特典のデータは、著者の運営するブログ「業務効率化・データ活用ブログ」にアクセスする必要があります。
※読者特典データに関する権利は著者が所有しています。許可なく配布したり、Webサイトに掲載したりすることはできません。
※読者特典の掲載内容は、掲載後に更新されたり、予告なく掲載終了したりすることもありますので、あらかじめご了承ください。

Contents

目 次

Chapter 1 Power Apps とは？ 13

Chapter 4 データソースについて 101

Power Apps とは？

　本章では、DXの目的と意義を理解し、Power PlatformとPower Appsの機能と活用方法を学びます。

　また、Power Appsの導入に必要な要件と、開発環境の構築方法についても解説します。

　この章を完了すると、DXやPower Platformについての概要を理解し、Power Appsを開発するための準備を整えることができます。

1 何のためにDXを進めるのか？

　株式会社パワプに勤めている総務部のミムチは、近々社内の基盤が一新され、Microsoft 365が導入されることを知りました。

　正直これまで社内で使っていた使い勝手の悪いシステムにうんざりしていたミムチは、世の中で話題になっているDXの波が、ようやくこの会社にも来たようだと感じました。

Microsoft 365が導入されれば、Teams会議もできて、リモートワークもできますな。DXブーム万歳ですぞ！

…ところで、そもそもDXとはどういう意味でしたかな？

　DXは「デジタルトランスフォーメーション」の略で、組織がデジタル技術を活用して業務プロセスを改善していくだけではなく、製品やサービス、ビジネスモデル等を根本から変革していくことです。

　さらに、組織や企業文化をも変革し、競争上の優位性を確立することを目指します。

　ただし、「**DX推進**」そのものは「**目的**」ではなく、目的を達成するための「**手段**」であることを理解しておく必要があります。

DX推進の主な目的としては、次の4つがあります。

DX推進の主な目的

（1）業務の効率化

　コンピューターやロボットを使って、仕事を自動化、効率化することで、社員はもっと重要な仕事に集中できるようになります。

（2）顧客満足度のアップ

　顧客が何を欲しがっているのかをデータ分析で見つけ出し、顧客に合ったサービスを提供することで顧客満足度のアップにつなげます。

（3）新しいアイディアを生み出す

　デジタル技術を活用し、今までになかった新しいビジネスやサービスを作り出すことで、他社よりも優れた価値を顧客へ提供できるようになります。

（4）世の中の変化に素早く対応する

　デジタル技術を使い、世の中の変化や、顧客のニーズをとらえることで、素早く変化に対応して、ビジネス戦略を立てることができます。

　DXは単なる技術の導入ではなく、組織文化や業務プロセス、ビジネスモデル全体の変革を伴う包括的な取り組みです。

　このため、成功させるには組織全体が協力して、計画的に取り組むことが必要です。

　会社の上層部と社員が一丸となって「デジタルの力で会社をもっと良くしていくこと」を考え、一緒に取り組んでいくことが重要です。

2　Power Platformで何ができる？

株式会社パワプでは、どうやら今後Power Platformというツールの利用を促進していくらしい。

「Power Platformとは何ですかな?」

総務部のミムチは初めて聞く「Power Platform」というツールについて少し興味を持ち、社内報に書かれているPower Platformの概要を読んでみました。

 Power Platformを使うと、エンジニアでなくても、業務の自動化や効率化ができるらしいですぞ!

 Power Platformには色々とサービスがあるようですが、それぞれ具体的にどのようなことができるのですかな?

1　Power Platformとは？

Power Platformは、Microsoftが提供するローコード開発ツールです。

「ローコード (Low-Code) 」とはその名の通り、「ほとんどプログラミングをせずに」アプリケーション開発ができる開発手法です。

プログラミングの経験がない非エンジニアにとって、高度なプログラミング知識を必要としないPower Platformを活用することで、ビジネスアプリ開発や、業務の自動化等を行うハードルがかなり下がります。

しかし、プログラミングの知識が全く不要ということはなく、最低限のプログラミングの基礎知識は必要です。

Power Appsアプリ開発に必要な基礎知識については、第3章で解説しますので、非エンジニアの方も、安心して本書を読み進めてください。

Power Platformは、次の4つのサービスを提供しています。

1. Power BI

データを可視化し、データ分析の結果から示唆を得て、意思決定に繋げることができます。

例）申請・対応分析レポート、障害発生分析レポート

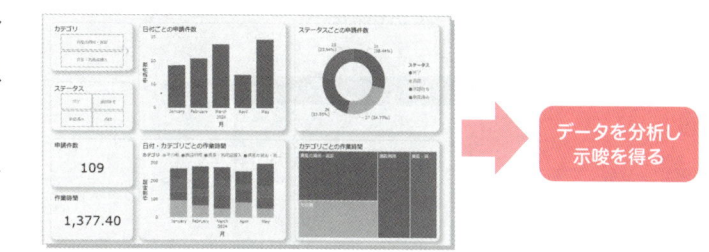

データを分析し
示唆を得る

2. Power Apps

社内で使用するビジネスアプリを作成できます。

例）申請アプリ、障害報告アプリ、タスク管理アプリ

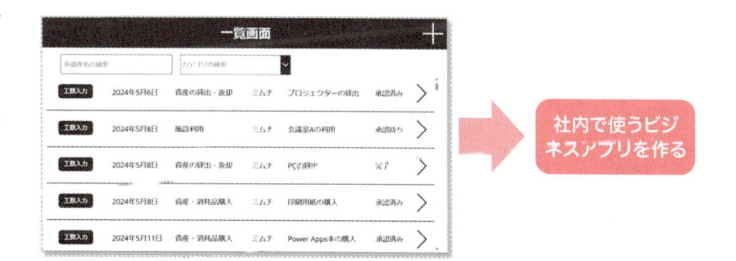

社内で使うビジ
ネスアプリを作る

3. Power Automate

タスクやプロセスの自動化を実現できます。

例）申請時の承認フロー、発注メールのTeams通知フロー

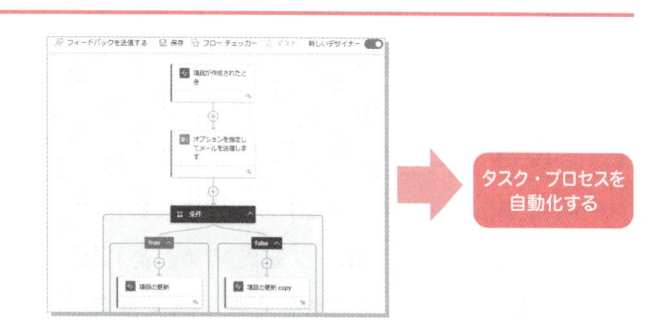

タスク・プロセスを
自動化する

4. Power Pages

社外に公開するWebサイトを作れます。

例）お客様申請サイト、カスタマーサービスページ

社外に公開する
Webサイトを作る

また、以前はPower Virtual Agentsとして知られていたサービスは、現在Microsoft Copilot Studioに統合されています（図1）。

Microsoft Copilot Studioでは、社内外で活用できるAIチャットボットを作成することができます。

▼**図1** Microsoft Copilot Studio

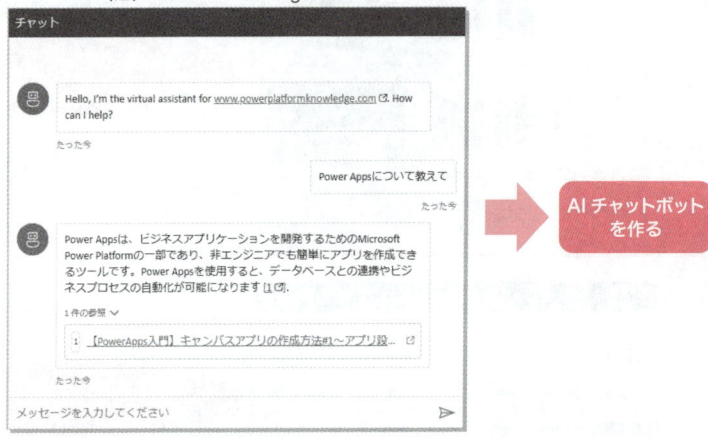

（旧）Power Virtual Agents

2 Power Platformのメリット

Power Platformを使うことで、次のようなメリットが得られます。

1. 高度なプログラミングの知識がなくても開発できる

Power Platformは、あらかじめ用意された部品を組み立てるようにアプリを開発できるため、最低限のプログラミング基礎知識があれば開発可能です。

そのため、今までIT部門や外注先に開発依頼していたシステムも、実際にシステムを使う事業部門が自分たちで気軽に開発することができます。

2. 迅速かつ柔軟な開発ができる

実際にシステムを利用している事業部門が自ら開発できるため、機能追加やバグ対応等、アプリの改修が必要になった場合も、すぐに対応できます。

そのため、システム開発を委託している場合にかかる開発工数やコストを大幅に削減できます。

3. よりクリエイティブな仕事に集中できる

単純な繰り返し作業の自動化や業務効率化により空いた工数を、よりクリエイティブな仕事に使うことができます。

例えば、データ入力等の単純作業の代わりに、自分たちの事業活動データを分析し、製品の改善や、新しいサービスの検討を行うこと等ができるようになります。

4. Microsoftサービスと相性が良い

Microsoft 365等との連携が簡単にできるため、既に組織でMicrosoft 365を使っている場合は、すぐにPower Platformの導入効果が期待できます。

例えば、SharePointや、Forms、Teams、Outlook等と簡単に連携でき、これらのサービス間でデータのやり取りが手軽にできます。

5. セキュリティ面でも安心

Microsoftの高度なセキュリティで守られたサーバーで運用されているクラウドプラットフォームなので、セキュリティ面でも安心して使うことができます。

このようにPower Platformは、高度なプログラミングの知識がなくても、自分たちの業務を自動化、効率化するアプリを気軽に開発することができ、様々なタスクの作業工数の削減と、生産性の向上の両方に貢献できるツールといえます。

第2章〜第5章で紹介するPower Appsだけでなく、第6章で紹介するPower Automate、第7章で紹介するPower BI、またその他のMicrosoft 365サービス等と連携することで、より効果的な業務の効率化が期待できます。

3 Power Appsとは？

　Power Platformについて調べているうちに、ミムチは特に「Power Apps」に興味を持ちました。

　「Power Appsを使えば、自分たちの業務を効率化できるビジネスアプリが作れますぞ。」

　しかしこれまでアプリ開発を一切経験したことがないミムチは、本当に自分でアプリ開発ができるのか、不安になったのでした。

そもそもアプリ開発というのは、エンジニアがするものではないですかな？

ミムチもチャレンジしたいですが、プログラミング経験がなくてもできますかな…？

1 Power Appsとは？

Power Appsは、高度なプログラミングの知識がなくてもビジネスアプリを作れる「ローコードプラットフォーム」 です。

　本来一からアプリを作る場合、次の表1のように色々なプログラミング言語等の知識が必要です。

▼**表1** これまでのアプリ開発に必要な知識

アプリのデザイン（クライアントサイド）	HTMLやJavaScript等で、アプリのデザインを作る。
データの参照や更新（サーバーサイド）	PythonやDjango（フレームワーク）等で、データベースを操作する処理を作る。
アプリを動かす土台	オンプレミス環境や、パブリッククラウド環境（Azure、AWS等）上に環境構築してアプリを動かす。

　Power Appsを使うと、次の表2のように簡単にアプリを作ることができます（図1）。

▼**表2** Power Appsを使ったアプリ開発

アプリのデザイン（クライアントサイド）	PowerPointのような直感的な操作で作れる。
データの参照や更新（サーバーサイド）	Power FxというExcel関数に似たローコード言語を使い、アプリを動かせる。
アプリを動かす土台	Power Platform（SaaS）上でアプリが動くため、開発環境や実行環境の構築が不要。

▼**図1** Power Appでのアプリ開発のハードルが低いイメージ

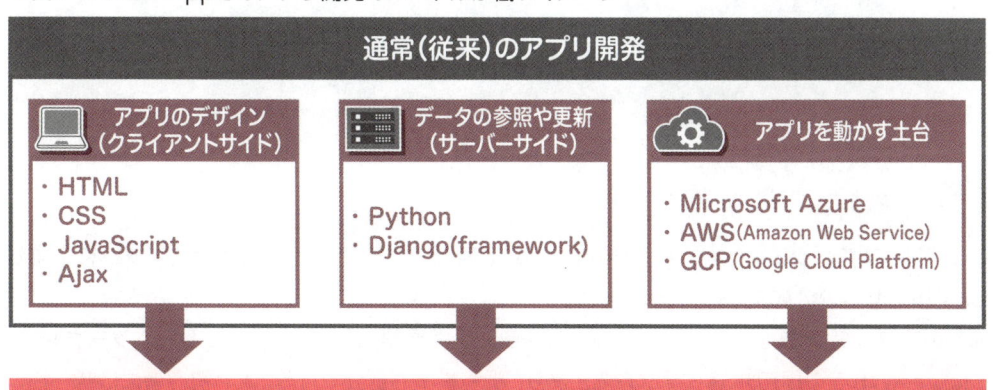

Chapter
1

2

3

4

5

6

7

8

　もちろん初めてアプリを作る人には少し難しいですが、一からアプリを作る場合に比べてハードルがぐっと下がり、学習や開発の時間もかなり短くなります。

　特にPowerPointやExcel等、Microsoft 365サービスをよく使っている人は、馴染みのある操作感で開発できるため、使いやすく感じると思います。

コラム　Power Apps でのアプリ開発ってそんなに早いの？

　筆者（パワ実）は最初、Python/Djangoを独学で勉強して、家事管理アプリを開発しました（画面）。

▼画面　パワ実が作った家事管理アプリ（献立登録）

　この時は、プログラミング言語の勉強をはじめ、色々と学びながら1年近くかけてアプリを完成させ、GitHubへの公開までこぎつけました。

　通常のアプリ開発では、Python等のプログラミング言語だけではなく、フレームワークや、GitHub、AWS等の周辺知識も学ぶ必要があり、環境構築も自分で行うため、初心者にはハードルが高く時間もかかります。

　Power Apps 等のローコードプラットフォームはこの問題を解決し、非エンジニアがアプリ開発にチャレンジするハードルがぐっと下がります。

　もちろん、プログラミングに関する最低限の基礎知識（第3章で解説）は必要ですが、実際にプログラミング経験がない多くの非エンジニア（シティズンディベロッパー）が、Power Appsを使っ

たアプリ開発に取り組んでいます。

　更に開発経験があるエンジニアにとっても、ローコードプラットフォームを使ったアプリ開発は格段に開発スピードがアップします。

　実際パワ実がPower Appsで家事管理アプリを再度開発した際は、アプリ開発スキルが以前より高かったこともあり、1〜2週間程度で完成しました。

　このように、ローコードプラットフォームは、非エンジニア（シティズンディベロッパー）、エンジニア両方にとって嬉しいツールと言えます。

2 Power Appsの特徴

　IT分野を中心とした調査・助言を行うアメリカの企業「ガートナー」は、企業が開発する新規アプリケーションのうち、ローコードまたはノーコード技術が使われる割合が2025年までに70%になると予測しています。

ノーコードとローコードの違いは？

　「ローコード」が「ほとんどプログラミングを使わず」開発ができるものであるのに対し、「ノーコード」は、「全くプログラミングを使わず」開発ができるものです。

　例えば、Microsoft Formsや、Google Formsは「ノーコード」で、Power Platformは「ローコード」になります。

　ローコードプラットフォームは、MicrosoftのPower Platform以外にも次のような製品があります。

主なローコードプラットフォーム製品

・ OutSystems

・ Salesforce

・ Mendix

・ Appian

・ ServiceNow

その中でもPower Appsは、次のような特徴を持っています。

Power Appsの特徴

- ・ Microsoftの組織アカウントが必要
- ・ SharePointや、Power Platform等、Microsoft 365サービス等との連携がしやすい
- ・ 既にMicrosoft 365サービスを使っている場合は、Power Appsの導入がしやすい

**特に既にMicrosoft 365や、Office 365等のライセンスを持っているならば、Power Apps
のライセンスもプランに含まれている場合があるので、導入のハードルが低くなります。**

③ Power Appsでできること、できないこと

Power Appsを使うと、次のようなことが実現できます。

Power Appsでできること

(1) Web（クラウド）上でビジネスアプリを作れる

(2) 短期間、低コストでアプリを作れる

(3) 様々なデータソース、サービスと連携できる

　Power AppsはSaaS（Software as a Service）サービスのため、Web上で簡単にビジネ
スアプリ開発ができることは、大きなメリットです。

　また開発環境、実行環境も自分で作る必要がなく、操作も簡単なので、短期間・低コスト
で自社のアプリが作れる上、SharePointリストや、Excel、Dataverse等、様々なデータソー
スが使え、Power Automate等との連携も可能です。

　一方で、Power Appsでは次のようなことは実現できません。

Power Appsでできないこと

(1) 組織外の人（ゲストユーザー以外）のアプリ利用や、一般公開をする

(2) 柔軟なアプリの動作を実装する

Power Appsは自分の組織内で使うアプリになり、ゲストユーザー以外の外部の人や、アプリの一般公開はできません。

また、ゲストユーザーがPower Appsを利用する際も、ライセンスは必要になります。

外部の人に一般公開するようなWebアプリを開発する際は、Power Pagesというサービスを使います。

また、通常の自分でプログラミングをするアプリ開発と違って、あらかじめ用意された部品を組み合わせて開発するため、アプリに柔軟な動きを実装することが難しい点にも注意です。

Power Appsは複数人で開発できる？

これまでPower Appsは、複数人での共同開発（リアルタイム共同編集）ができませんでした。

しかし、2024年5月のMicrosoft Build（Microsoftが毎年開催するエンジニア、開発者を対象としたカンファレンスイベント）で、今後Power Appsが複数人での共同開発（コラボレーション）に対応するようになると発表されました。

今までは同時に1人しかアプリの編集をできませんでしたが、これからは、画面や機能ごとに役割を分担して、より効率的なアプリ開発ができるようになります。

4 Power Appsのメリットと、活用例

　Power Appsを使うと、非エンジニアでも、最低限のプログラミング基礎知識があればアプリ開発ができると分かったミムチは、ますます興味が出てきました。
　ミムチが所属する総務部では、今は色々なデータをExcelファイルや、紙で管理していますが、もしかするとPower Appsでアプリ化した方が、効率的になるのでは？と思ったのです。

総務部では現在、色々な申請や在庫管理等が、Excelや紙で管理されており、正直非効率的なところもありますぞ。

今の業務をPower Appsに置き換えると、業務はどのように変化するのですかな…？

　本書はPower Apps入門書ですが、ここではPower Platform全体を活用する例を紹介します。
　Power Platformを使った業務改善の例として、トラブル対応の例を見てみます。
　例えば、現状では図1のような業務フローになっているとします。

▼**図1**　トラブル対応の業務フロー（現状）

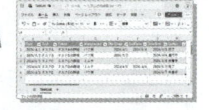

①トラブル内容をメールで連絡

④メールで返信し、対応を回答

現場職員
⑤回答を受け、対処

サポートデスク
③トラブル内容の調査

②トラブルの内容を確認し、
　Excel のフォーマットに記入

⑥月初に、前月のトラブル対応の実績を報告

トラブル対応の業務フロー（現状）

(1) トラブル発生時、現場の職員がサポートデスクにメールで連絡し、詳細を伝える

(2) サポートデスクは、トラブルの内容を確認し、Excelのフォーマットに記入

(3) サポートデスクは、トラブル内容の調査や検証を行う

(4) サポートデスクが調査完了後、現場の職員にメールで返信し、調査結果や対応等を回答

(5) 現場の職員は回答を受け、何等かの対処を行い、トラブル対応を完了

(6) サポートデスクは月初めに、前月のトラブル対応の実績を上司に報告

毎月何十件もトラブル対応があると、サポートデスクの人はかなり大変です。

現状では、次のような課題があります。

現状の課題

● 現場職員からのトラブル対応のメール文のフォーマットが定型ではないため、情報が不足していることがある

● メールで受けた内容をExcelに転記するのに、サポートデスクの稼働がかかる

● メールのやりとりが他のメールに埋もれて、気づかないことがある

● サポートデスクがExcelデータを毎月集計するのに稼働がかかる

業務の一部でも効率化できないでしょうか？

　この業務フローは1つの例ですが、例えばPower Platformで図2のような業務フロー改善例を考えてみました。

▼**図2**　トラブル対応の業務フロー（改善後）

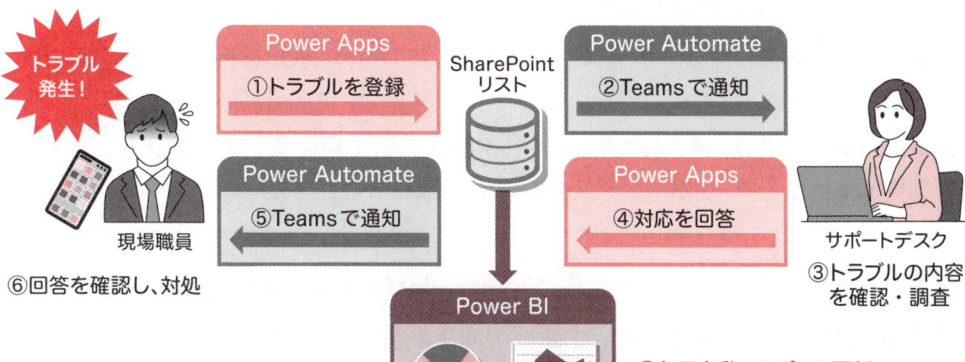

トラブル対応の業務フロー（改善後）

(1) トラブル発生時、アプリでトラブル内容を報告

　→Power Apps

(2) トラブルが報告されると、サポートデスクにTeamsで通知

　→Power Automate

(3) トラブルの内容をアプリで確認、調査を行う

　→Power Apps

(4) 調査完了後、アプリでトラブルの調査結果や対応を回答

　→Power Apps

(5) 現場職員にトラブル調査結果のTeams通知

　→Power Automate

(6) 現場職員は回答を確認し、トラブル対応を行う

　→Power Apps

(7) 登録されたデータを毎日自動で取り込み、レポートを作成

　→Power BI

いかがでしょうか?

Power Platformの活用により、トラブル対応業務の次の部分が改善されました。

課題の改善内容

● トラブル対応の登録をPower Appsにすることで、フォーマットが統一され、データ分析が容易になった

● Power Appsで直接SharePointリストに登録されるため、Excelへの転記が不要となり、サポートデスクの稼働削減につながった

● データ登録、更新時にサポートデスクや、登録者にTeams通知を行い、すぐに気づけるようになった

● SharePointリストに登録されたデータを、Power BIで自動集計&可視化し、データを自動更新することで、サポートデスクの稼働削減につながった

　これは業務改善の一例ですが、このようにPower PlatformやMicrosoft 365を活用することで、業務の自動化や効率化が図れ、生産性の向上が期待できます。

5　Power Apps の導入に必要なもの

Power Appsを使って、総務部の業務を効率化してみたいと思ったミムチは、次に
Power Appsはどうすれば使えるのかと思いました。

そもそもPower Appsを使うには、何が必要なのでしょうか？

どうやらPower Appsを使うには、ライセンスが必要ですぞ。

会社でPower Platformを導入したということは、既に開発に必要
な環境が整っているということですかな？

Power Platform開発をする際、最低限必要なものは、次の2つだけです。

Power Platform開発に必要なもの

1. PC
2. ライセンス

1　PC

Power Appsはクラウドサービスで、Webブラウザ上でアプリ開発ができます。

そのため、PCスペックの要件は特にありませんが、OS、ブラウザについては次の要件があ
ります（2024年5月時点）。

(1) OS
・Windows：10以降
・macOS：10.13以降

(2) ブラウザ
・Google Chrome：最新3つのメジャーリリース
・Microsoft Edge：最新3つのメジャーリリース
・Mozilla Firefox：最新3つのメジャーリリース
・Apple Safari：13以降

　最新の情報は、Microsoft Learnの「Power Appsのシステム要件、制限、および構成の値」をご確認ください。
　Power Appsと一緒に他のPower Platformサービスを使いたい場合は、別途要件を確認する必要があります。

　参考：https://learn.microsoft.com/ja-jp/power-apps/limits-and-config
　本書では、次のOS、ブラウザを使って開発をしていきます。

(1) OS：Windows 11
(2) ブラウザ：Microsoft Edge　バージョン 126.0.2592.13

2 ライセンス

　Power Appsはサブスクリプション契約のライセンスです。
　アプリの開発者、利用者は、1人につき1ライセンスが必要となります。
　表1にあげたMicrosoft 365、Office 365ライセンスを持っている場合は、Power Appsのサービスもすぐに使うことができます。

▼表1　Power Appsが含まれるライセンス

Microsoft 365	E3*、E5 *	
	F3、F3*	
	A1、A3、A5	
Office 365	E1*、E3 *、E5*	
	F3	
	A1、A3、A5	

*はTeamsなしのプラン

　第4章で詳しく説明しますが、Power Appsでアプリを開発するとき、どのデータソースを選択するかを判断する際、ライセンス価格も重要な要素となります。

　既にMicrsoft 365ライセンスや、Office 365ライセンスを持っている場合、簡易的なデータベースであるSharePointリストや、Power Appsも含まれている場合があります。

　大規模データの格納や、セキュリティ面にも優れたDataverseをデータソースとして使う場合や、AI Builder、カスタムコネクタ、プレミアムコネクタ等使う場合には、追加で次のPower Appsのライセンスを購入する場合もあります（画面1）。

▼画面1　Power Apps Premiumライセンス（出典：Microsoft、2024年4月時点）

　Microsoft 365や、Office 365ライセンスに含まれるPower Appsと、Power Apps Premiumライセンスの主な違いは表2のようになります。

▼表2　ライセンスによる機能の違い

機能	Microsoft 365/ Office 365	Power Apps Premium
キャンバスアプリの作成	●	●
モデル駆動型アプリの作成	×	●
AI Builder の利用	×	●
標準コネクタの利用	●	●
プレミアムコネクタ、カスタムコネクタの利用	×	●
オンプレミスとクラウドサービスのデータ転送	×	●
Dataverse の利用	×	●

　ライセンスによって利用できる機能が異なりますので、必要な機能が含まれるライセンスを選択しましょう。

　ライセンスの詳細については、Microsoftの公式ページをご確認ください。

　参考：Power Apps の価格
https://www.microsoft.com/ja-jp/power-platform/products/power-apps/pricing

　Power Appsを学習や検証用に使う場合は、無料で、Power Apps開発者向けプランを使うことができます。
　Power Apps開発者向けプランは、基本的にすべての機能を無期限で使うことができるので、個人の学習で使う場合にはおすすめです（画面2）。

　参考：Power Apps 開発者プランについて
https://learn.microsoft.com/ja-jp/power-platform/developer/plan

▼**画面2** Power Apps開発者プランについて（出典：Microsoft）

また、Power AutomateやPower BI等、他のPower Platformサービスや、SharePoint
やForms等のMicrosoft 365サービスも一緒に使いたい場合は、Office 365 E5（Teams
なし）で、1カ月無料試用版を使うとよいでしょう（画面3）。

試用版を使うと、Power Platformを使うための組織アカウントも新規に作成できます。

また試用版の登録時に、クレジットカードの登録が必要になり、1カ月の無料試用期間が
過ぎると、翌月分以降のサブスクリプション料金は、自動で登録したクレジットカードから引
き落とされるようになるため、無料試用中にサブスクリプションのキャンセルを忘れずに行
いましょう。

参考：Office 365 E5（Teamsなし）

https://www.microsoft.com/ja-jp/microsoft-365/enterprise/office-365-e5

▼**画面3** Office 365 E5（Teamsなし）（出典：Microsoft）

Microsoft 365開発者プログラムを使う場合

　2024年4月現在は、Microsoft 365開発者サブスクリプションへのアクセスは、Visual Studio Enterpriseの有効なサブスクリプションを持つ開発者、または組織に制限されています。

　そのため、個人でMicrosoft 365の環境を持ちたい場合は、Office 365 E5（Teamsなし）の1カ月無料試用版を使うのがおすすめです。

　参考：Microsoft 365開発者プログラム

　https://learn.microsoft.com/ja-jp/office/developer-program/microsoft-365-developer-program

　本書では、Office 365 E5（Teamsなし）の1カ月無料試用版を使って、開発をしていきます。

6　Power Appsの環境を作る

　Power Appsを使って、早速何かアプリを開発してみたくなったミムチは、家でも学習するために、自宅PCにPower Apps環境を作ることにしました。

　ミムチは早速、自宅用PCで、Office 365 E5（Teamsなし）の1カ月無料試用版を使ってみることにしました。

Office 365 E5（Teamsなし）の試用版登録が完了しましたぞ！

…おや？もしやこれで環境構築は終わりですかな？

1　Office 365 E5（Teamsなし）の1カ月無料試用版をセットアップする

　最初に、Microsoft 365とPower Platformを使うため、Office 365 E5（Teamsなし）の1カ月無料試用版をセットアップしましょう！

　※2024年5月時点の操作のため、変更がある場合は画面に沿ってセットアップを進めます。

1 次のOffice 365 E5（Teamsなし）のURLを開き、「無料で試す」をクリックします（画面1）。

　　https://www.microsoft.com/ja-jp/microsoft-365/enterprise/office-365-e5

▼**画面1** Office 365 E5 (Teamsなし)のページ

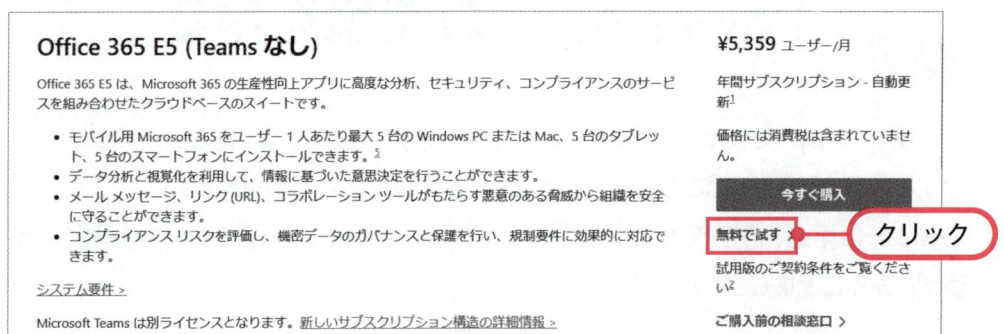

[2] メールアドレスの入力画面で、メールアドレスを入力し、「次へ」をクリックします (画面2)。

　職場や学校のメールアドレス以外 (例えばGmail等) を入力した場合、次の画面で、組織アカウントを新規に作成します。

▼**画面2** メールアドレスの入力

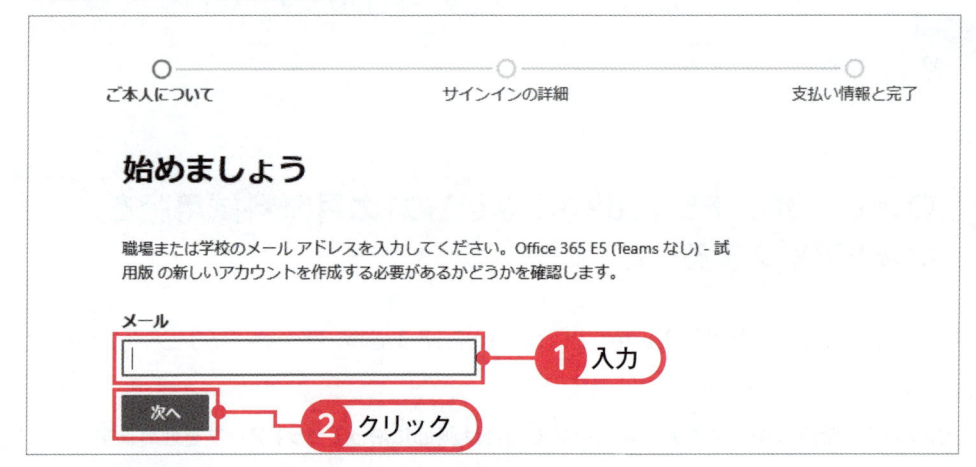

3 組織アカウントを持っていない場合、「アカウントのセットアップ」をクリックし、新しく
組織アカウントを作成します（画面3）。

▼**画面3** 新しい組織アカウントのセットアップ

4 個人情報や、クレジットカードを設定した後、「無料版を開始」すると、次のような画面
になるので、「Office 365 E5（Teamsなし）-試用版の使用を開始する」をクリックし
ます（画面4）。

▼**画面4** Office 365 E5（Teamsなし）-試用版の使用を開始

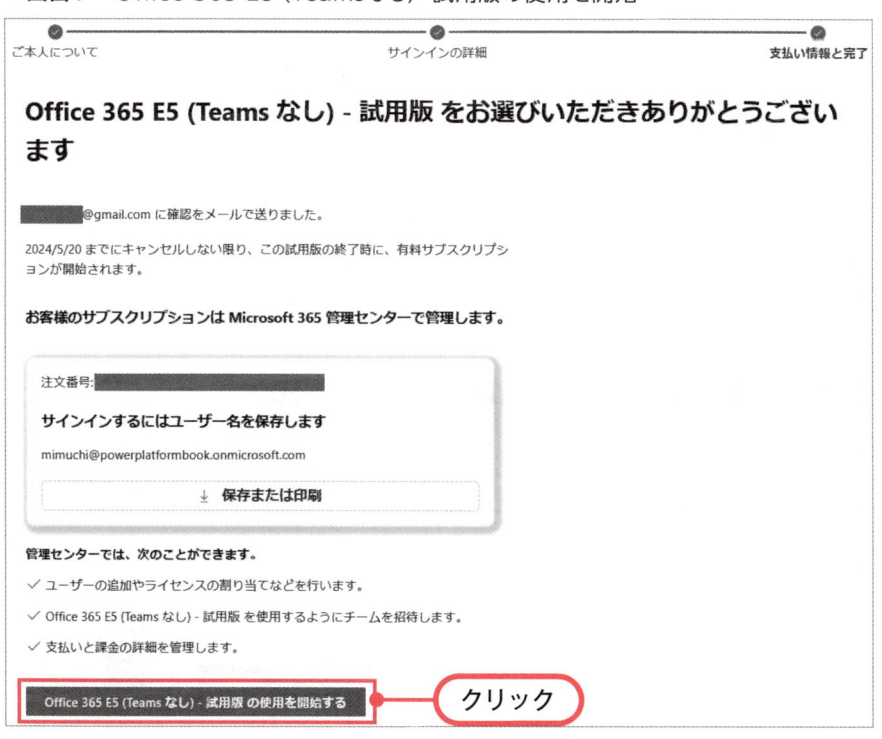

5 新しく作成した組織アカウントでサインインし、「職場または学校アカウント」を選択します（画面5）。

▼**画面5**　サインイン

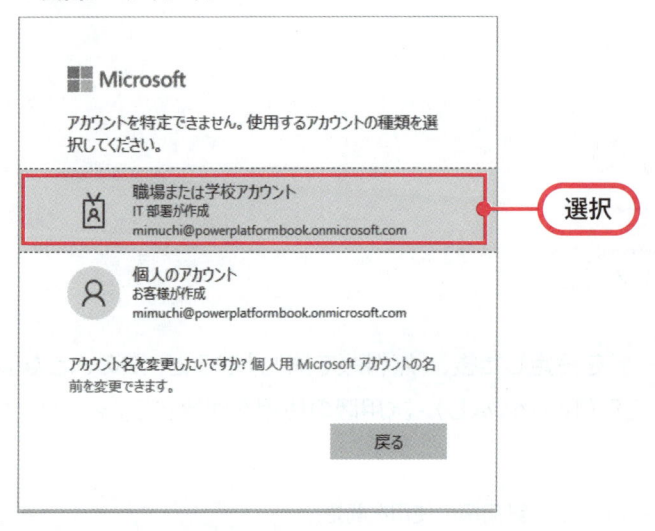

6 Microsoft 365のセットアップ画面が表示されるため、Microsoft 365のデスクトッププアプリ（Excel等）がPCにインストールされていない場合、Microsoft 365アプリをインストールします。

　既にPCにアプリがインストールされている場合は、「続行」をクリックします（画面6）。

▼**画面6**　Microsoft 365アプリのインストール

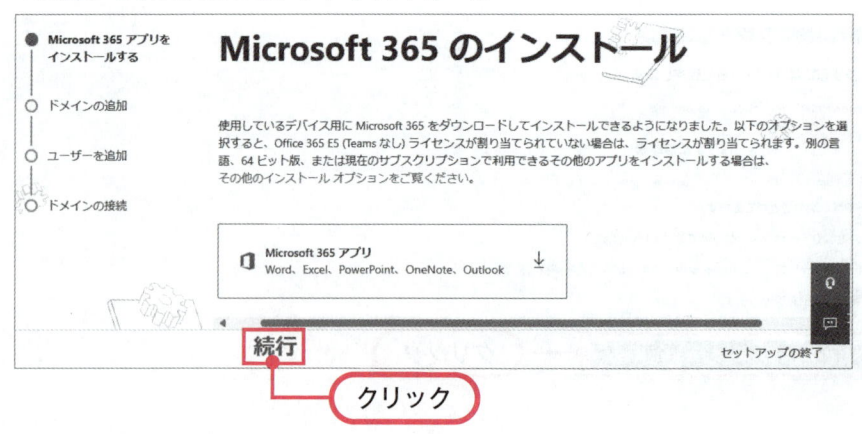

7 ドメインの追加は、「このドメインを使用する」、ユーザーを追加は「後で行う」、ドメインの接続は「続行」をクリックするとセットアップが完了するため、「管理センターに移動」をクリックします（画面7）。

▼**画面7** セットアップの完了

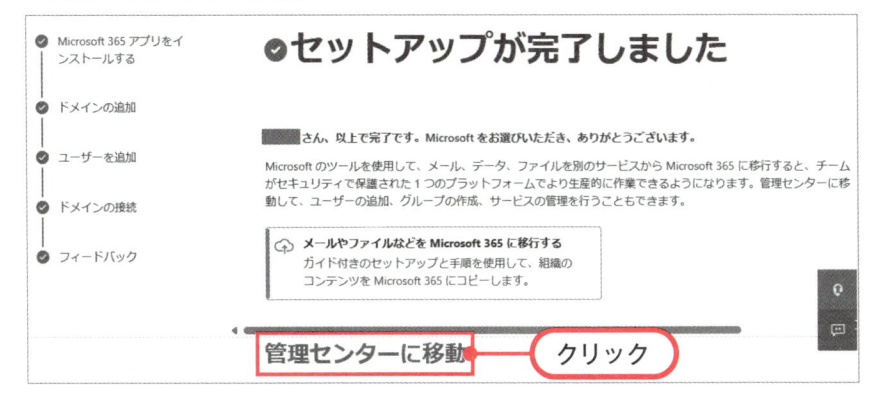

これで、Office 365 E5（Teamsなし）の1カ月無料試用版がセットアップできました。

2 Power Appsを開く

Office 365 E5（Teamsなし）が使えるようになったら、Power Appsを開いてみましょう！

1 Microsoft 365管理センターの左上にある「アプリ起動ツール」をクリックし、「Microsoft 365」を選択します（画面8）。

▼**画面8** Microsoft 365管理センター

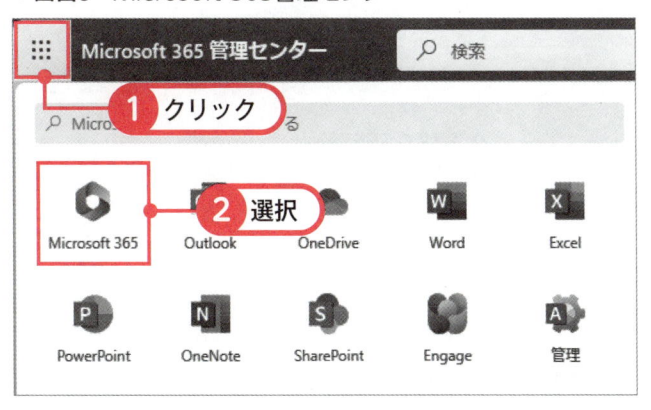

2 Microsoft 365が開いたら、検索画面で「Power」と入力すると、Power Appsが候補に表示されるため、クリックします（画面9）。

▼**画面9**　Microsoft 365

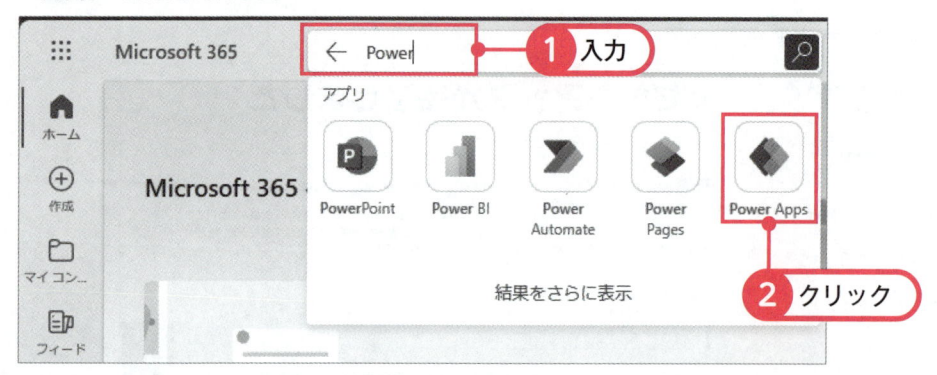

3 次のような、Power Appsのホーム画面が開きます（画面10）。

※ うまくPower Appsが開かない場合、別のブラウザか、ブラウザのシークレットウィンドウを開いて試してみてください。

▼**画面10**　Power Apps画面

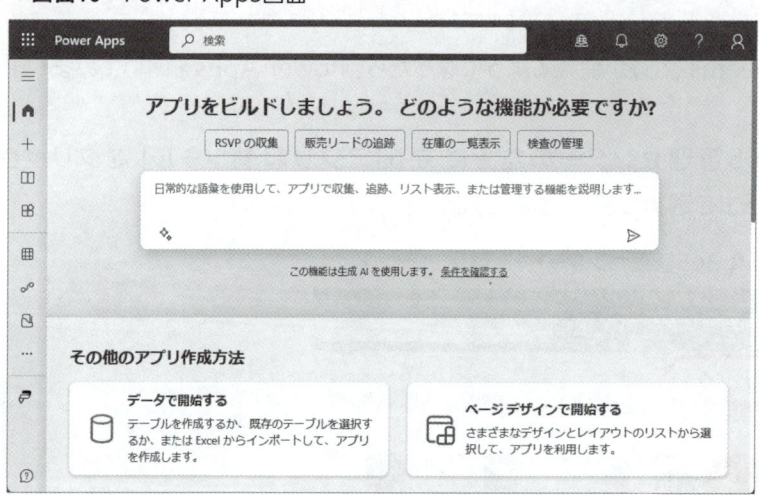

これで、Power Appsも使えるようになりました。

また、Office 365 E5ライセンスには、Microsoft 365やPower Appsの他にも、Power Automate、Power BI Proライセンスも含まれています。

Power Automateや、Power BIについても第6章、第7章で触れますので、楽しみにしていてください！

第1章のまとめ

　本章では、DXの目的と意義について解説し、Power PlatformとPower Appsの機能と活用方法を学びました。

　また、Power Apps開発環境の準備方法についても解説しました。

　DXは単なる技術の導入ではなく、組織文化や業務プロセス、ビジネスモデル全体の変革を伴う包括的な取り組みです。

　Power Platformは、Microsoftが提供するローコード開発ツールです。

　プログラミングの経験がない非エンジニアにとって、高度なプログラミング知識を必要としないPower Platformを活用することで、ビジネスアプリ開発や、業務の自動化を行うハードルがかなり下がります。

　Power Platformは、次の4つのサービスを提供しています。

Power Platformのサービス

1. **Power BI**
   データを可視化、分析した結果から示唆を得て、意思決定に繋げることができる。

2. **Power Apps**
   社内で使用するビジネスアプリケーションを作成できる。

3. **Power Automate**
   タスクやプロセスの自動化を実現できる。

4. **Power Pages**
   社外に公開するWebサイトを作れる。

　Power PlatformやMicrosoft 365を活用することで、業務の自動化や効率化が図れ、生産性の向上が期待できます。

　Power Appsは、PCとライセンスさえあれば、すぐに使うことができます。

　お試しでPower Appsを使ってみたい場合は、Office 365 E5 (Teamsなし)の無料試用版
（1カ月間）を使ってみるのがおすすめです。

　無料試用版を利用すれば、気軽にPower Appsを使えるようになるので、ぜひ実際に手を
動かしてPower Appsでのアプリ開発を体験してみましょう！

Power Apps 開発の流れを学ぶ

本章では、Power Appsを使ったアプリ開発全体の流れを5ステップで解説します。

また、Power Appsアプリ開発に適した「アジャイル開発」という開発プロセスについても紹介します。

この章を完了すると、Power Appsアプリ開発の大まかな流れと、各ステップで何をすればよいかの概要を理解することができます。

1　アプリ開発の基本的な流れ

株式会社パワプの中で、新しく「DX推進プロジェクト」が立ち上がるらしい。

総務部のミムチにも新規プロジェクトの噂が届いた頃、突然上司から声がかかりました。

「ミムチ君には、来月から"DX推進プロジェクト"のメンバーになってもらいたい。」

「最近会社に導入されたMicrosoft 365やPower Platformを活用して、社内のDX化を推進するプロジェクトだ。」

「DX推進プロジェクト」のメンバーなんて、いきなり言われても困りますぞ…

Power PlatformもMicrosoft 365も、まだまだこれから勉強が必要なのに、ミムチに務まるのですかな…？

Power Appsでアプリ開発をする際は、基本的に次の5ステップを、繰り返し実施して進めていきます（図1）。

Power Appsアプリ開発の基本の5ステップ

(1) 要件定義：システムで何を実現したいか考える

(2) アプリの設計：どのようなアプリを作るか決める

(3) アプリ開発：実際にアプリを作っていく

(4) テスト：アプリの動作を確認する

(5) リリース：アプリを公開し、メンバーに共有する

▼**図1** Power Appsアプリ開発の進め方5ステップ

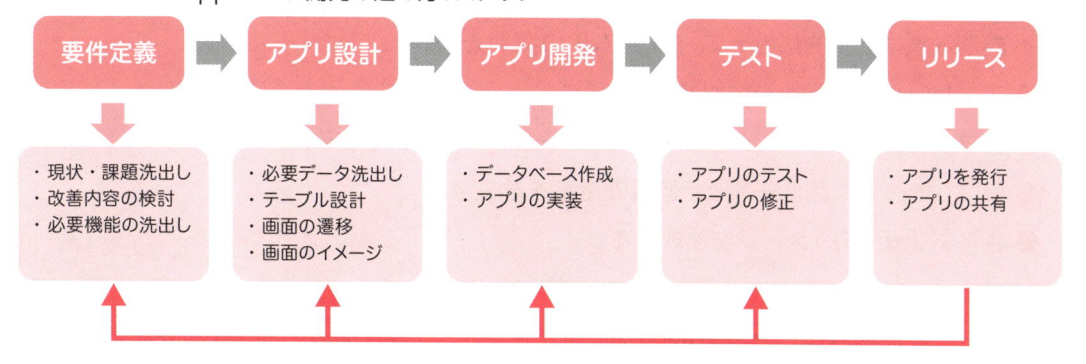

次に、この5ステップについて、各ステップで行うことを詳しく説明していきます。

1 【要件定義】システムで何を実現したいか考える

初めに要件定義では、システムで何を実現したいか、次のような検討をします。

- ● 現在の業務について課題を洗い出し、システムで解決したい問題を明確にする。
- ● 業務の課題について、システム化の範囲や、改善内容を検討する。
- ● システムに必要な機能や、扱うデータの種類、ユーザーの範囲などを整理する。

このとき、Power Apps以外のPower Platformや、Microsoft 365、会社のシステム、その他ツール等もあわせた業務改善を検討します。

2 【アプリ設計】どのようなアプリを作るか決める

次に、業務改善に伴い開発するシステムについて、簡単な設計を行います。

今回はPower Appsアプリ開発に焦点を当て、次のような設計を行います。

- ● 業務改善する目的に沿って、システム化の範囲を明確にする。
- ● アプリに必要な機能を検討する。
- ● アプリで保管するデータを洗い出し、データベース設計をする。
- ● アプリで必要な画面一覧と、画面の遷移を検討する。
- ● 各アプリ画面のイメージを作成する。

　上述した設計内容を、OneNoteやメモ帳に簡単にまとめておくだけでも、効率的な開発ができ、またメンバーとの情報共有もスムーズにできます。

3　【アプリ開発】実際にアプリを作っていく

　アプリの設計を元に、次のようにデータソースの作成や、Power Appsアプリの開発を行います。

- ● データベース設計を元に、SharePointリスト等のデータソースを構築する。
- ● アプリの設計を元に、Power Appsで画面や、コントロール（ボタン、テキストボックスなど）を作成し、関数式でアプリの動きを実装する。
- ● Power Automate等、他のシステムとの連携があれば実装する。

　アプリ開発を進めていくと、エラーが起きたり、予想通り動作しなかったり、色々な問題が出てくるので、都度Web検索等で調べて、問題を解決しながら実装を進めていきます。

4　【テスト】アプリの動作を確認する

　アプリの実装が終わったら、次のようにいったん動作確認のテストをします。

- ● 開発したアプリを実際に動かし、必要な機能が意図した通りに動作するか確認する。
- ● ユーザーエクスペリエンスの観点から、操作性やデザイン性なども確認する。
- ● アプリに問題があれば修正し、アプリの品質を高める。

　多くの場合、動かしてみると想定通り動作しない等の問題が出てきますので、適宜修正していきます。

　因みにアプリのテスト・修正は、アプリ開発をしながらも随時行っていきます。

5 【リリース】アプリを公開し、メンバーに共有する

テストが完了したら、最後に次のようにアプリの公開と、共有を行います。

- Power Apps編集画面で、バージョンメモをつけて保存した後、アプリを公開する。
- 組織内のユーザーにアプリの共有と、データソースへのアクセス権を付与し、使用できるようにする。
- 必要に応じて、アプリの使い方を説明するドキュメントや、ガイダンスを用意し、ユーザーに共有する。

　アプリを公開した後も、あとから不具合や、追加機能の要望等が出てくるので、その時はリリース後も、ユーザーからのフィードバックをもとに継続的にアプリの改善をしていきます。

　以上の5ステップに沿って進めることで、Power Apps初心者でもアプリ開発を効果的に進められます。

　更に具体的なやり方は、第5章以降で、ハンズオン形式で解説していきます。

2 Power Appsに適した開発プロセス

「DX推進プロジェクト」のメンバーの一人としてアサインされた総務部のミムチは、1週間後、プロジェクトのキックオフミーティングに参加しました。

「DX推進プロジェクト」は、情報システム部のパワ実がプロジェクトマネージャ（PM）となり、他の情シスメンバー、各部署から1名ずつアサインされた「DX推進リーダー」で構成されています。

ミムチは総務部の代表として、「DX推進リーダー」にアサインされています。

みなさん、初めまして！「DX推進プロジェクト」のプロマネになりました、情報システム部（情シス）のパワ実です！

みなさんで楽しく「DX推進」をしていきましょう！

…なんだかゆるい感じですな。

これまでの説明では、上流（要件定義等）～下流（アプリ開発等）という流れでシステム開発をするウォーターフォール開発をイメージするかもしれませんが、実際は、リリース後も再度設計や開発等に戻って、繰り返し改修や、バグ修正をしていくイメージです。

ウォーターフォール開発とは、要件定義～リリースまでの工程を順番に進めていく古典的なシステム開発手法です。

一方で要件定義～リリースまでの一連のサイクルを1～2週間程度の短期間で行い、迅速にアプリをアップデートしていく手法をアジャイル開発とよびます（図1）。

▼図1 アジャイル開発のイメージ

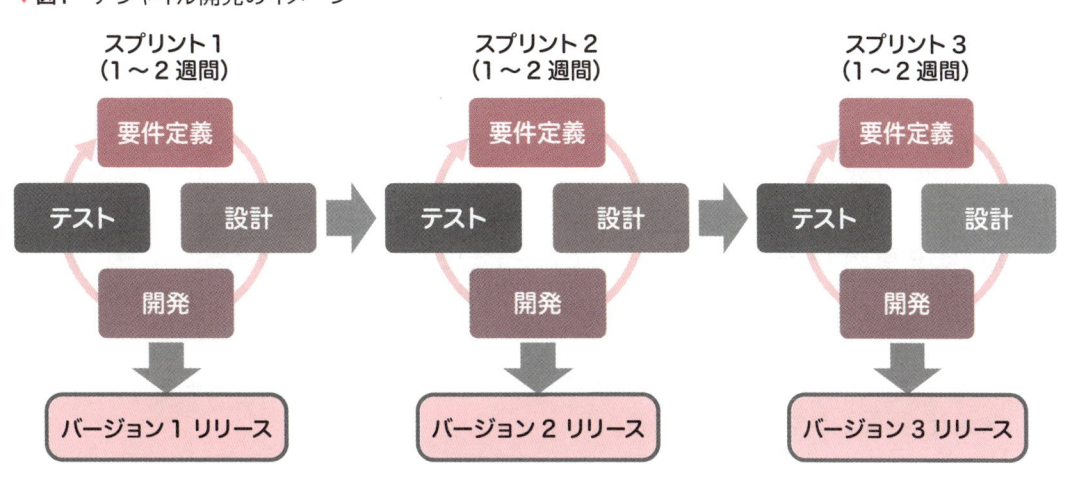

Power Appsはローコードプラットフォームで、短期間でアプリ開発ができるため、アジャイル開発に適しており、アプリリリース後も、必要な機能があれば素早く現場の社員で改修していくことができます。

コラム　初心者にはPower Appsアプリ開発は難しい？

「**Power Appsはローコードというけど、実際の開発は難しそう…**」

そのように感じる方も多いのではないでしょうか？

確かに、プログラミング未経験者が、初めてPower Appsアプリ開発をするのは難しいです。

しかし、ビジネスアプリは似たような機能を持つことが多いため、Power Appsアプリを1つ自分で開発した経験があると、その開発スキルを他のアプリにも活かすことができます。

本書の第5章以降で、「申請アプリ」を題材に、Power Appsアプリ開発の一連の流れをハンズオン形式で体験します。

ぜひ本書でアプリ開発を体験し、身に着けたスキルを、皆さんの業務改善に役立ててください！

第2章のまとめ

　本章では、Power Appsアプリ開発の基本の5ステップについて解説しました。
基本的なアプリ開発は、次の流れで進めていきます。

1. 要件定義
・現在の業務フローを見直し、システムで何を実現したいのか検討する。

2. 設計
・どのようなアプリを作るか検討し、システム化の範囲や、アプリ機能の検討、データベース設計、画面設計などを検討する。

3. 開発
・設計を元にデータソースを作成し、システムを実装する。

4. テスト
・開発したアプリを実際に動かし、適切に動作するか確認する。必要があればアプリを修正する。

5. リリース
・アプリを公開し、組織内のユーザーにアプリの共有と、データソースへのアクセス権を付与する。

　また、Power Appsを使ったアプリ開発手法として、要件定義～リリースまでの一連のサイクルを1～2週間程度の短期間で行い、迅速にアプリをアップデートしていく「アジャイル開発」についても解説しました。

　Power Appsでのアプリ開発は、アジャイル開発に適しているため、必要な時に現場の社員が素早く改修等の対応をしていくことができます。
　特に小規模なアプリ開発は、現場の社員が数日程度でプロトタイプを完成させ、運用をしながら改善点を修正していくことが簡単にできますので、ぜひ気軽にPower Apps開発にチャレンジしてみてください！

Power Apps の
基本を学ぶ

第3章のゴール

　本章では、Power Appsの自動作成機能を使い、簡単なタスク管理アプリを作成してみます。

　自動作成されたタスク管理アプリの構成についての解説を通して、アプリ開発に必要な知識を学習します。

　この章を完了すると、Power Appsアプリ開発において最低限必要な基礎知識を習得することができます。

1 タスク管理アプリを 自動作成してみる！

Power Platformについては、まだ何も知らないミムチは、「DX推進プロジェクト」の情シスメンバー主催の「Power Apps基礎研修」に参加してみることにしました。

「Power Apps基礎研修」は、社内でPower Appsに興味を持っている初心者向けに、簡単なアプリ開発をしながら、Power Appsの基礎知識を学ぶための研修のようです。

> みなさん、今日は「Power Apps」について、楽しく学んでいきましょう！

> 初めてのアプリ開発…ミムチにもできるのですかな？

それでは早速、**Power Appsの自動作成機能を使って、「タスク管理アプリ」を自動作成して みましょう！**

1 SharePoint サイトを作成する

Power Appsアプリを開発する前に、アプリで登録や編集をするデータの保管場所を用意しておく必要があります。

今回は、SharePointリストという、SharePointサイトに作れる簡易的なデータベースとして利用できる機能を使います。

最初にSharePointリストを作成するための、SharePointサイトを作成します。

　あらかじめ、本書のダウンロードサンプルに含まれる「第3章」フォルダ内の「TaskList.xlsx」をダウンロードしておきましょう（**画面1**）。

※本書のダウンロードサンプルのURLは5ページに記載しています。

▼**画面1**　Excelファイル「TaskList.xlsx」

	A	B	C	D	E	F	G	H
	Date ▼	Task ▼	Detail ▼	Assignment ▼	StartDate ▼	EndDate ▼	Deadline ▼	Status ▼
	2024/4/1	タスクA	タスクAの詳細	パワ実	2024/4/1	2024/4/4	2024/4/5	完了
	2024/4/2	タスクB	タスクBの詳細	パワ実	2024/4/2		2024/4/4	進行中
	2024/4/3	タスクC	タスクCの詳細	ミムチ			2024/4/6	未着手
	2024/4/4	タスクD	タスクDの詳細	ミムチ	2024/4/4	2024/4/4	2024/4/5	完了
	2024/4/5	タスクE	タスクEの詳細	パワ実			2024/4/7	未着手

1 次の「Microsoft 365」のURLを開き、左上にある「アプリ起動ツール」から「SharePoint」をクリックします（**画面2**）。

※SharePointが表示されない場合は、検索バーで「SharePoint」と検索します。

　https://www.microsoft365.com/

▼**画面2**　SharePointを開く

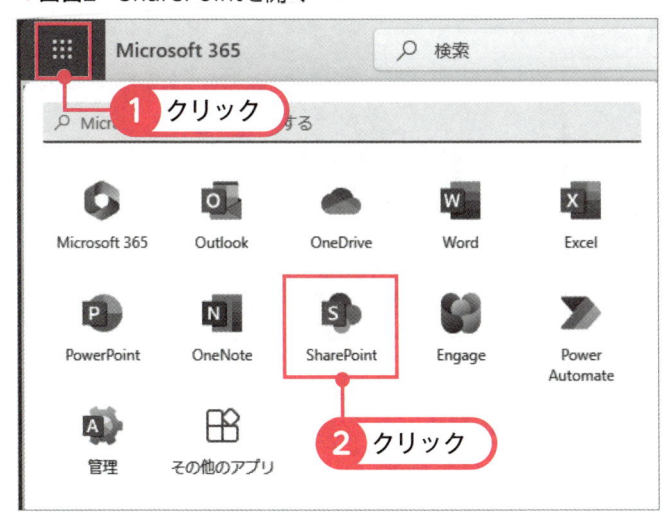

2 SharePointが開いたら、「サイトの作成」をクリックします（画面3）。

※ うまくSharePointが開かない場合、別のブラウザか、ブラウザのシークレットウィンドウを開いて試してみてください。

▼**画面3**　SharePointサイトを作成

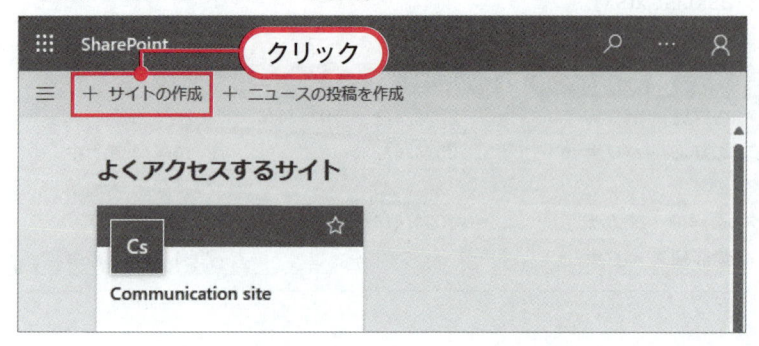

3 「チームサイト」を選択した後（画面4）、「標準のチーム」を選択します（画面5）。

▼**画面4**　チームサイトを選択

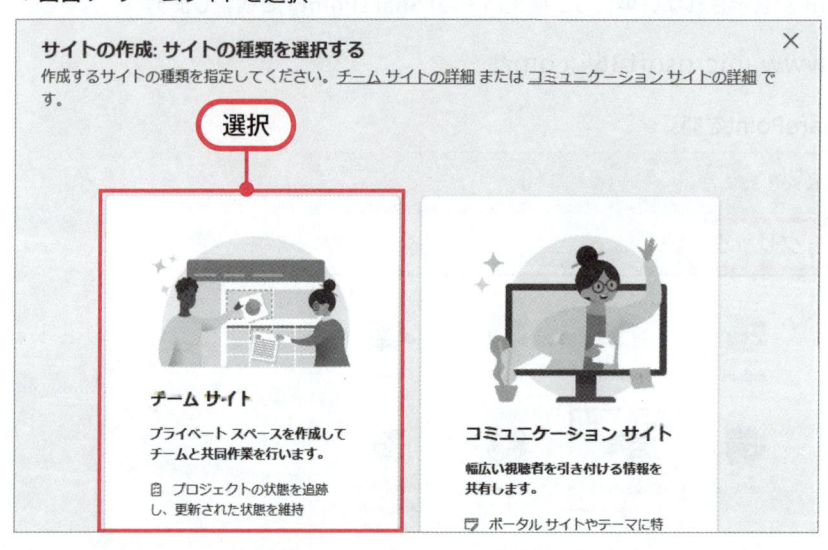

▼**画面5** 標準のチームを選択

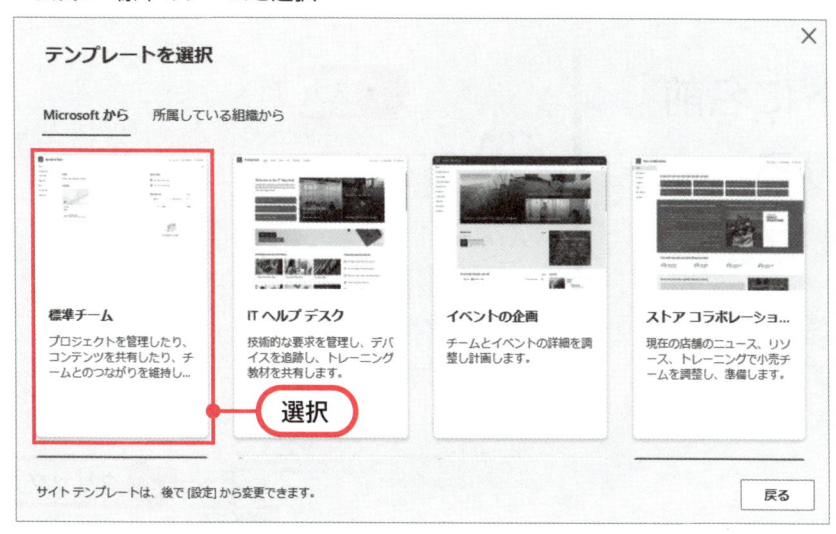

4 「テンプレートを使用」を選択後（画面6）、任意の「サイト名」（ここでは「PowerAppsSample」）を入力し、「次へ」をクリックします（画面7）。

▼**画面6** テンプレートを使用を選択

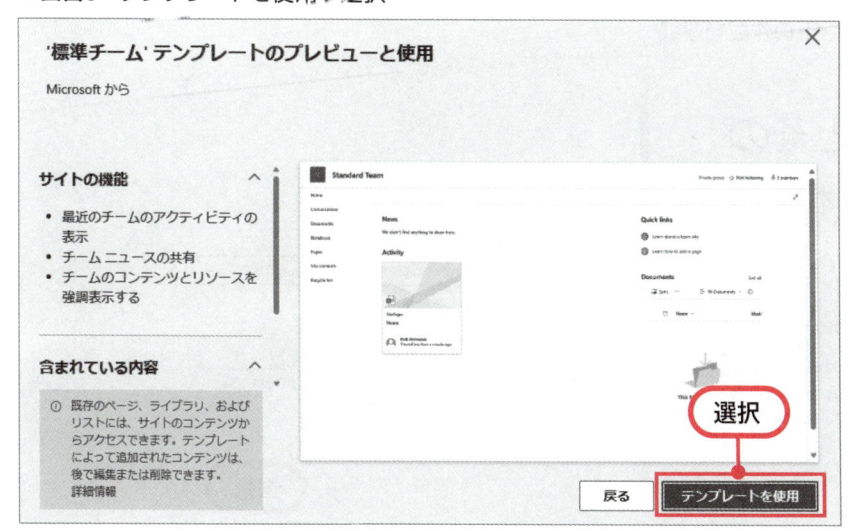

▼**画面7** サイト名を入力

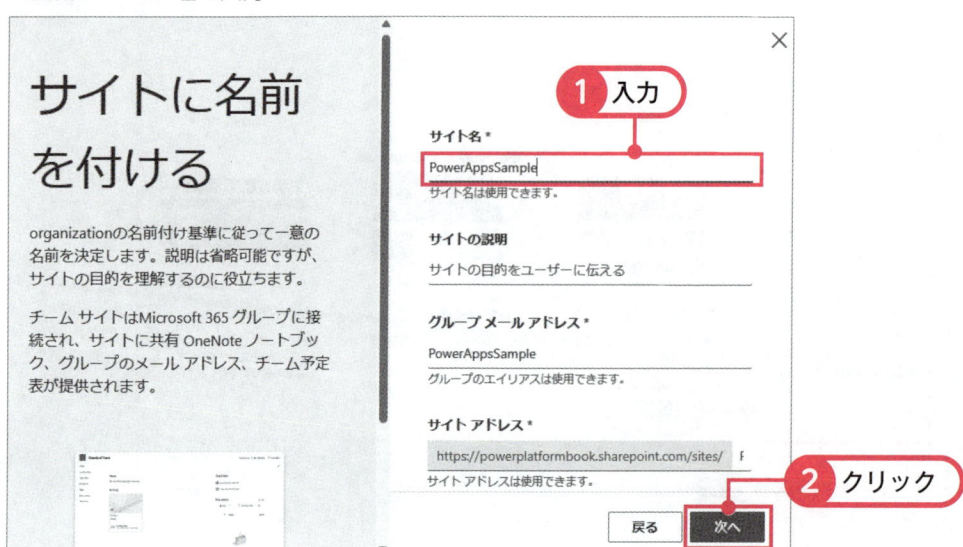

5 デフォルトの設定のまま「サイトの作成」を選択し（画面8）、「完了」をクリックします（画面9）。

▼**画面8** サイトの作成を選択

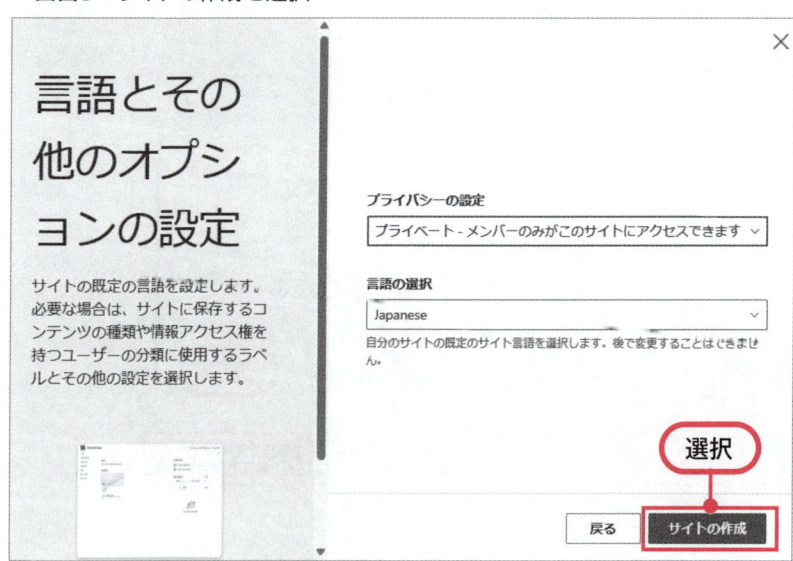

▼画面9　完了をクリック

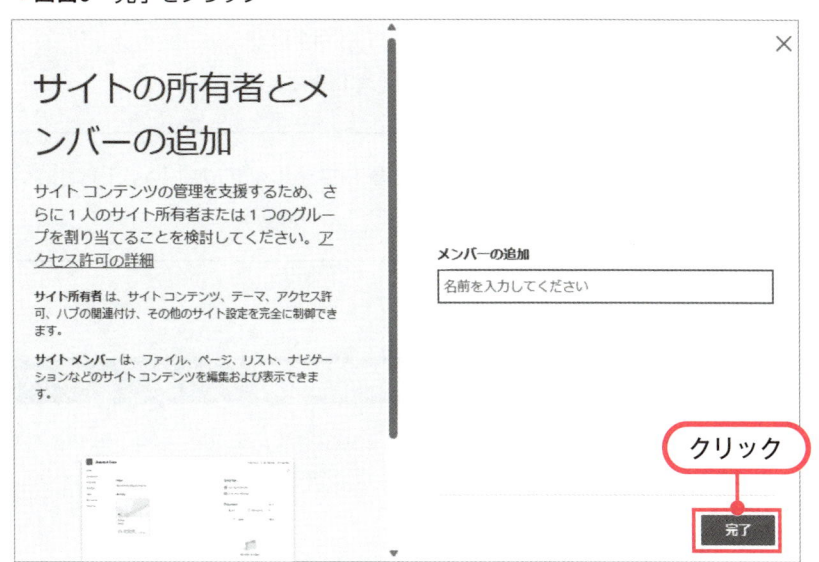

6 次のようなSharePointサイトが開きます（画面10）。

▼画面10　作成したSharePointサイト

7 SharePointサイトの「ドキュメント」を選択し、本書でダウンロードした「TaskList.xlsx」を、ドラッグ＆ドロップでアップロードします（画面11）。
※本書のダウンロードサンプルのURLは5ページに記載しています。

> 本書のダウンロードサンプルに含まれる「第3章」フォルダ内の「TaskList.xlsx」を使います。

▼**画面11** Excelファイルのアップロード

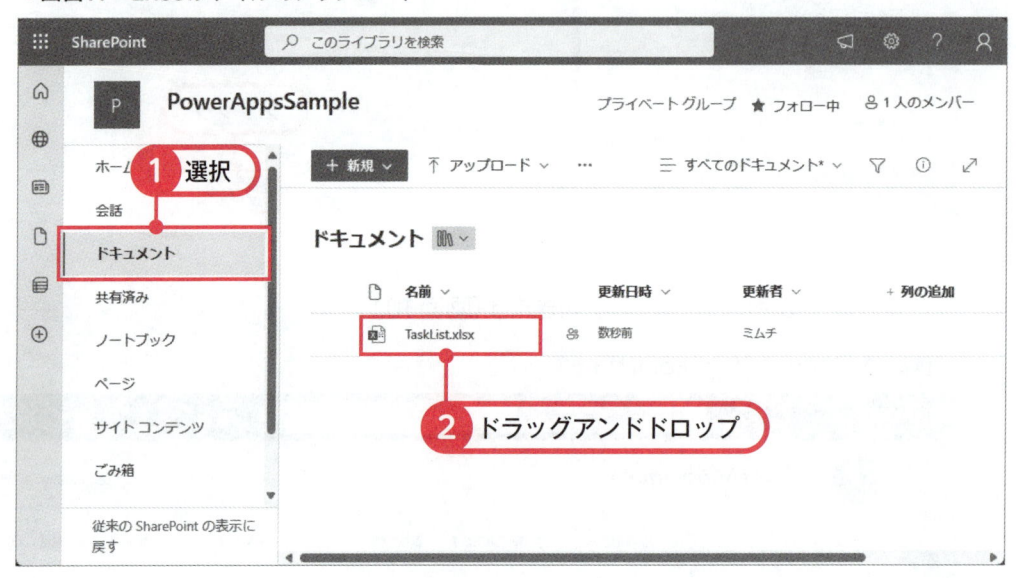

これで、SharePointサイトの準備は完了です。

SharePointサイトとは？

　SharePointサイトとは、Microsoft 365サービスの一つで、チームメンバー間でドキュメントを共有したり、ニュースやお知らせ投稿をしたりすることができるコラボレーションプラットフォームです。

　SharePointリストはSharePointサイト上で作成でき、Power Appsのデータソースとしてもよく使われます。

2 Excelファイルから SharePoint リストを作成する

SharePointサイトが作成できたので、次にExcelからSharePointリストを作成しましょう。

1 SharePoint サイトの「ホーム」を選択し、「新規」＞「リスト」をクリックします（画面12）。

▼**画面12** SharePointリストの作成

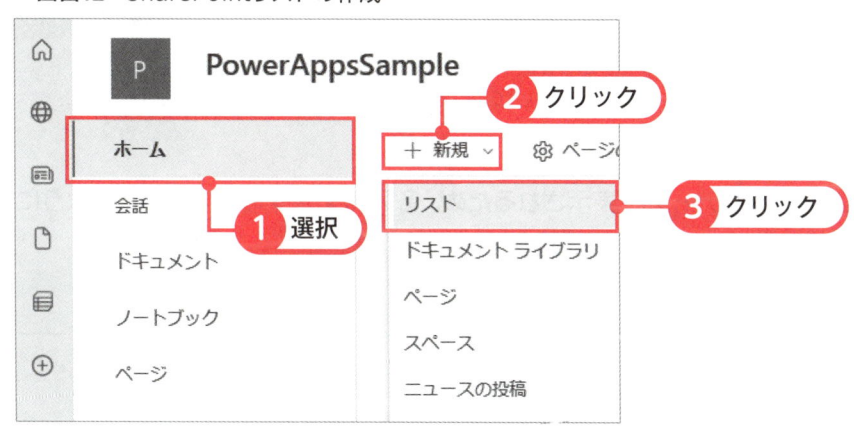

2 「Excelから」を選択した後（画面13）、「このサイトに既にあるファイルを選択」から、先ほどアップロードした「TaskList.xlsx」を選択し、「次へ」をクリックします（画面14）。

▼**画面13** Excelからリストを作成

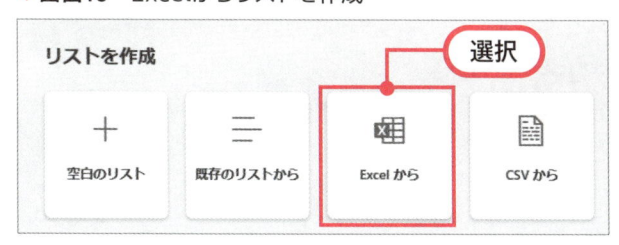

▼**画面14**　対象のExcelファイルを選択

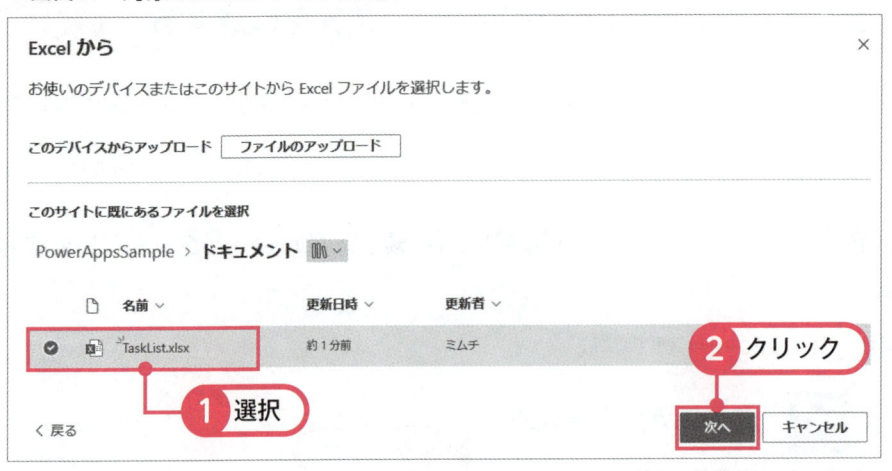

3 「TaskList.xlsx」のデータが表示されるため、各列のデータの種類を、次のように設定し、「次へ」をクリックします（表1、画面15、画面16）。

▼**表1**　各列のデータの種類

列名	データの種類
Date	日付と時刻
Task	タイトル
Detail	複数行テキスト
Assignment	1行テキスト
StartDate	日付と時刻
EndDate	日付と時刻
Deadline	日付と時刻
Status	選択肢

▼**画面15　データの種類を設定（前半）**

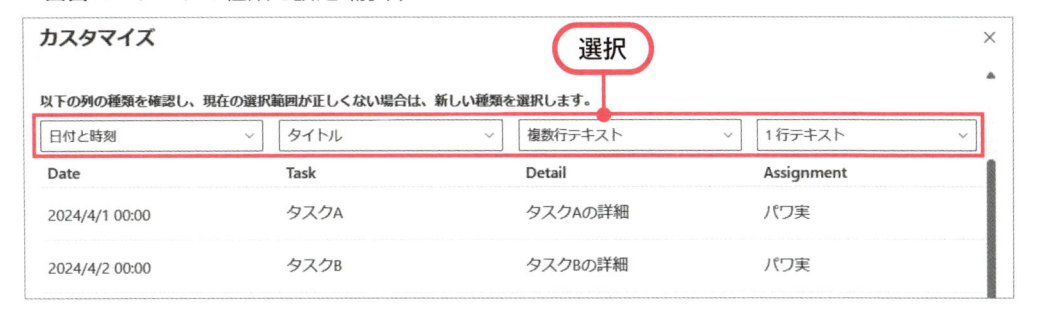

▼**画面16　データの種類を設定（後半）**

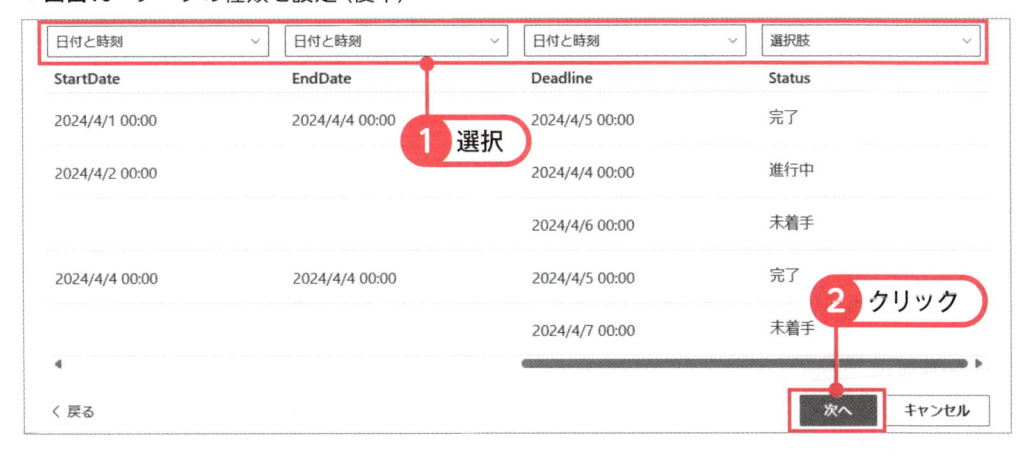

4 任意のSharePointリスト名（ここでは「TaskList」）を入力し、「作成」をクリックすると（画面17）、SharePointリストが作成されます（画面18）。

▼**画面17　SharePointリスト名を入力**

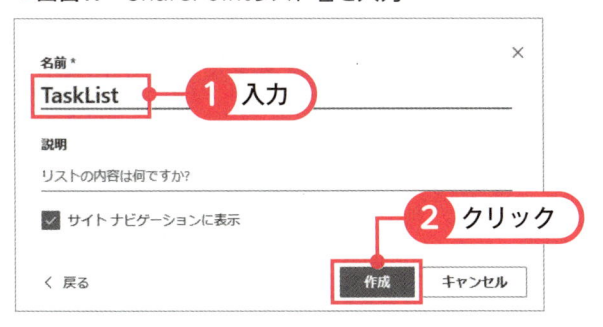

▼**画面18**　作成されたSharePointリスト

5 SharePointリストの日付データに時刻も含まれているため、日付のみのデータにします。

　「Date」列を選択し、「列の設定」＞「編集」を選択後（画面19）、「時間を含める」のトグルを「いいえ」に変更し、「保存」をクリックします（画面20）。

▼**画面19**　SharePointリストの列を編集

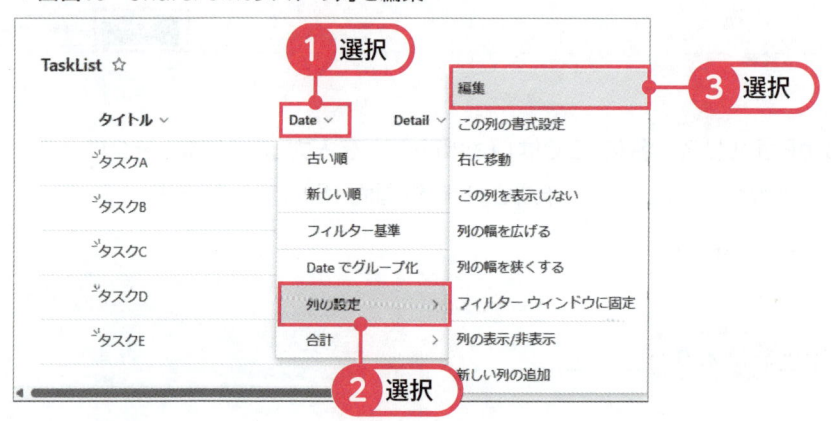

▼**画面20　日付のみのデータに変更**

6　「Date」列の表示が、日付のみに変更されるので次の列も同様の手順で日付のみの
データに変更します（画面21）。

> ・StartDate
>
> ・EndDate
>
> ・Deadline

▼**画面21　変更完了後のSharePointリスト**

TaskList ☆							
タイトル ∨	Date ∨	Detail ∨	Assignment ∨	StartDate ∨	EndDate ∨	Deadline ∨	Status ∨
タスクA	3月31日	タスクAの詳細	パワ実	3月31日	4月3日	4月4日	完了
タスクB	4月1日	タスクBの詳細	パワ実	4月1日		4月3日	進行中
タスクC	4月2日	タスクCの詳細	ミムチ			4月5日	未着手
タスクD	4月3日	タスクDの詳細	ミムチ	4月3日	4月3日	4月4日	完了
タスクE	4月4日	タスクEの詳細	パワ実			4月6日	未着手

これで、SharePointリストの作成が完了しました。

③ SharePointリストからPower Appsアプリを自動作成する

SharePointリストの作成が完了したら、いよいよSharePointリストから、Power Appsアプリを自動作成してみます！

1 SharePointリストの「統合」＞「Power Apps」＞「アプリの作成」をクリックします（画面22）。

※「統合」が表示されない場合は、「…（三点リーダー）」をクリックします。

▼**画面22**　SharePointリストからPower Appsを作成

2 しばらく待つとPower Apps画面が開き、次のようなサンプルアプリが自動で作成されます。（画面23）。

※「Power Apps Studioへようこそ」のポップアップが表示された場合、「スキップ」をクリックします。

自動作成されたアプリで、右上の「アプリのプレビュー」ボタンをクリックして（画面24）、データの登録や、編集、削除をして動かしてみましょう！

▼**画面23**　自動作成されたPower Appsアプリ

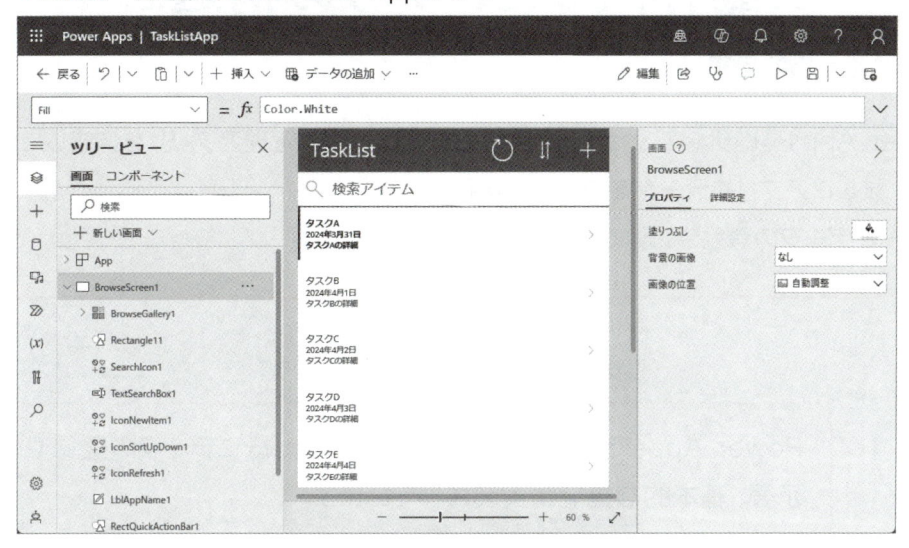

▼**画面24**　プレビューボタンをクリックしてアプリを動かす

2　自動作成したアプリの構造を解説！

Power Apps基礎研修でSharePointリストから「タスク管理アプリ」を作成したミムチは、試しにアプリにデータを登録してみました。

「なんとデータの登録や、編集ができますぞ…！」

Power Appsで「自動作成」したアプリは、既にデータの登録や表示等、基本的な機能が実装されています。

なるほど、これは便利ですぞ…！しかしこのアプリ、どのように動いているのですかな？

1　Power Appsの基本的な構成要素

　自動作成されたアプリを解説する前に、まずはPower Appsのキャンバスアプリについて、基本的な構成要素を説明します。

①キャンバスアプリとは？

　Power Appsで作れるアプリには、キャンバスアプリとモデル駆動型アプリの2種類があります。

Power Appsアプリの種類

(1) キャンバスアプリ

● 色々なデータソース (SharePoint、Excel、SQL Server、Dataverseなど) に接続可能

● ドラッグ&ドロップ方式で直感的に画面の編集ができ、Power FxというExcel関数のようなローコード言語でアプリ開発可能

● 開発の自由度が高く、独自のデザインやレイアウトが実現できるが、開発には一定の時間を要する

(2) モデル駆動型アプリ

● Dataverseをデータソースとして使用する

● データモデル (テーブル、列、リレーションシップ) を定義し、そのモデルに基づいてUIが自動生成される

● 標準的なUIテンプレートが用意されており、開発の自由度は限定的だが、素早くアプリを作成できる

　本書では、Office 365ライセンスの範囲内で使える (1) キャンバスアプリ開発について解説しています。

②キャンバスアプリの構成要素

　キャンバスアプリは、表1に示す4つの要素で構成されています。

▼表1　キャンバスアプリの構成要素

構成要素	役割	例
データソース	アプリで使うデータを保管する場所	タスク管理リスト
画面	アプリで表示する画面	一覧画面、編集画面、詳細画面
コントロール	アプリのデザインを作る	ギャラリー（登録一覧の表示）、登録ボタン
プロパティ	画面やコントロールの見た目や動作を設定する	ボタンをクリックしたときの動作、ギャラリーに表示するデータ、文字の色

　キャンバスアプリでは、データソースにデータを格納し、画面とコントロールで、アプリのデザインを作り、プロパティで、画面やコントロールの見た目や、動きを設定します (画面1)。

▼**画面1**　Power Appsの構成要素

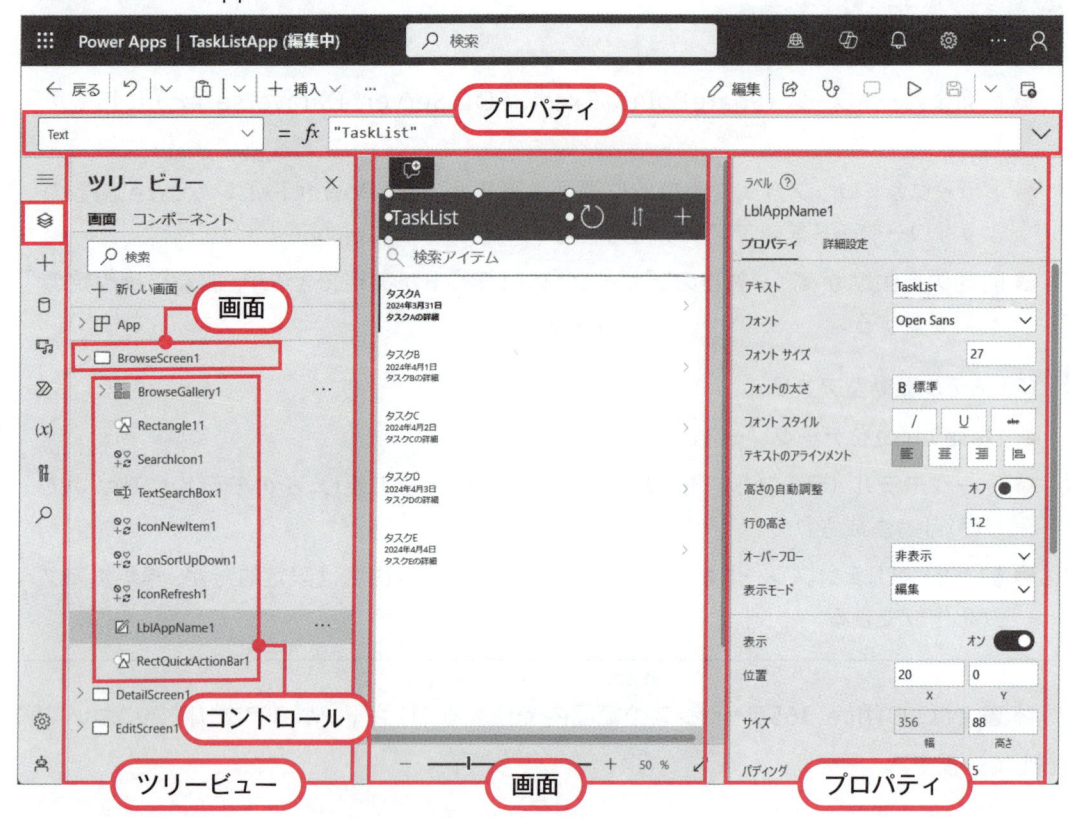

● ①データソース

データソースは、アプリで使うデータを保管する場所です。

アプリからデータソースへ、データを登録、編集したり、データソースからデータを読み込んで、アプリ上に表示したりします。

データソースとしては、例えばSharePointリスト、Dataverse、SQL Server等を使うことができます。

● ②画面

Power Apps編集画面で、中央に表示されているのが「画面」になります。

アプリのデザインは、画面と、画面内にコントロール（ボタンやラベル等）を配置することで作成します。

例えば、ホーム画面、編集画面、詳細画面等、複数の画面を組み合わせ、画面間を遷移させることでアプリを構成します。

● ③コントロール

コントロールは、画面内に配置するラベルや、ボタン、ギャラリー等の要素です。

例えば、ボタンをクリックしたときの動作や、表示等を、次に説明するプロパティで設定することができます。

画面とコントロールの一覧は、一番左のツリービューと呼ばれる場所に表示されます。

● ④プロパティ

プロパティでは、画面やコントロールの見た目や、動きを設定します。

上側に表示されているドロップダウンと、右側の詳細設定で、コントロールの全てのプロパティが設定できます。

右側の詳細設定の横にあるプロパティタブでは、よく使うプロパティが設定できます。

例えば画面1のように、「LblAppName1」（ラベル）コントロールの「Text」プロパティに、"TaskList"と設定することで、アプリのヘッダーに"TaskList"と表示することができます。

2 自動作成アプリの画面構成

Power Appsキャンバスアプリの基本的な構成要素を理解したので、次は第3章第1節で自動作成した「タスク管理アプリ」の画面構成を見てみます。

Power Apps編集画面の右上にある「アプリのプレビュー」ボタンを押すと（画面2）、アプリを動かすことができるので、実際にデータの登録や編集等をしてみましょう！

▼**画面2** アプリのプレビューボタン

　自動作成アプリの画面は、次の3つから構成されています（表2、図1）。

▼**表2　画面名と画面の役割**

画面名	画面の役割
一覧画面	テーブルのデータ一覧を表示
詳細画面	一覧画面で選択した個別データの詳細を表示
編集画面	データの新規登録や更新をする

▼**図1　自動作成アプリの画面構成**

一覧画面　　　　　　　　　　　編集画面　　　　　　　　　　　詳細画面

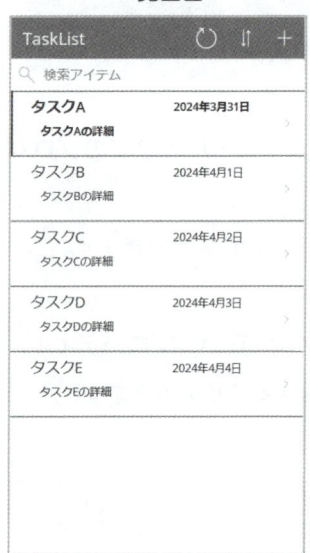
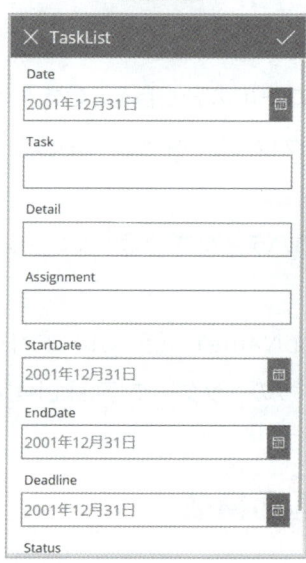

　自分で一からアプリを作成するときも、この基本的な3つの画面構成をベースに、画面設計を考えると実装しやすくなります。

コラム　Power Appsアプリの画面構成について

　自分でPower Appsアプリを作る場合も、必ず自動作成されたアプリのように、3つの画面構成にした方が良いのでしょうか？

　答えは「No」です。

　特に初心者の場合は、自動作成されたアプリと同様に、3つの画面構成をベースに設計すると実装が楽だと思います。

しかしアプリによって必要な画面が異なるため、要件に応じて柔軟に画面構成を考えるとよいでしょう。

例えば、一覧画面と編集画面を一つにしたり、ヘッダーにタブのようなデザインを作って、画面を切り替えたりできるようにする実装もあります。

ただし、あまり複雑な画面構成や実装をすると、メンテナンス性が悪くなり、アプリ改修や引継ぎ等が大変になるため、おすすめしません。

また画面数が多すぎると、アプリの読み込み時間が長くなる等、パフォーマンス低下の原因になるため注意しましょう。

3 基本的なデータ操作と画面遷移

次に、一般的なビジネスアプリで実装する「基本的なデータ操作」について学び、実際に「タスク管理アプリ」の各画面を見ながら、具体的な実装内容について解説します。

①基本的なデータ操作（CRUD）とは？

Power Appsで作る「ビジネスアプリ」とは何でしょうか？

ビジネスアプリは基本的に、データベースを使用してデータを管理するアプリです。

これらのアプリでは、CRUDと呼ばれるデータベース操作が中心となります。

CRUDは、登録（**C**reate）、読込（**R**ead）、更新（**U**pdate）、削除（**D**elete）の英語の頭文字をとっており、CRUD操作を実装することで、基本的なデータ管理機能ができるアプリを作ることができます（図2）。

▼図2 基本のデータ操作（CRUD）

登録（Create）	
Task	Date
Task1	12/1
Task2	12/1
New !⇒ Task3	12/2

読込（Read）

更新（Update）	
Task	Date
Task1	12/1
Task2	~~12/2~~ ⇒12/5

削除（Delete）	
Task	Date
Task1	12/1
~~Task2~~	~~12/1~~

②自動作成アプリのデータ操作（CRUD）と画面遷移の実装

　自動作成した「タスク管理アプリ」の画面を見ながら、CRUD機能ごとの基本的なアプリ実装方法を解説していきます。

●①登録（Create）

　データベースへの「登録（Create）」機能は、次のような画面の動きになります（図3）。

▼**図3**　登録（Create）機能：画面遷移

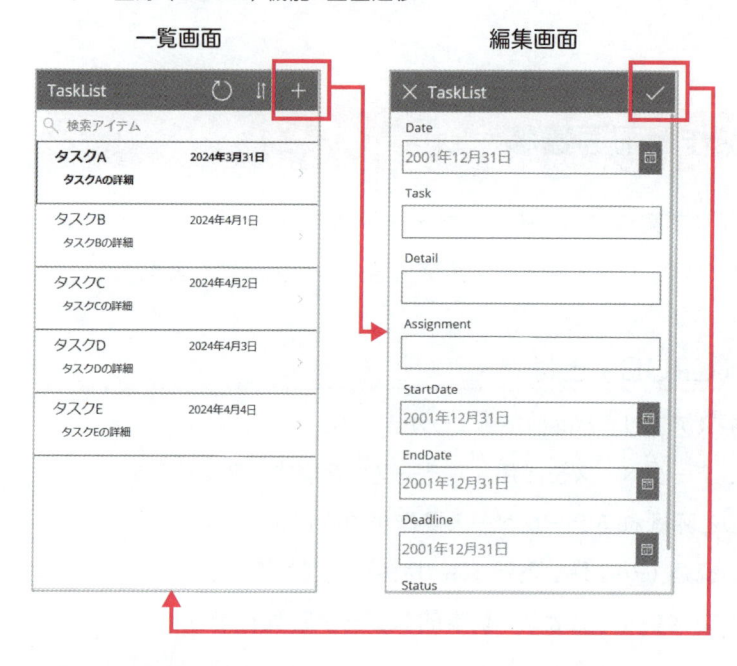

登録機能の画面の動き

（1）一覧画面で「+」アイコンをクリックし、編集画面に遷移

（2）編集画面の「フォーム」にデータ入力し、「✓」アイコンをクリック

（3）データベースに新規データが登録され、一覧画面に遷移

　Power Appsの編集画面で、登録（Create）の実装方法も見てみます。

（1）一覧画面で「＋」アイコンをクリックし、編集画面に遷移

一覧画面（BrowseScreen1）の「＋」アイコンを選択し、「OnSelect」プロパティを見てみると（画面3）、次のような関数式が実装されています。

関数とは何かについては、第3章第3節で解説します。

▼画面3　登録（Create）機能：「＋」アイコンクリックの実装

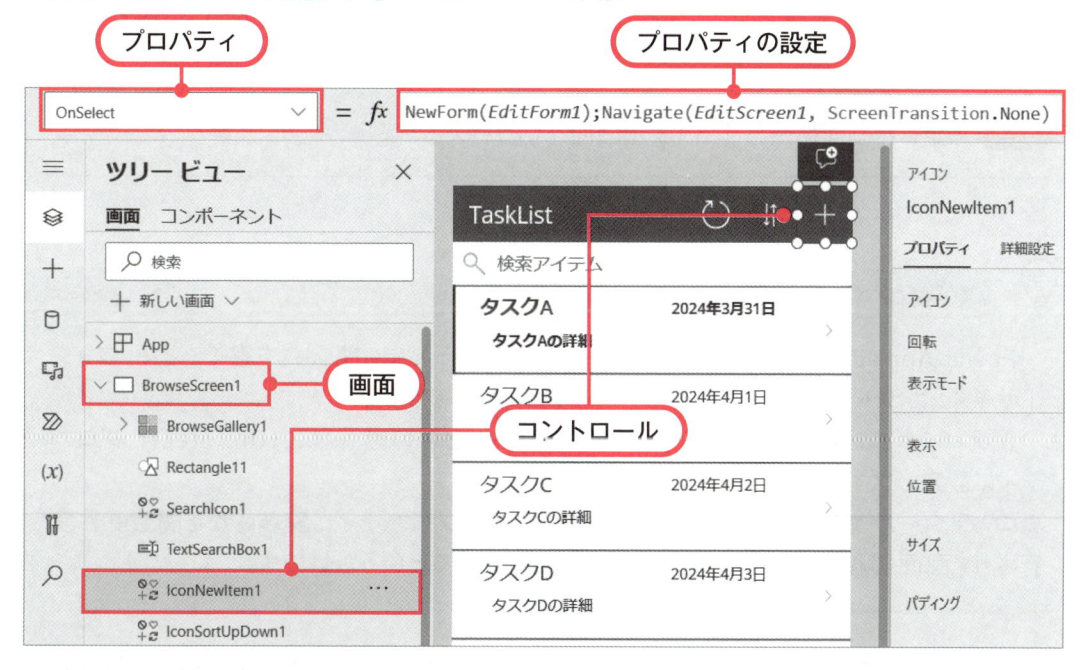

＋アイコンクリック時の実装

・コントロール名：IconNewItem1（「＋」アイコン）

・プロパティ：OnSelect（コントロールをクリック時）

・関数式：NewForm(EditForm1); Navigate(EditScreen1, ScreenTransition. None)

この実装により、アプリで「＋」アイコン（IconNewItem1）をクリックしたとき（OnSelect）に、関数式が実行されます。

関数式には、NewForm関数と、Navigate関数が書かれており、それぞれの関数は次のような構文で使うことができます。

NewForm関数の使い方

構文 NewForm(Formコントロール名)

動作 Formコントロールのモードが「FormMode.New」に変更される

Navigate関数の使い方

構文 Navigate(遷移先の画面名 [, 切り替え方法（オプション）[, コンテキスト変数（オプション）]])

動作 指定した画面に遷移する（表示画面を切り替える）

プロパティと関数式

　Power Appsでは、画面や、コントロールのプロパティに、関数式を書くことで、フォントサイズ、カラー等のデザインや、クリック時の動作等を実装します。

　例えば、ボタン等のコントロールをクリックしたときの動作は、「OnSelect」プロパティに設定します。

　コントロールがクリックされたとき、「OnSelect」プロパティに実装された関数式が実行され、画面遷移をしたり、データ登録をしたりできるというわけです。

　すなわち「+」アイコンクリック時（OnSelect）は、これらの関数式で、「EditForm1」（フォームコントロール）のモードを「FormMode.New」に変更し、「EditScreen1」（編集画面）に画面遷移する実装をしています。

　※「EditForm1」は、「EditScreen1」（編集画面）にあるフォームコントロールです（画面4）。

▼**画面4** 登録 (Create) 機能：「EditScreen1」（編集画面）のフォーム「EditForm1」

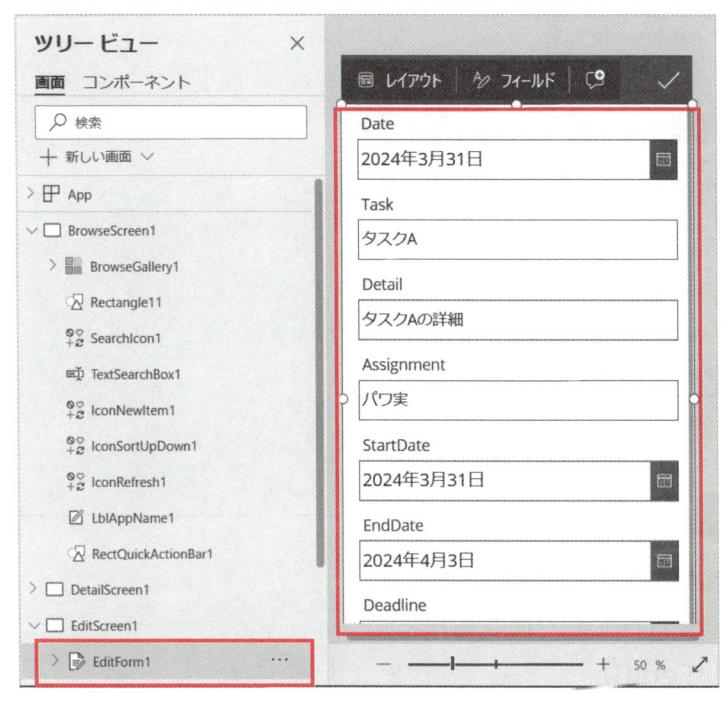

2つ以上の関数式を書く

　プロパティに2つ以上の関数式を書くときは、関数式の終わりに「; (セミコロン) 」を
つけて区切ります。

　実際にアプリのプレビューで、一覧画面 (BrowseScreen1) の「+」アイコンをクリック
し、編集画面 (EditScreen1) に遷移してみましょう。

(2) 編集画面の「フォーム」にデータ入力し、「√」アイコンをクリック

　編集画面 (EditScreen1) では、フォーム (EditForm1) にデータを入力し、「√」アイコン
をクリックすることで、入力データがSharePointリストに登録されます。

　「√」アイコンを選択し、「OnSelect」プロパティを見てみると (画面5) 、次のような関数
式が実装されています。

▼**画面5　登録 (Create) 機能：「✓」アイコンクリックの実装**

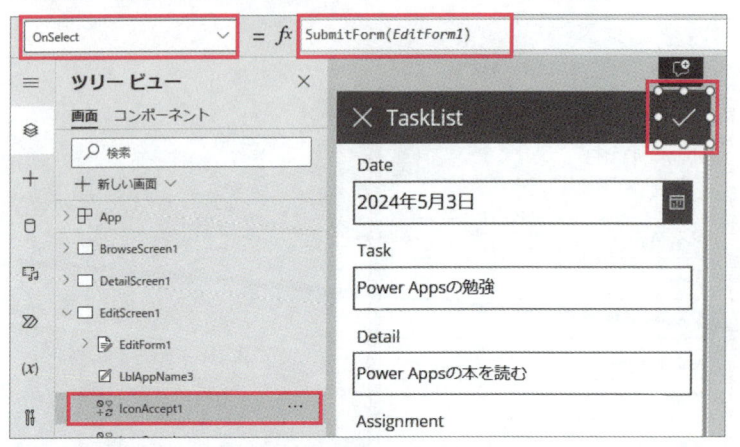

✓アイコンクリック時の実装

・コントロール名：IconAccept1 (「✓」アイコン)

・プロパティ：OnSelect (コントロールをクリック時)

・関数式：SubmitForm(EditForm1)

　この実装により、アプリで「✓」アイコン (IconAccept1) をクリックしたとき (OnSelect) に、SubmitForm関数式が実行されます。

　SubmitForm関数は、次のような構文で使うことができます。

SubmitForm関数の使い方

構文 SubmitForm (Formコントロール名)

動作 Formコントロールに入力されたデータを検証し、問題がなければ変更をデータソースに保存する。

　　SubmitForm関数の実行が成功した場合と、失敗した場合で、それぞれ次のプロパティの関数式が実行されます。

　　- 実行が成功した場合：フォームの「OnSuccess」プロパティが実行され、フォームが「FormMode.New」モードの場合は「FormMode.Edit」モードになる。

　　- 実行が成功しなかった場合：フォームの「OnFailure」プロパティが実行される。

（3）データベースに新規データが登録され、一覧画面に遷移

上述したように、SubmitForm関数式が実行された場合、フォームに入力したデータの検証が行われ、検証に成功した場合は「OnSuccess」プロパティ、検証に失敗した場合は「OnFailure」プロパティが実行されます。

この2つのプロパティは、フォーム（EditForm1）にあります。

「OnSuccess」プロパティを見てみると（画面6）、次のような関数式が実装されています。

▼画面6　登録（Create）機能：フォームの「OnSuccess」プロパティの実装

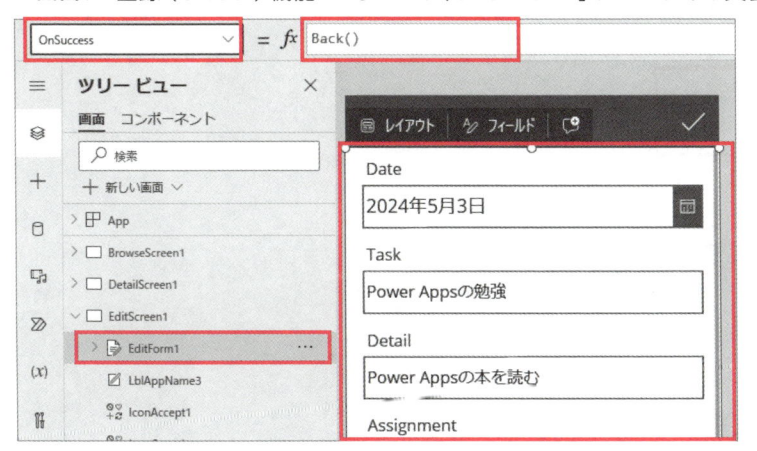

フォームのデータ登録成功後の実装

コントロール名：EditForm1（フォーム）

プロパティ：OnSuccess（SubmitForm関数のデータ送信成功時）

関数式：Back()

Back()関数は、前の画面に戻る関数です。

今回は、一覧画面（BrowseScreen1）の「+」アイコンから、編集画面（EditScreen1）に遷移したので、一覧画面（BrowseScreen1）に戻ります。

Back関数の使い方

構文 Back([切り替え方法（オプション）])

動作 直前に表示された画面に戻る

また今回のアプリでは「OnFailure」プロパティには、特に関数式は実装されていません。

実際にアプリのプレビューで、編集画面（EditScreen1）のフォームにデータを入力し、「✓」アイコンをクリックしてみましょう。

SubmitForm関数の実行が成功したら、一覧画面（BrowseScreen1）に遷移し、登録したデータが表示されます（画面7）。

▼**画面7**　登録（Create）機能：データ登録後の一覧画面

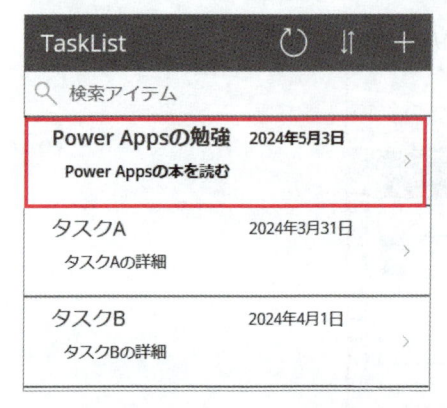

●②読込（Read）

データベースの読込は、次のような画面の表示になります（図4）。

▼**図4**　読込（Read）機能：画面遷移

一覧画面　　　　　　　　　　　　詳細画面

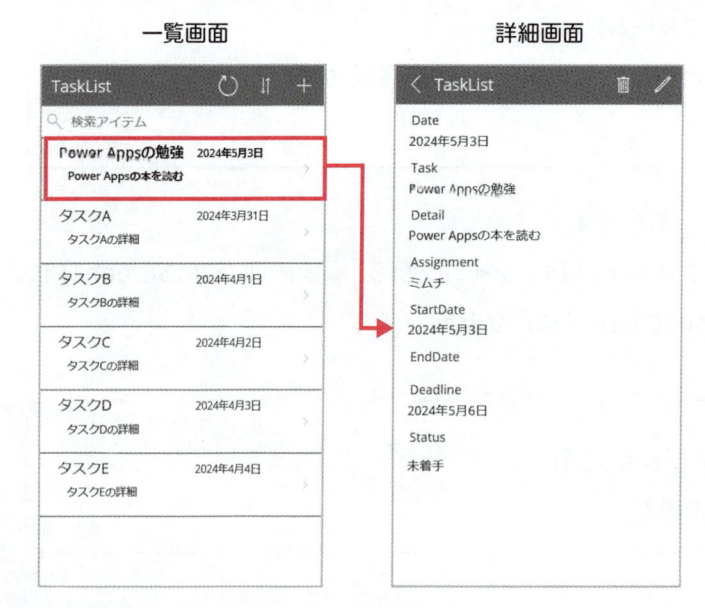

> (1) 一覧画面の「ギャラリー」で登録データ一覧を表示
>
> (2) 一覧画面で個別のデータを選択すると、詳細画面に遷移
>
> (3) 詳細画面で、ギャラリーで選択したデータを「表示フォーム」で表示

Power Appsの編集画面で、読込 (Read) の実装方法も見てみます。

(1) 一覧画面の「ギャラリー」で登録データ一覧を表示

一覧画面 (BrowseScreen1) の「ギャラリー」コントロールを選択し、「Items」プロパティを見てみると (画面8)、次のような関数式が実装されています。

▼**画面8** 読込 (Read) 機能：「ギャラリー」コントロールの実装

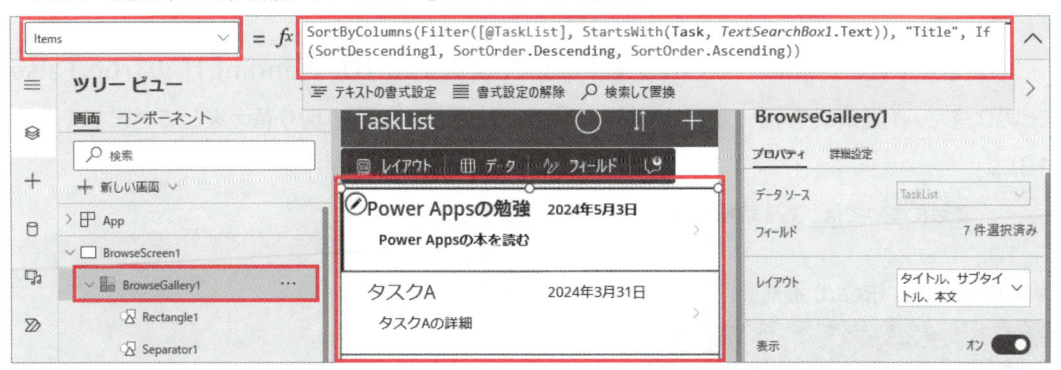

ギャラリーに表示するデータの実装

コントロール名：BrowseGallery1 (ギャラリー)

プロパティ：Items (コントロールに表示するデータ)

関数式：

SortByColumns(

　Filter([@TaskList], StartsWith(Task, TextSearchBox1.Text)),

　"Title",

　If(SortDescending1, SortOrder.Descending, SortOrder.Ascending)

)

　この実装は少し複雑で、SortByColumns、Filter、If、StartsWithの4つの関数が使われています。

　簡単に説明するとここでは、ギャラリーにSharePointリスト「TaskList」のデータを表示しており、Filter関数式と、StartsWith関数式で「検索アイテム」に入力された文字列で始まるタスクを表示しています（画面9）。

▼**画面9**　読込 (Read) 機能：ギャラリーの「フィルター」機能

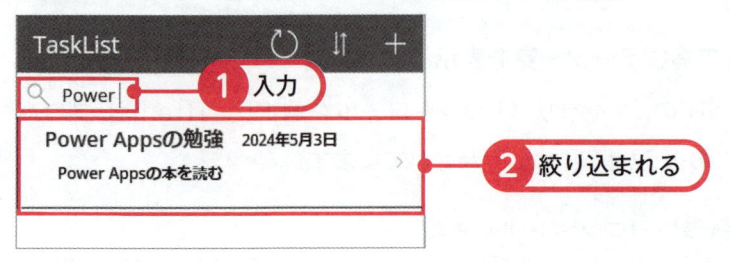

　また、「ソート」アイコンをクリックすることで、変数「SortDescending1」のTrue/Falseを切り替え、If関数式を使ってTitle（タスク）列で、昇順/降順の切り替えをしています（画面10）。

　　※変数については、第3章第3節で詳しく解説します。

▼**画面10**　読込 (Read) 機能：ギャラリーの「ソート」機能

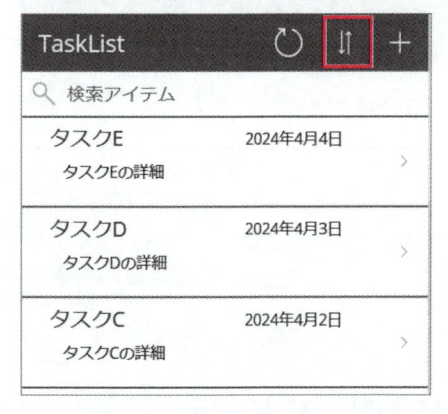

　SortByColumns、Filter、If、StartsWithの4つの関数は、次のような構文で使うことができます。

SortByColumns関数の使い方

構文 SortByColumns(テーブル, 並べ替える列名, [降順/昇順 (オプション)])

動作 テーブルを、並べ替える列名と、降順/昇順を指定して並べ替える

Filter関数の使い方

構文 Filter(テーブル, 条件1 [, 条件2, … (オプション)])

動作 条件に一致するテーブルのレコードに絞り込む

If関数の使い方

構文 If(条件, Trueの場合に返す値, Falseの場合に返す値)

If(条件1, Trueの場合に返す値1[, 条件2, Trueの場合に返す値2, …[,Trueがない場合に返す値]])

動作 条件の結果がTrueの場合と、Falseの場合で返す値を変える

StartsWith関数の使い方

構文 StartsWith(テキスト, テキストの先頭で検索するテキスト)

動作 あるテキストの文字列が、別のテキストの文字列で始まるかをテストし、TrueかFalseを返す。

SortByColumns関数で、ギャラリー内に表示するアイテムを並べ替えています。

Filter関数で、ギャラリー内に表示するアイテムの絞り込みができ、StartsWith関数で、入力したテキストで始まるアイテムのみを表示しています。

ギャラリーのItemsプロパティ

ギャラリーのItemsプロパティは、検索やソート等、表示するデータを操作しない場合は、単にデータソース (今回の場合、「TaskList」) を書くだけで表示することができます。

多くの場合は、検索やソート等の機能でデータを絞り込みたいので、FilterやSortByColumns関数式を使うことになります。

　次にギャラリー内で、タスク名や、開始日、タスクの詳細等のデータを表示しています。

　これは、ギャラリー内の「テキストラベル」コントロールの「Text」プロパティで、次のような関数式を記載して表示しています（画面11）。

ThisItem.列名

▼画面11　読込 (Read) 機能：ギャラリー内のテキスト表示

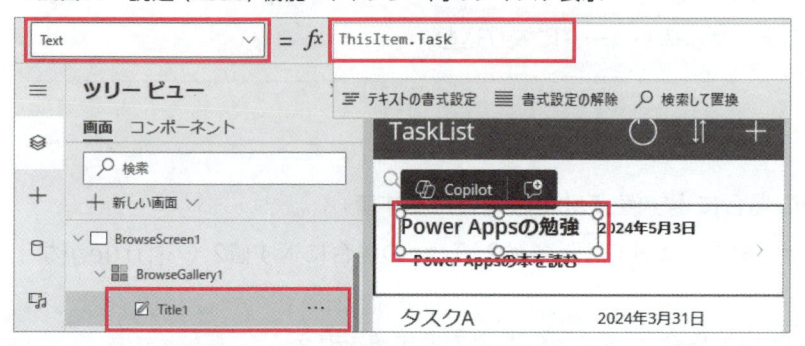

（2）一覧画面で個別のデータを選択すると、詳細画面に遷移

　次に、一覧画面（BrowseScreen1）の「ギャラリー」コントロールを選択し、「OnSelect」プロパティを見てみると（画面12）、次のような関数式が実装されています。

ギャラリーのデータ選択時の実装

コントロール名：BrowseGallery1（ギャラリー）

プロパティ：OnSelect（コントロールをクリック時）

関数式：Navigate(DetailScreen1, ScreenTransition.None)

▼**画面12　読込 (Read) 機能：ギャラリー選択時の機能**

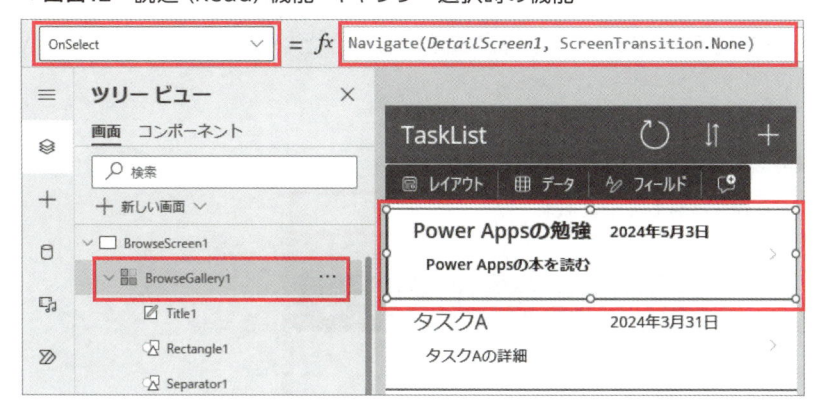

これは、登録 (Create) 機能の解説でも出てきた「Navigate」関数式です。

ギャラリーを選択すると、詳細画面 (DetailScreen1) に遷移します。

実際にアプリのプレビューで、ギャラリーの任意のレコードを選択し、詳細画面に遷移してみましょう。

詳細画面では、ギャラリーで選択したデータの詳細データが表示されます。

（3）詳細画面で、ギャラリーで選択したデータを「表示フォーム」で表示

詳細画面 (DetailScreen1) の「表示フォーム (DetailForm1)」コントロールを選択し、「DataSource」プロパティを見てみると（画面13）、次のように書かれています。

[@TaskList]

▼**画面13　読込 (Read) 機能：ギャラリーのデータソース**

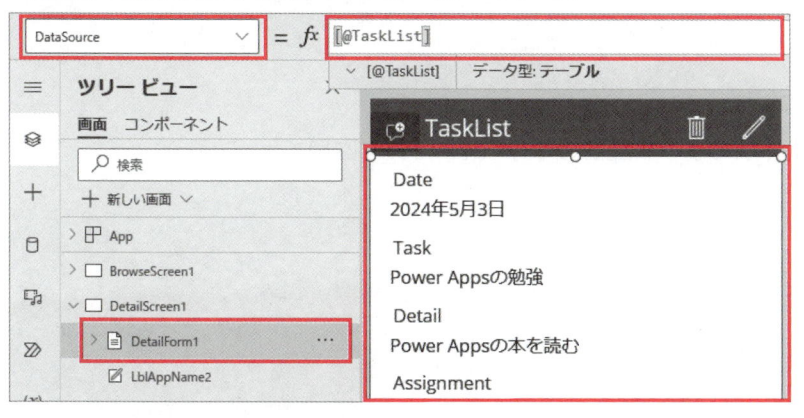

これは単にデータソースとして、SharePointリストの「TaskList」を指定しているだけです。では、表示フォームに表示するデータをどこで指定しているのかというと、「Item」プロパティになります（画面14）。

▼画面14　読込（Read）機能：表示フォームの「Item」プロパティ

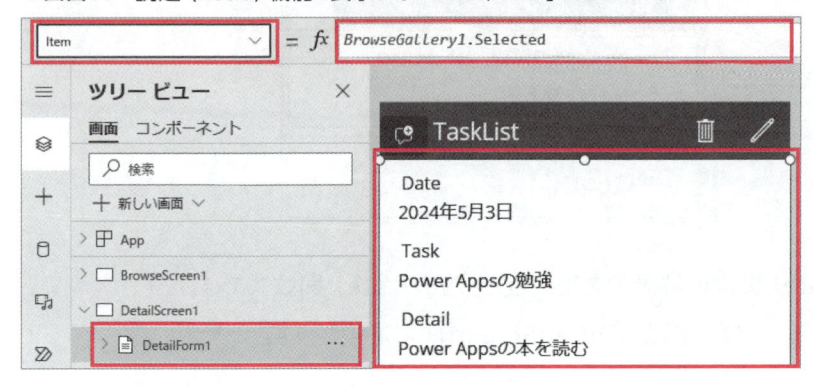

表示フォームに表示するデータの実装

コントロール名：DetailForm1（表示フォーム）

プロパティ：Item（フォームに表示するレコード）

関数式：BrowseGallery1.Selected（ギャラリーで選択したレコード）

関数式で「ギャラリー名.Selected」と書くことで、ギャラリーで選択したレコードのデータを取得することができます。

今回は、一覧画面（BrowseScreen1）のギャラリー（BrowseGallery1）で選択したレコードのデータを取得して、詳細画面（DetailScreen1）の表示フォーム（DetailForm1）に表示しています。

●③更新（Update）

データベースの更新は、次のような画面の表示になります（図5）。

▼**図5**　更新（Update）機能：画面遷移

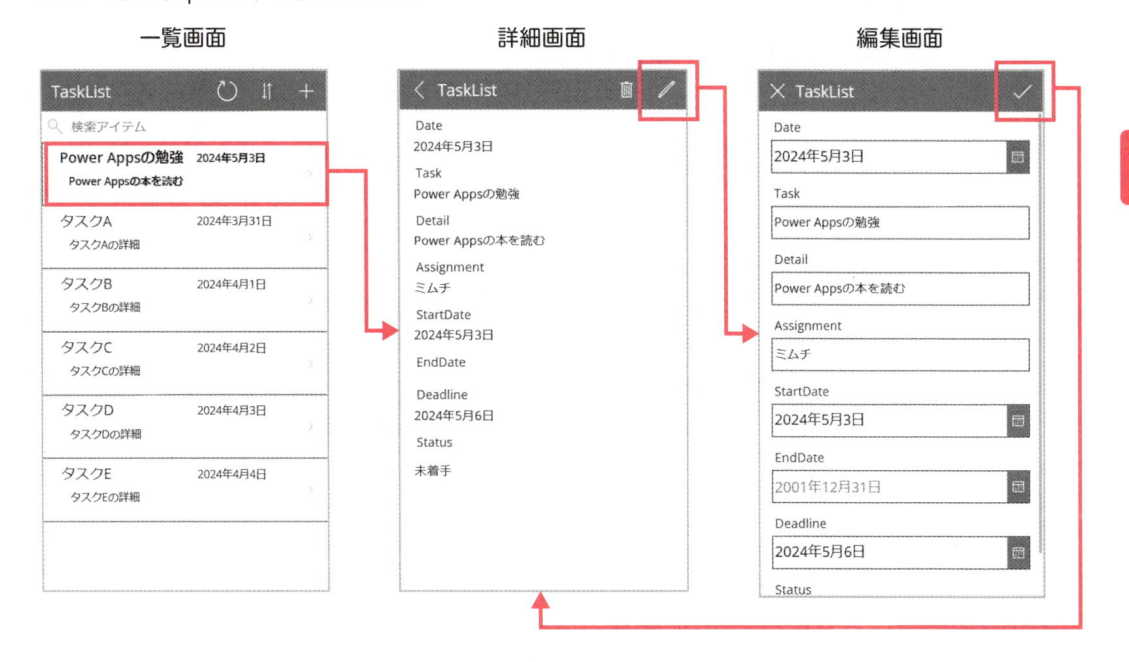

一覧画面　　　　　　　　　　詳細画面　　　　　　　　編集画面

更新機能の画面の動き

(1) 一覧画面で個別のデータを選択すると、詳細画面に遷移

(2) 詳細画面で「ペン」アイコンをクリックすると、編集画面に遷移

(3) 編集画面の「フォーム」を編集し「✓」アイコンをクリックすると、データが更新され、詳細画面に遷移

Power Appsの編集画面で、更新（Update）の実装方法も見てみます。

（1）一覧画面で個別のデータを選択すると、詳細画面に遷移

これは、読込（Read）で解説した内容と実装は同じです。

再度アプリのプレビューで、ギャラリーの任意のレコードを選択し、詳細画面に遷移することを確認しましょう。

（2）詳細画面で「ペン」アイコンをクリックすると、編集画面に遷移

次に、詳細画面（DetailScreen1）の「ペン」アイコンを選択し、「OnSelect」プロパティを見てみると（画面15）、次のような関数式が実装されています。

1
2

Chapter
3

4
5
6
7
8

ペンアイコンクリック時の実装

コントロール名：IconEdit1（「ペン」アイコン）

プロパティ：OnSelect（コントロールをクリック時）

関数式：EditForm(EditForm1); Navigate(EditScreen1, ScreenTransition.None)

▼**画面15**　更新 (Update) 機能：「ペン」アイコンクリックの実装

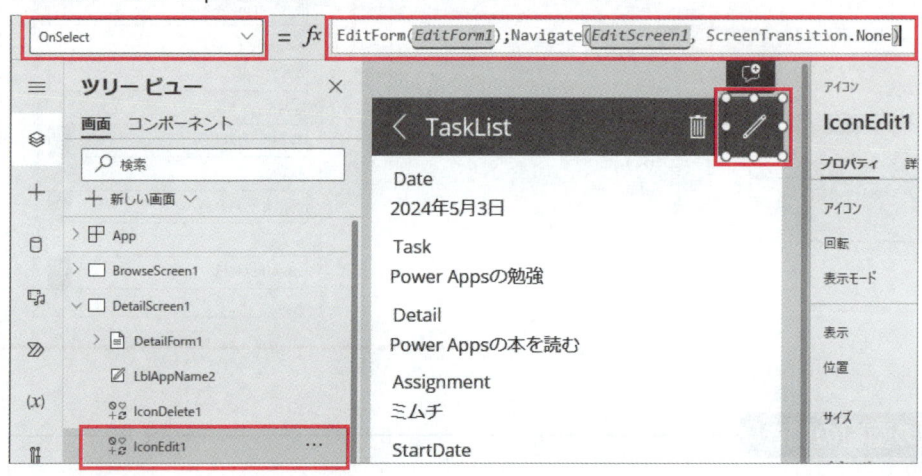

　この実装はデータ登録 (Create) 機能の「+」アイコンクリック時とほぼ同じ関数式が書かれています。

　2つの違いは、「+」アイコンの「OnSelect」プロパティには「NewForm」関数式が使われていましたが、「ペン」アイコンでは「EditForm」関数式が使われている点です。

　EditForm関数は次のような構文で使うことができます。

EditForm関数の使い方

構文　EditForm（Formコントロール名）

動作　Formコントロールのモードが「FormMode.Edit」に変更される

　すなわちこれらの関数式で、「EditForm1」（フォームコントロール）のモードを「FormMode.Edit」に変更し、「EditScreen1」（編集画面）に画面遷移する実装をしています。

NewForm関数とEditForm関数

　NewForm関数と、EditForm関数は、両方ともFormコントロールのモードを変更する関数式です。

　NewForm関数は、Formコントロールのモードを、FormMode.New（新規データ登録）にし、EditForm関数は、FormMode.Edit（データ更新）にします。

　データを新規に登録したいか、既存のデータを更新したいかは、この2つの関数式でフォームモードを切り替えることで実装できるため、2つの画面を用意する必要はなく、1つの編集画面、1つの編集フォームを使うことができます。

　実際にアプリのプレビューで、詳細画面の「ペン」アイコンをクリックし、編集画面に遷移してみましょう。

（3）編集画面の「フォーム」を編集し「✓」アイコンをクリックすると、データが更新され、詳細画面に遷移

　編集画面（EditScreen1）の「フォーム」（EditForm1）を選択し、「Item」プロパティを見てみると、次のような関数式が実装されています。

BrowseGallery1.Selected

　この実装はデータ読込（Read）機能の詳細画面で、「表示フォーム」の「Item」プロパティに書かれていた関数式と同じです。

　編集画面でデータを更新する際のフォームには、一覧画面のギャラリーで選択したレコードのデータが表示されるということです。

　その他の実装については、データの登録（Create）機能で解説した内容と同じです。

　「✓」アイコンをクリックすると、「SubmitForm」関数式が実行され、データの更新が成功すると「Back」関数式で、前の画面（詳細画面）に戻ります。

　実際にアプリのプレビューで、フォームの内容を編集し、「✓」アイコンをクリックしてみましょう。

　詳細画面に遷移し、データの変更内容が反映されていることが確認できます（図6）。

▼**図6**　更新 (Update) 機能：データ更新時の動作

編集画面　　　　　　　　　詳細画面

SubmitForm関数は、データ登録時、データ更新時両方に使うことができます。

新規データ登録時は、データソースに新規のレコードを追加し、データ更新時は既存のレコードを更新してくれます。

SubmitFormは、自動でフォームに入力した内容の検証 (Validate) もしてくれる上、成功した場合は「OnSuccess」プロパティ、失敗した場合は「OnFailure」プロパティを実行してくれるため、エラー時の実装も簡単にできます。

Power Appsの開発では、この「SubmitForm」関数を使ったデータ登録、更新の実装を積極的に活用した方が良いですが、Formコントロールを使った場合にしか使えない点と、データを一件ずつしか登録できない点に注意しましょう。

● ④削除(Delete)

データベースの削除は、次のような画面の表示になります。(図7)。

▼図7 削除 (Delete) 機能：画面遷移

詳細画面　　　　　　　　　一覧画面

削除機能の画面の動き

（1）一覧画面で個別のデータを選択すると、詳細画面に遷移
（2）編集画面で「ごみ箱」アイコンをクリックすると、データソースからデータが削除され、一覧画面に遷移

Power Appsの編集画面で、削除 (Delete) の実装方法も見てみます。

（1）一覧画面で個別のデータを選択すると、詳細画面に遷移

これは、読込 (Read) や、更新 (Update) で解説した内容と実装は同じです。
再度アプリのプレビューで、ギャラリーの任意のレコードを選択し、詳細画面に遷移することを確認しましょう。

（2）編集画面で「ごみ箱」アイコンをクリックすると、データソースからデータが削除され、一覧画面に遷移

詳細画面 (DetailScreen1) の「ごみ箱」アイコン (IconDelete1) を選択し、「OnSelect」プロパティを見てみると（画面16）、次のような関数式が実装されています。

ごみ箱アイコンクリック時の実装

コントロール名：IconDelete1（「ごみ箱」アイコン）

プロパティ：OnSelect（コントロールをクリック時）

関数式：

Remove([@TaskList], BrowseGallery1.Selected);

If (IsEmpty(Errors([@TaskList], BrowseGallery1.Selected)), Back())

▼画面16 削除 (Delete) 機能：「ごみ箱」アイコンをクリック時

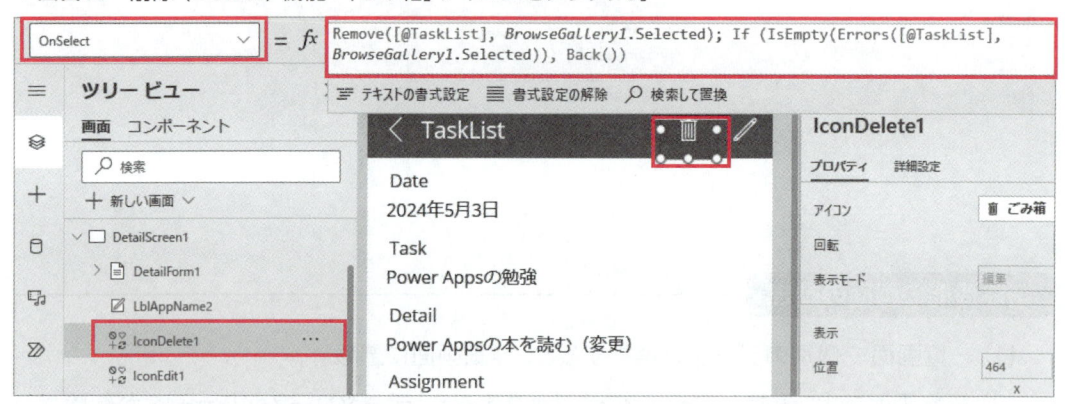

ここでは、Remove関数式と、If関数式の2つの関数式が書かれています。

　Remove関数式では、SharePointリスト「TaskList」から、ギャラリーで選択したレコードを削除します。

　If関数式では、削除したレコードにエラーがないかを確認し、Back関数で前の画面に戻ります。

　※If関数式の中身は、一先ず理解できなくても問題ありません。

Remove関数は、次のような構文で使うことができます。

Remove関数の使い方

構文 Remove（データソース, 削除するレコード1 [, 削除するレコード2…（オプション）][, RemoveFlags.All（オプション）])

動作 データソースから、1つ以上の特定のレコードを削除する

実際にアプリのプレビューで、詳細画面の「ごみ箱」アイコンをクリックしてみましょう。
一覧画面に遷移し、削除したデータがギャラリーに表示されなくなったことを確認します。

コラム　新しくなった自動作成アプリ（レスポンシブデザイン）

これまで、SharePointリストから作成できる自動作成アプリは、「モバイル」サイズのみにしか対応していませんでした。

しかし2024年になって「モバイル」や「PC・タブレット」等、画面サイズに合わせたアプリデザイン（レスポンシブデザイン）となるアプリも、自動作成できるようになりました。

これはPower Appsの「アプリ」画面で、「データで開始する」から作成することができます（画面）。

「じゃあ、新しい自動作成アプリの方がいいじゃないか！」

と思う人もいると思います。

しかし、この新しい自動作成アプリは、これまでの自動作成アプリよりも実装が難しく、Power Apps入門者には構成を理解するのが少し難しいです。

そのため、まずは以前の自動作成アプリの実装を理解していくことが、Power Appsスキルアップの近道なので、一緒に一歩一歩進んでいきましょう！

新しい自動作成アプリの作り方については、第8章でも紹介します。

▼画面　新しい自動作成アプリ

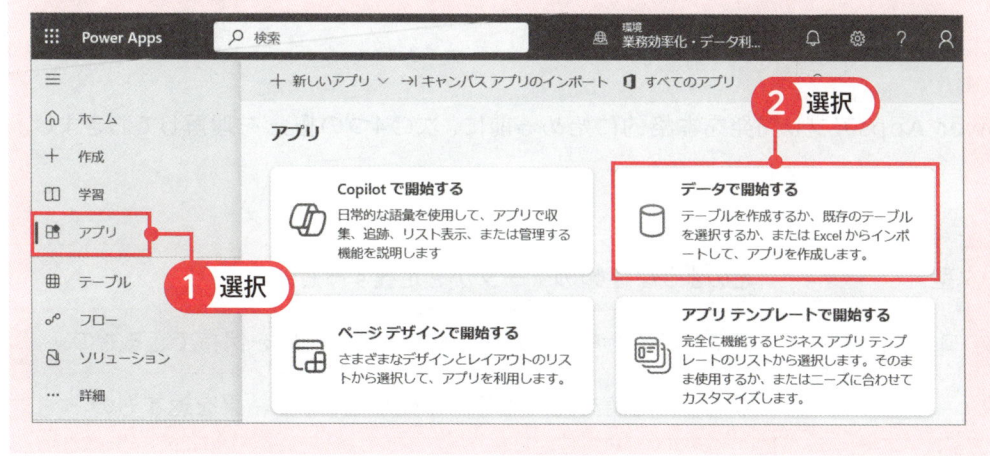

3　Power Appsに必要な基礎知識

Power Apps基礎研修で、自動作成した「タスク管理アプリ」の構造を学んだミムチは、ふと解説の中で出てきた単語について考えました。

「そういえば、変数とか、関数って何ですかな…?」

それではPower Apps開発を本格的に始める前に、必要な基礎知識を学んでおきましょう!

これから学習する概念を先に知っておくと、アプリ開発の理解がスムーズになります。

Power Appsアプリ開発を本格的に始める前に、次の4つの概念を理解しておきましょう。

データ型	どのような種類のデータかを定義するもの
変数、コレクション	アプリの実行中に、アプリ内で一時的に値を保持できるもの
関数	与えられた値を元に何等かの処理を行い、結果を返すもの
コネクタ	データソース等、外部のサービスとの接続を実現するもの

1 データ型

第3章第1節で、SharePointリストを作成した際、データの種類 (1行テキスト、日付と時刻等) を設定しましたが、これを「データ型」といいます。

データ型とは、その値が数値なのか、テキストなのか等、どのような種類のデータかを定義するものです。

データ型を理解することで、保管するデータについて適切なデータ型を定義でき、Power Appsでのデータの取り扱いがスムーズになります。

例えばPower Appsのデータソースとしてよく使うSharePointリストで使える主なデータ型としては、次の表に示したような数値型、テキスト型、日付と時刻型、選択肢型、はい/いいえ型、ユーザーまたはグループ型等があります。

▼**表1** データ型の例

データ型の種類	値の例	特徴
数値型	1, 2, 3 1.1, 1.2, 1.3	整数や10進数等の数値データ 合計や平均等、値の計算(集計)ができる
テキスト型	あいう ABC 01, 02, 03	Unicodeの文字列データ 1,2…等の値でも計算(集計)できない
日付と時刻型	2021/1/1 09:00:00	日付、時刻のデータ 日付の値〜現在日付の期間等が計算できる
選択肢型	未着手 進行中 完了	ユーザーが指定したオプションの中から選択できる
はい/いいえ型	はい, いいえ	「はい」または「いいえ」のどちらかを表す値
ユーザーまたはグループ型	パワ実 ミムチ	Microsoft Entra IDに登録されているユーザーのデータ

数値型

数値型のデータには、1, 2, 3…や、1.1, 1.2,…等の数値データを格納し、データの値を合計したり、平均をとったり等、値の計算をすることができます。

　例えば、工数（8時間）や金額（1,300円）等のデータは、数値型の列に格納し、集計等に使います。

テキスト型

　テキスト型のデータには、あいう…や、ABC, あるいは1, 2, 3といったテキストを格納します。

　ただし、テキスト型のデータに1,2,3というデータが入っていても、数値型のように値の計算をすることはできません。

　例えば、タスク名や、タスクの詳細等のデータは、テキスト型の列に格納します。

日付と時刻型

　日付と時刻型のデータは、2024年4月1日 9:00のような日付と時刻のデータを扱えます。

　日付から年や時間を分離したり、登録された日付〜現在の日付までの期間を計算したりできます。

　例えば、タスク開始日や、会議開始日時等のデータは、日付と時刻型の列に格納します。

選択肢型

　選択肢型のデータは、["未着手", "進行中", "完了"]のように、ユーザーが指定したオプションの中から選択できるため、格納する値を制限することができます。

　例えば、カテゴリー、ステータス等のデータは、選択肢型の列に格納します。

はい/いいえ型

　はい/いいえ型のデータは、会議に出席するかなど、YESかNOのどちらかを表す値で、Boolean型とも呼びます。

　例えばアンケート項目に、「あなたは会社員ですか？」という質問があった場合、回答としては「はい、いいえ」のどちらかを選択するため、はい/いいえ型の列に格納します。

ユーザーまたはグループ型

　ユーザーまたはグループ型のデータは、Microsoft Entra IDに登録されているユーザーを登録することができます。

Microsoft Entra IDに社員のデータが登録されていれば、社員の名前や、メールアドレスで検索し、ユーザーまたはグループ型のデータに登録します。

例えば、会議出席者、担当者等のデータは、ユーザーまたはグループ型の列に格納し、Power Appsから登録したユーザーの表示名や、メールアドレス、部署名等を取得することができます。

自分が扱っているデータが、何のデータ型になるのか意識し、適切なデータ型を定義することが大切です。

2 変数、コレクション

アプリの実行中に、アプリ側で一時的に値を保持したいときに「変数」や「コレクション」に値を格納できます。

SharePointリストのようなデータソースには、長期間保管するデータを格納します。

例えばSharePointリストのTaskListに、データを登録したり、アプリのギャラリーにタスクリストを一覧表示したりする場合、アプリは、SharePointリスト等のデータソースと通信をしています。

一方変数やコレクションは、データソースとは通信をせず、アプリ内だけで一時的に保持できるデータです（図1）。

▼図1 変数とコレクション

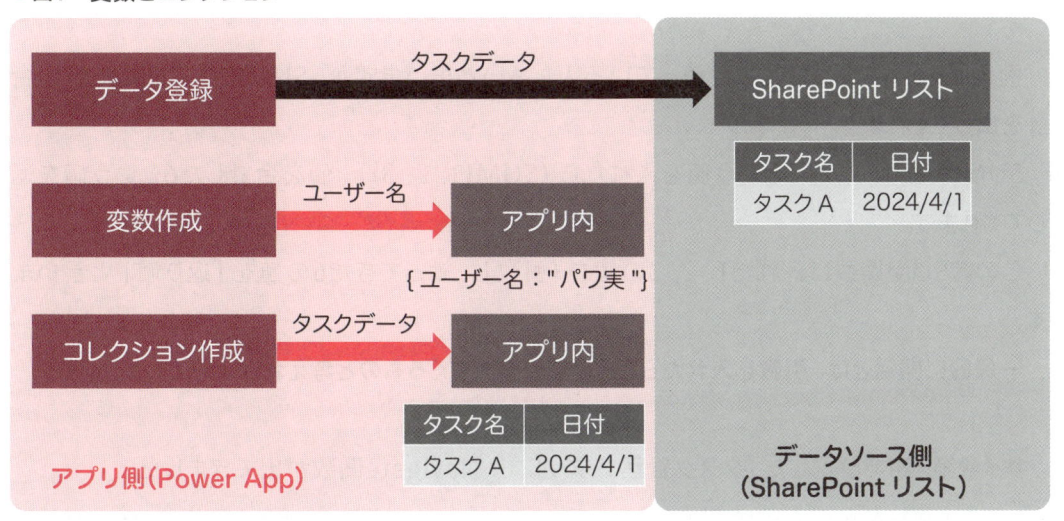

　変数や、コレクションは、アプリの起動中のみ使える一時的なデータで、アプリを閉じると、データが失われます。

　例えばデータ削除時に、ごみ箱アイコンをクリックしたら「本当にデータを削除していいですか?」といった、確認ダイアログをポップアップ表示したい場合があります。

　この時に、変数「DeleteConfirmDialog」に「True」の値を入れた場合のみ、確認ダイアログのポップアップを表示するといった使い方ができます。

　変数やコレクションの具体的な使い方については、第5章で詳しく解説します。

③　関数

　関数とは、与えられた値(引数)を元に何らかの処理を行い、結果を返すものです。

　簡単にいうと関数は、何か値を入れたら、何か値を返してくれるものです(図2)。

▼**図2　関数とは?**

SUM(A,B,C…) ⇒A,B,C…を合計した値を返す

　例えばExcelのSUM関数は使っている人も多いと思いますが、SUM内へ入力した値の合計を出してくれます。

　SUM関数に、1, 2, 3という値を入れたら(SUM(1, 2, 3))、値を合計した6という値を返してくれます。

　この時SUM関数に入れた1, 2, 3の値を「引数」、返ってきた6の値を「返り値」と言います。

　一般的に関数とは、引数を入れたら、返り値が返ってくるものと考えればよいでしょう。

　第3章第2節で解説した「タスク管理アプリ」で、Navigate関数が出てきました。

　例えば引数にScreen2の値を入れたら、Screen2に画面遷移しますが、このScreen2に画面遷移をするというのは、状態が変化するもので、返り値ではありません。

　ではNavigate関数は何か返ってきているのかというと、処理の結果として、TrueまたはFalseが返ってきます（図3）。

　処理が成功したらTrue、失敗したらFalseが返り値になります。

▼図3　Navigate関数の返り値

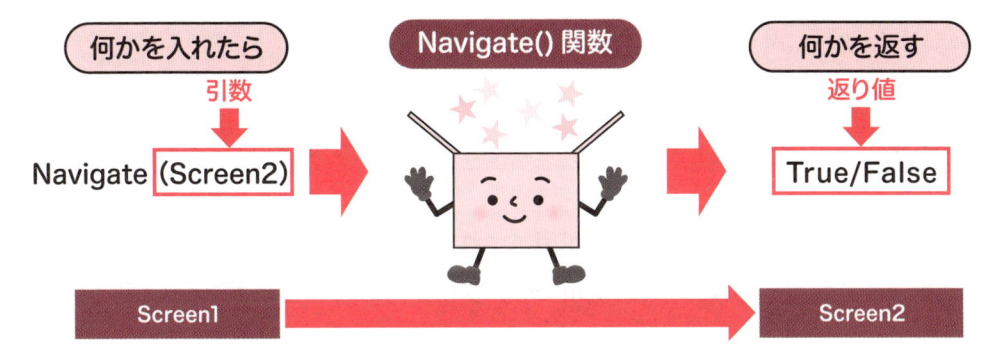

　しかしNavigate関数は、この返り値自体はおまけで、画面遷移の方がメインの関数になります。

　このように画面遷移等の処理自体がメインであったり、返り値がなかったりするものも、広義の関数として扱われます。

　キャンバスアプリでは、画面とコントロールのプロパティで、何のデータを表示するか、アプリをどう動かすか等をPower Fxと呼ばれるExcel関数に似たローコード言語を使い「関数式」を設定します。

4 コネクタ

　Power Appsでアプリを作成する際、様々なデータソースからデータを取得したり、外部サービスと連携したりする必要があります。

　このような外部との接続を実現するのが「コネクタ」です。

　コネクタは、外部サービスのAPI（サービス間をつなぐ仕組み）を使いやすく提供してくれているもので、Power Appsと外部サービスをつなぐ橋渡しの役割を果たします。

　コネクタを使用することで、アプリからデータソース等へのデータの読み書きや、サービス

の操作が可能になります。

　Power Appsには、例えば次のような標準コネクタが用意されています（表2）。

▼**表2　標準コネクタの例**

コネクタ	できることの例
SharePoint	SharePoint リストのデータを読み書きできる
Excel	Excelのテーブルデータを読み書きできる
Office 365 Outlook	メールの送受信や予定の管理ができる
Microsoft Dataverse	Dataverseのデータを操作できる
Office 365 Users	組織内のユーザーのプロファイルにアクセスできる

　Power Platformでは、多数のコネクタが用意されており、様々なデータソースやサービスと簡単に連携できるため、Power Platformでのアプリ開発の可能性が大きく広がります。

　上述で解説した、データ型、変数、コレクション、関数、コネクタについて概要を理解しておくことで、第5章で実践するPower Appsアプリ開発も、理解が深まると思います。

第3章のまとめ

　本章では、Power Appsの自動作成機能を使って作成したタスク管理アプリを見ながら、アプリの画面構成や、実装等の構成について解説しました。

　SharePointリストをデータソースとした場合、SharePointリストの「統合」＞「Power Apps」＞「アプリの作成」から、Power Appsアプリ（スマホサイズ）を自動作成できます。

Power Appsのキャンバスアプリは基本的に、次の4つの要素で構成されています。

データソース	アプリで使うデータを保管する場所
画面	アプリで表示する画面
コントロール	アプリのデザインを作る
プロパティ	画面やコントロールの見た目や動作を設定する

　キャンバスアプリでは、これら4つの構成要素を使って作成していきます。

自動作成アプリの画面は、次の3つから構成されています。

一覧画面	テーブルのデータ一覧を表示
詳細画面	一覧画面で選択した個別データの詳細を表示
編集画面	データの新規登録や更新をする

　自分で一からアプリを作成するときも、この基本的な3つの画面構成をベースに、画面設計を考えると実装しやすくなります。

　また、ビジネスアプリは基本的に、CRUD（登録（Create）、読込（Read）、更新（Update）、削除（Delete））と呼ばれるデータベース操作が中心となります。

　自動作成したアプリは、これらCRUDの機能が実装されているため、アプリの実装方法を学習するのに良い題材となります。

　また、Power Appsアプリ開発に最低限必要な基礎知識として、次の4つの概念について学びました。

データ型	データがどのような種類のデータかを定義するもの
変数、コレクション	データソースとは通信をせず、アプリ内だけで一時的に保持できるデータ
関数	与えられた値（引数）を元に何らかの処理を行い、結果（返り値）を返すもの
コネクタ	Power Appsと外部サービスをつなぐ橋渡しの役割を果たす

　これらの知識について概要を理解しておくことで、今後実践するPower Appsアプリ開発の理解もスムーズになると思います。

　初めてのアプリ開発では、中々すぐに理解することが難しいかもしれません。

　すぐに理解できなくても、アプリの実装を通して少しずつ分かっていくと思うので、一歩一歩頑張っていきましょう！

データソースに
ついて

本章では、Power Appsで使える主なデータソースについて、いくつかの候補となるデータソースを紹介し、それぞれの特徴や違いを学びます。

データは継続的に蓄積されていくものなので、保管するデータの量や、どのようなアクセス制御をしたいかによって、最適なデータソースを選択することが重要です。

この章を完了すると、Power Appsアプリ開発で、それぞれのシステム要件に応じて、適切なデータソースを選択することができるようになります。

1 アプリのデータはどこに保存する?

　「DX推進プロジェクト」の情シスメンバー主催の「Power Apps基礎研修」に参加し、自動作成した「タスク管理アプリ」を使って、Power Appsの基礎を学んだミムチは、Power Appsのデータソースについて疑問を持ちました。

　「研修ではSharePointリストを使いましたが、Excelも使えるのですかな?」

総務部ではExcelで管理しているデータがたくさんありますが、これもPower Appsのデータソースとして使えるのですかな?

もちろん、ExcelもPower Appsのデータソースとして使えますが、運用を考えるとSharePointリストの方が適しています。

Power Appsで使える主なデータソースと、違いも学んでおきましょう!

　Power Appsでよく使われるデータソースには、次のようなものがあります。

Power Appsでよく使われるデータソース

(1) Excel Online
(2) SharePointリスト
(3) Dataverse for Teams
(4) Dataverse

これら4つのデータソースの比較を表にしました（表1）。

▼**表1** Power Appsで主に使われるデータソース比較（2024年7月時点）

項目	Office365/Microsoft365 ライセンス			有料ライセンス
データソース	Excel Online	SharePoint リスト	Dataverse for Teams	Dataverse
レコード上限	100万 (2,000)	3,000万 (2,000)	100万 (2,000)	ライセンス次第 (2,000)
ストレージ	―	ライセンス次第	2GB ※DB ごと	ライセンス次第
アクセス制御	× ファイルごと	△ 主にリストごと	△ チームのロールごと	● 細かいアクセス制御可
委任処理	× ほとんどできない	△ 一部できる	● 多くができる	● 多くができる
リレーション シップ	×	●	●	●

※（2,000）は、委任ができない関数式を使った場合のレコード上限

上述した4つの中で、Dataverse以外はOffice 365や、Microsoft 365ライセンスを持っていれば追加コストなしで使えますが、Dataverseは有償ライセンスの購入が必要です。

この4つ以外にも、Power Appsでは多くのデータソースに接続することができます。

例えば、既にSQL Serverでデータベースを構築している場合、Power AppsでSQL Serverをデータソースとして使うことも可能です。

※ただし、SQL Serverはプレミアムコネクタ（有償ライセンス）が必要です。

4つのデータソースについて、それぞれの特徴を見ていきましょう！

1 Excel Online

最初のデータソース候補として、皆さんが使い慣れているExcelを検討する場合があるかもしれません。

しかしExcelの場合、ほとんどの関数で委任処理ができないという大きな問題があります。

委任処理については後ほどコラムでも解説しますが、委任処理ができない場合、すべてのデータをPower Apps（アプリ）側で処理することになるため、実質的に格納できるデータ

数の上限が、Power Appsで扱えるデータ数上限の2,000件までになります。

　したがってPower Appsでのデータソースとしては、基本的にExcelは適さないと言えます。

　例えば本当に小規模のアプリで、少人数が使い、1つのテーブルのみでデータを管理するような場合は、Excelを使うケースもあります。

2 SharePointリスト

　次に候補となるのが、SharePointリストです。

　SharePointリストは、3,000万行のデータが登録可能で、ストレージはライセンスにより異なりますが、例えばMicrosoft 365 E3ライセンスの場合、組織ごとに1TB+10GB/ライセンスのストレージ容量があります。

　実際にPower Appsのデータソースとしては、SharePointリストを使っているケースがかなり多いと思います。

　ただし、大きな問題としては、基本的にアクセス制御がリストごとにしかできない点があります。

　例えば部署ごとに見せるデータの行を制御しようとすると、設定が複雑になり、アプリのパフォーマンスへの影響も懸念されます。

　SharePointリストは、参照列を使うことでテーブル間にリレーションシップを作成することができますが、Power Appsでの実装はDataverseよりも複雑な上、参照列を多く作るとアプリのパフォーマンスへも影響します。

リレーションシップとは？

　リレーションシップとは、異なるテーブル間の関係性を定義するものです。

　例えば、障害一覧と、対応履歴ログの2つのテーブルがあるとします。障害一覧では、障害の発生日、障害名等を管理し、対応履歴ログでは、各障害の対応履歴（対応日や対応者、対応時間等）を管理します。

　このとき、1つの障害に対して、複数の対応履歴ログが記録されていきます。

　このような関係性は、障害一覧と、対応履歴ログで一対多のリレーションシップを作成するといいます。

　第5章第2節でも、リレーションシップを作成するデータモデルについて解説します。

　そのため、**複雑なデータモデルの場合は、SharePointリストをデータソースとして使わない方がよいと思います。**

　第5章の申請アプリ開発では、SharePointリストを2つ作成しますが、参照列は使わずに数値列を使い、アプリ側の実装で見かけ上のリレーションシップを作成します。

　SharePointリストは、一部の関数は委任処理ができますが、関数式によっては委任処理ができない場合も多く、2,000件を超えるデータを登録する場合は、委任の問題が起こらないように、関数式の実装で苦労することも多いです。

コラム　委任処理って何？

　委任処理とは、アプリで実装したデータソースの絞り込み等を行う関数の実行を、データソース側で行うことを指します。

　例えば、Power Appsでデータを表示する際に、SearchやFilter等の関数を使って絞り込みを行いたい場合があります。

　このとき、全てのデータ処理をPower Apps側で行うと、アプリ側の負荷が大きくなり、動作が遅くなってしまいます。

＜委任処理ができる場合＞

　委任処理を利用すると、関数式の処理はPower Apps側ではなく、データソース側で先に処理されます（図1）。

▼**図1　委任処理ができる場合の動作**

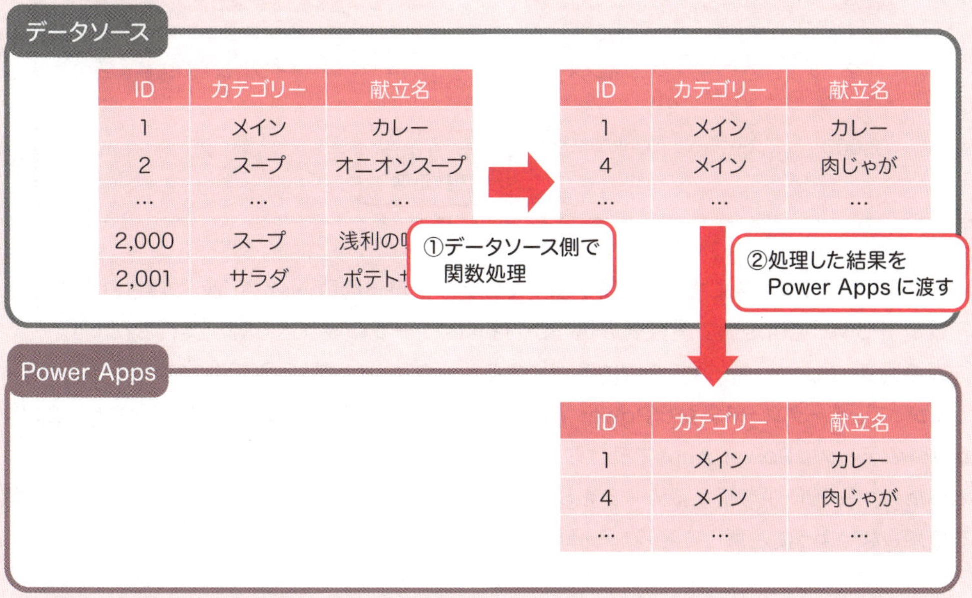

1

2

3

5

6

7

8

例えば、Filter関数を使って表示するデータを絞り込むような処理が該当します。

データソース側で処理した結果のデータが、Power Appsに渡されます。

なお、Power Appsで表示したり処理したりできるレコード数は最大2,000件であるため、データソース側からPower Appsに渡せるレコード数も最大2,000件に制限されます。

<委任処理ができない場合>

一方、委任処理ができない関数式の場合はどうなるでしょうか。

委任処理ができない関数式を使用すると、データソース側での絞り込み等の処理は行われません（図2）。

▼図2　委任処理ができない場合の動作

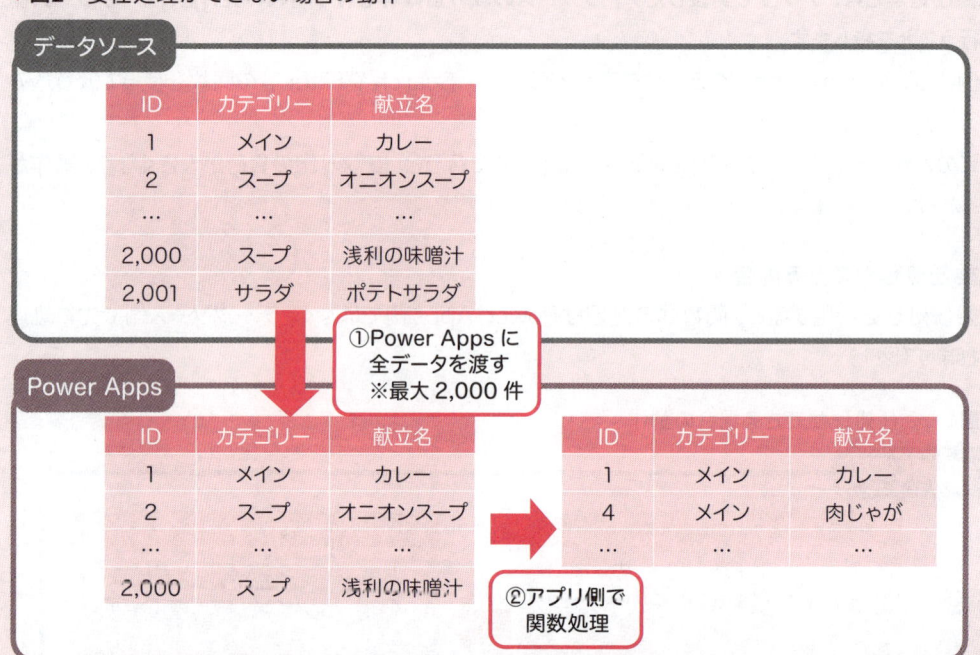

その結果、データソースに格納されている全てのデータが一旦Power Appsに渡されます。

そして、Power Apps側で関数式の処理が行われ、データの絞り込み等が実行されます。

先述の通り、Power Appsで一度に処理できるデータ数の上限は2,000件です。

したがって、データソース側からPower Appsに渡せるレコード数も最大2,000件となり、2,001件目以降のデータはPower Appsで受け取ることができません。

このため、2,000件を超えるデータをSharePointリストで扱う場合は、委任ができない関数式を使用しないように注意して実装する必要があります。

③ Dataverse for Teams

Dataverse for Teamsは、有償のライセンスが必要なDataverseの簡易版で、Teamsで使うことができます。

Dataverse for Teamsの場合、SharePointリストよりも委任できる関数が多く、リレーションシップも作成できます。

チームごとに2GB のストレージと、最大100万行データが格納できるため、非常に有力なデータソース候補となると思います。

問題点としては、ストレージの制限が2GBまでという点と、基本的にチームごとにしか使うことができず、アクセス制御もチームのロールごとにしかできない点です。

写真等、画像ファイルをたくさん保存していくと、すぐにストレージはいっぱいになってしまい、アクセス制御もチームの所有者、メンバー、ゲスト等のロールごとに割り振られるため、データソースの機能としてはあと一歩足りないと思います。

おそらくDataverse購入を前提とした、お試し版のDataverseという位置づけなのではないでしょうか。

④ Dataverse

厳密なアクセス制御や、複雑な検索等の委任処理、複数のリレーションシップを作成するデータモデルを使いたい場合は、Dataverseを使うという選択を検討します。

Dataverseを使うと、例えばテーブル内で自分の部署のデータのみにアクセスできるようにする「行レベルのアクセス制御」や、特定の役職のメンバーのみが、特定の列のデータにアクセスできるようにする「列レベルのアクセス制御」もできます。

委任処理できる関数も多く、複雑な検索も委任処理ができます。

また、一対多や、多対多のリレーションシップを定義することができ、データ更新、読込の実装も簡単にできます。

ただしDataverseを使うためには、有償のライセンスが必要な点に注意しましょう。

2 どのデータソースを選べばよいか？

　「DX推進プロジェクト」のPMであるパワ実から、Power Appsで使うことのできる主なデータソースの特徴や違いを学んだミムチは、今後総務部で作ろうと考えているPower Appsアプリのデータソースで、何を選べばよいか考えました。

　「一番多くの機能を持つDataverseにするか、それともSharePointリストがよいのですかな…?」

> …結局どのデータソースにすればよいのですかな？

> Power Appsで使うデータソースは、作るアプリの要件によって適切なものを選択します。

　これら4つのデータソースを比較すると、最終的なデータソースとしては、SharePointリストかDataverseを検討する可能性が高いでしょう。

　チームで使うアプリの場合は、Dataverse for Teamsを使うこともあるかもしれません。**SharePointリストとDataverseのどちらを選ぶかは、次の要件次第です。**

データソースの選択に関わる要件

(1) アクセス制御

(2) 必要なレコード数

(3) リレーションシップの必要性

(4) かけられるコスト

　厳密なアクセス制御が必要な場合、または2,000レコード以上のデータで委任できない関数を使う場合、あるいは複数のリレーションシップを作成する複雑なデータモデルを作成する場合は、Dataverseを検討すべきです。

　それ以外の場合は、SharePointリストで十分なケースが多いでしょう。

　2,000レコード以上のデータを扱う場合でも、Power Appsで委任できない関数は使わないよう実装に気をつければ、SharePointリストで問題ないケースも多いです。

　また、リレーションシップが必要な場合でも、全体的にテーブル数が少なく、シンプルなデータモデルであれば、SharePointリストでも要件を満たせる場合があります。

　多くの場合、コスト面での制約もあるため、どのデータソースを選択するかは、アプリの要件を慎重に検討した上で決定しましょう。

コラム　SharePointリストを使うときの注意点

　Power Appsのデータソースとして SharePointリストを使用する場合、次の注意点を考慮する必要があります。

> （1）行レベルおよび列レベルのアクセス制御の制限
> （2）2,000件以上のデータを扱う際の委任の問題
> （3）リレーションシップ作成時のアプリ実装の複雑さ

　SharePointリストは最もよく使われるデータソースの一つですが、これらの制限事項や注意点を理解した上で利用しましょう。

（1）行レベルおよび列レベルのアクセス制御の制限

　SharePointリストを使用する際の最大の注意点は、厳密なアクセス制御ができないことです。

　例えば、同じ部署のデータのみを表示する「行レベルのアクセス制御」や、役割ごとに表示する列を制限する「列レベルのアクセス制御」は、Dataverseでは可能ですが、SharePointリストでは基本的に難しいです。

　SharePointリストのURLをユーザーに共有せず、Power Apps側で表示するデータを制御すれば（例えば自分の部署のデータのみ表示する等）良いのではと思うかもしれません。

　この場合、Power Apps側で表示されるデータのアクセス制御は可能ですが、SharePointのホーム画面の「よく使うサイト」や「最近のアクセス履歴」にリストが表示されてしまうため、結果的

にリスト内のデータが全て閲覧される可能性があります。

　SharePointではアイテムごとの権限を設定することで、行レベルのセキュリティを付与することも可能ですが、固有の権限を多用するとパフォーマンスに影響を与えるため、できるだけ避けるべきでしょう。

　したがって、行レベルや列レベルの厳密なアクセス制御が必要な場合は、SharePointリストの利用を避けることをおすすめします。

（2）2,000件以上のデータを扱う際の委任の問題

　2つ目の注意点は、2,000件以上のデータを登録する場合に発生する委任の問題です。

　2,000件以上のデータを格納する際は、Power Apps側で委任ができない関数式を避けるように実装する必要があります。

　特にSharePointリストでは、検索でよく使われる「Search」関数や、集計で使う「Sum」関数等は委任できないため、実装の際には注意が必要です。

（3）リレーションシップ作成時のアプリ実装の複雑さ

　最後に、SharePointリストでは参照列を使用してリレーションシップを作成できますが、その場合、Power Apps側での実装が少し複雑になります。

　また、参照列を作成し過ぎると、アプリのパフォーマンスに影響を与える可能性があるため、注意が必要です。

　Dataverseでリレーションシップを定義した場合、Power Apps側での登録や表示などの実装が非常に簡単になります。

　さらに、Dataverseを使用すると、アプリとセットでソリューションとしてパッケージ化でき、アプリを別の環境やテナントに移行するのも容易です。

　一方、SharePointリストを使用する場合は、移行にそれなりの手間がかかることが多いです。

　SharePointリストをデータソースとして使用する際は、これらの注意点を理解しておくことが重要です。

本章では、Power Appsで使える主なデータソースについて、候補となるデータソースを紹介し、それぞれの特徴や違いを学び、ケースに応じたデータソースの選び方を学習しました。

Power Appsでよく使われるデータソースには、次のようなものがあります。

Power Appsでよく使われるデータソース

(1) Excel Online

(2) SharePointリスト

(3) Dataverse for Teams

(4) Dataverse

Excel Onlineはあまり使いませんが、少人数で、1つのテーブルのみのアプリでは、使うことがあるかもしれません。

SharePointリストとDataverseのどちらを選ぶかは、次の要件次第です。

データソースの選択に関わる要件

(1) アクセス制御

(2) 必要なレコード数

(3) リレーションシップの必要性

(4) 有償ライセンスにかけられるコスト

多くの場合、Power Appsのデータソースの選択は、SharePointリストかDataverseで悩むことになると思います。

特に次のような場合は、Dataverseの利用を検討します。

Dataverseの利用を検討するケース

(1) 厳密なアクセス制御が必要

(2) レコード数が2,000件以上でSharePointリストでは委任できない関数を使う

(3) リレーションシップを作成する複雑なデータモデルとなる

(4) 有償ライセンス費のためのコストをかけられる

　それ以外の場合は、SharePointリストで十分なケースが多いでしょう。

　Dataverseを使う場合は、有償ライセンスが必要となるため、コスト面も考慮し、アプリの要件を検討した上で、データソースを選択しましょう。

　データは継続的に蓄積されていくものなので、短期的なデータ量だけでなく、長期的にどれだけのデータ量を保管するか、部署ごとや役割ごと等、厳密なアクセス制御が必要かに応じて、最適なデータソースを選択することが重要です。

申請アプリを
作ってみる！

第5章のゴール

　本章では、社内の申請業務で使う「申請アプリ」を題材に、簡単な要件定義から、設計、開発、テスト、リリースまでの一連の流れを、実際に手を動かしながら体験します。

　この章を完了すると、申請アプリ以外でも、簡単な Power Apps アプリ開発を自力で調べながら実装できるようになります。

1 　要件定義

システムで何を実現したいか考える

　「Power Apps基礎研修」に参加した後、ミムチは自分の所属する総務部の業務で、何かPower Appsを活用した効率化ができないか検討しました。

　ミムチがデスクで色々と考えていると、休憩から戻った上司が話しかけてきました。

　「ミムチ君、総務部では他部署から色々な申請を受けて処理しているが、どうもうちの申請処理にかなり工数がかかっているみたいだ。どうにか申請業務を改善できないかな？」

確かに総務部の申請業務は、色々な部署から申請ごとに、異なるExcelや紙のフォーマットを受理して、処理してますな…これをPower Appsでアプリ化したらかなり効率化できそうですぞ…！

Power Appsアプリ開発では、最初に「要件定義」から始めると学習しましたが、具体的に何をすればよいのですかな…？

「要件定義」では、業務改善で何を実現したいかを考えてみましょう！

　Power Appsを使用したアプリ開発を始める際、要件定義で何をしたらよいか悩む方も多いかもしれません。

　要件定義では、現状の課題を洗い出し、業務改善で実現したい内容を明確にすることが重要です。

この目的を達成するために、次の3つのステップを踏んでいきます。

要件定義の3ステップ

（1）業務の現状把握と課題の洗い出し

（2）課題解決に適したツールの選定と改善案の検討

（3）ツールごとの必要機能の洗い出し

第5章〜第7章にわたる申請アプリ開発では、Power Apps以外にもPower BI、Power Automateなど、Power Platformの各ツールを連携させた業務改善方法を検討し、具体的な開発手順も紹介していきます。

要件定義の段階で、これらのツールの活用を視野に入れることで、より効果的な業務改善を実現できるでしょう。

1 業務の現状把握と課題の洗い出し

それでは、一般的な申請アプリを例に、実際に要件定義の第一歩である業務の現状把握と課題の洗い出しを行ってみましょう！

まず、現状の業務の流れをイメージ図に描き、どの部分に課題があるのかを明確にします。

ここでは、ミムチが所属する総務部が他部署から受ける申請処理業務の流れを例に説明します（図1）。

▼**図1** 現状の業務フロー

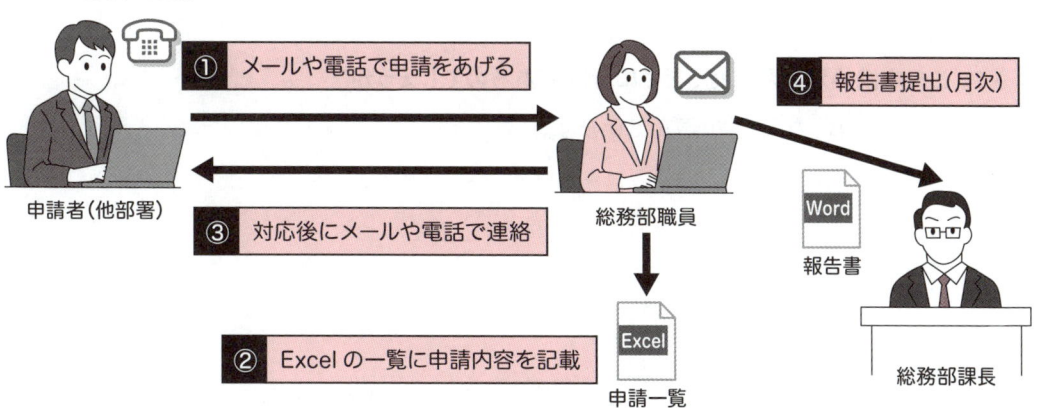

① メールや電話で申請をあげる

④ 報告書提出（月次）

③ 対応後にメールや電話で連絡

申請者（他部署）　　総務部職員

② Excel の一覧に申請内容を記載

申請一覧

Word　報告書

総務部課長

1

2

3

4

6

7

8

現状の業務フロー

① 他部署の申請者が、総務部の職員にメールや電話で申請を提出する。

（例）物品の貸出申請

② 申請を受けた総務部の職員は、Excelの申請一覧に申請内容を手動で記載する。

③ 総務部の職員が申請の対応を完了したら、メールや電話で申請者に連絡する。

例えば、物品の貸し出し準備が完了した旨を通知する。

④ 総務部の職員は、部署の課長に対して、月次で申請の件数や内容を報告する。

この報告書は、申請一覧のExcelとは別にWordで作成されている。

　業務の流れのイメージ図を描く際のポイントは最初に、登場人物、利用するPCやシステム、ExcelやWordなどのドキュメントを配置することです。

　そして、業務の開始から終了まで、各段階でどのような作業が行われているのかを線で結んで表現します。

業務の流れのイメージ図の書き方

　エンジニアが開発する際は、登場人物で列を分けて、「誰が」「いつ、何をきっかけに」「どんな場合に」「どんな作業を行う」を時系列書いていく「業務フロー図」をよく作成します。

　しかし、非エンジニア（シティズンディベロッパー）がPower Appsアプリ開発をする場合は、そこまで厳密な業務フロー図を書かなくても、自分が分かりやすい形で、手書きでも、PowerPointでも自由にイメージ図を書くのが良いと思います。

さて、この申請処理業務には、どこに課題があるのでしょうか？

例えば、図2のような課題が潜んでいます。

▼図2　現状の業務フローでの課題

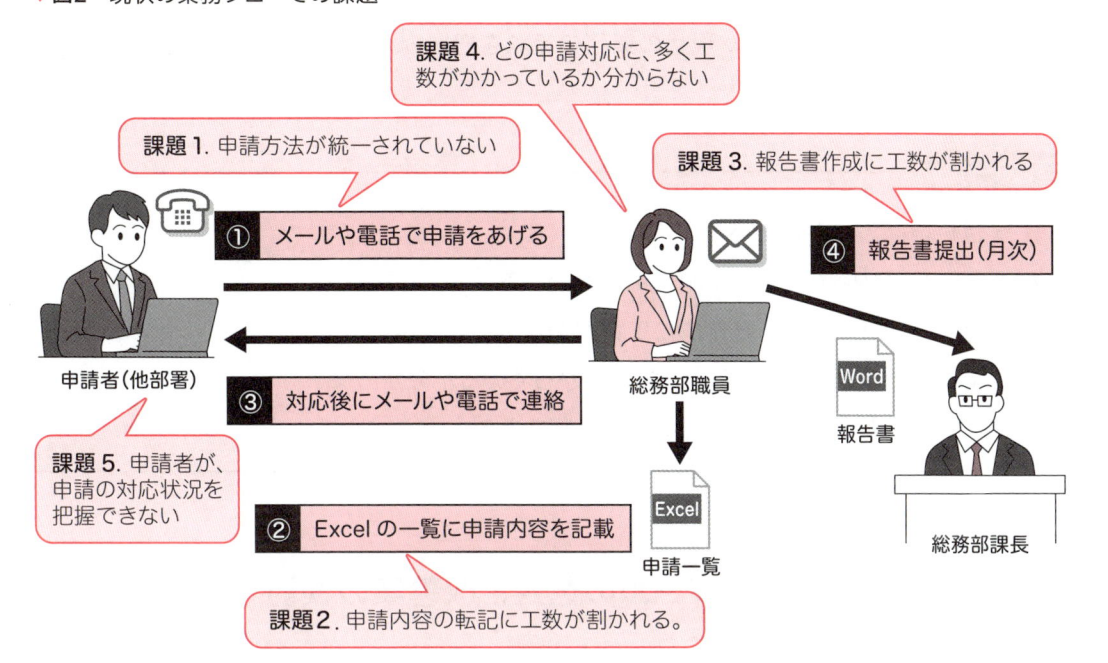

洗い出された課題

● 課題1. 他部署の申請者が、総務部の職員に申請を提出する際、メールや電話など申請方法が統一されていないため、総務部の職員が申請内容を把握するために聞き取りを行うなど、多くの工数がかかっている。

● 課題2. 申請内容をExcelの申請一覧に手動で転記する作業にも、無駄な工数がかかっている。

● 課題3. Excelの申請一覧とは別にWordの報告書を作成することにも、総務部の職員の工数が割かれている。

● 課題4. 申請業務の工数を削減したいが、現状の報告書では、どのような申請対応にどれだけの工数がかかっているのかを把握することができない。

● 課題5. 申請者が自分の申請の承認状況や処理状況を把握できないことも問題となる。

このように、現状の業務の流れを描き、課題を一覧で書き出してみましょう。

　業務のイメージ図から明らかになる課題以外にも、問題点があれば漏れなく記載することが重要です。

　総務部の申請業務について、現状の業務の流れを把握し、次のような課題を洗い出すことができました。

> **課題一覧**
>
> ● 課題1. 申請方法が統一されていない
> ● 課題2. 申請内容のExcel転記に工数がかかる
> ● 課題3. Wordでの報告書作成に工数がかかる
> ● 課題4. どの申請対応に、多く工数がかかっているか分からない
> ● 課題5. 申請者が、申請の対応状況を把握できない

2 課題解決に適したツールの選定と改善案の検討

課題を洗い出した後は、これらの課題をどのように改善していくかを検討します。

例えば、先に挙げた課題に対して次のような改善案が考えられます。

> ① 課題1に対して：申請フォーマットを統一し、申請内容を把握しやすくする。
> ② 課題2に対して：Excelへの手動での転記作業を解消する。
> ③ 課題3に対して：Wordでの報告書作成作業を省略する。
> ④ 課題4に対して：申請カテゴリごとの対応工数を可視化する。
> ⑤ 課題5に対して：申請者が申請の対応状況をリアルタイムで把握できるようにする。

改善案を検討する際には、その作業が本当に必要なのかも吟味することが重要です。

不要な作業であれば思い切って省略するなど、業務プロセスの根本的な見直しも考慮に入れましょう。

次のステップでは、これらの改善案を実現するために、どのようなツールを活用できるかを検討します。例えば、次のようなツールの活用が考えられます。

① 課題1：Power Appsを使ってシステム化することで、申請フォーマットの統一が実現する。

② 課題2：Power Appsで入力されたデータをSharePointリストに直接登録することで、Excel転記作業を不要にできる。

③ 課題3と課題4：SharePointリストのデータをPower BIレポートで可視化し、課長に報告することで解決できる。

④ 課題5：申請の対応状況等のステータス更新があった際に、Power Automateを使って申請者に自動通知することで解決できる。

これらの改善案をイメージ図に反映させると、業務フローは次のように変更されます（図3）。

▼**図3　改善後の業務フロー**

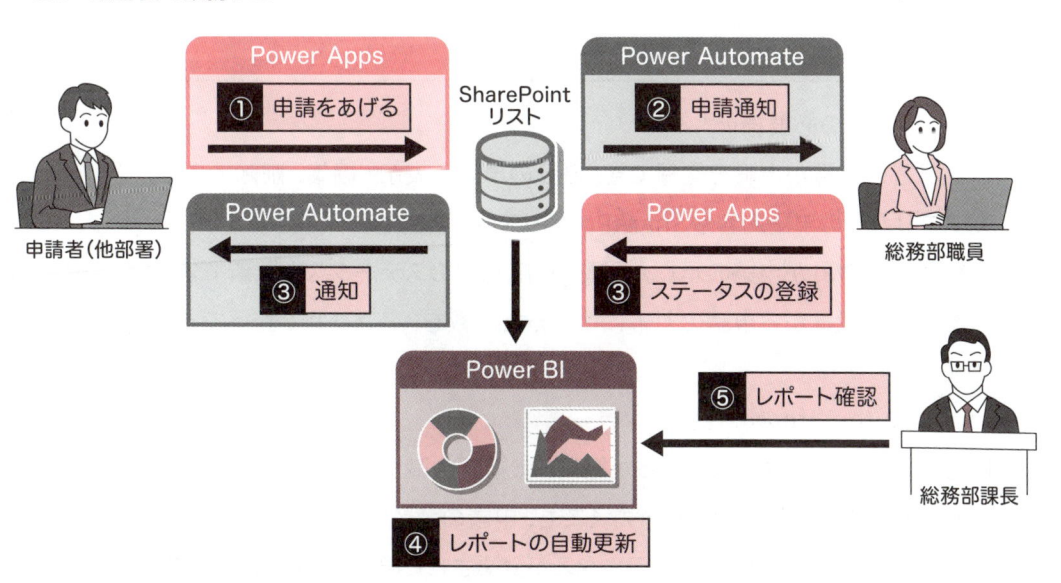

改善後の業務フロー

① 他部署の申請者がPower Appsアプリから申請を登録すると、データはSharePointリストに直接保存される。

② 新しい申請があった際は、Power Automateを通じて総務部の職員に自動通知される。

③ 総務部の職員が申請のステータスをアプリで更新すると、Power Automateを介して申請者に通知が送られる。

④ SharePointリストのデータを、日次でPower BIレポートに反映させる。

⑤ 総務部の課長が、申請対応状況をPower BIレポートで容易に把握できるようにする。

　このように、Power Platformの各ツールを効果的に組み合わせることで、業務改善を実現していきます。

3　ツールごとの必要機能の洗い出し

最後に、各ツールに必要な機能を具体的に検討します。

今回は、Power Apps、Power Automate、Power BIの3つのツールを使用します。

要件定義段階で必要な機能を明確にしておくことで、必要なデータ構造などを決めていくことができます。

---

① Power Appsの必要機能:

1. 他部署の職員が申請を登録でき、自分の申請を表示、編集、削除できる。

2. アプリからの申請内容がSharePointリストに自動的に保存される。

3. 総務部の職員が申請の承認/否認や対応状況のステータスを更新できる。

4. 総務部の職員が各申請の対応にかかった工数を、アプリ上で登録できる。

② Power Automateの必要機能:

1. 他部署からの新規申請があった際に、総務部の職員に自動通知する。

2. 総務部の職員がアプリを開かなくても、申請の承認・否認を選択できる。

3. アプリで申請の承認状況やステータスが変更された際に、申請者に自動で通知する。

③ Power BIの必要機能:

1. SharePointリストのデータを自動で読み込み、レポートを毎日更新する。

2. 総務部の課長が、申請対応にかかる、カテゴリごとの工数を把握できるようにする。

　以上のように、**要件定義の段階で必要な機能を可能な限り洗い出しておくことで、開発中に大幅な機能追加や改修作業が発生するリスクを抑えることができます。**

　実際の開発を進める中で、機能追加等、要件の見直しが必要になることは多々ありますが、その場合は再度要件定義に戻って検討しなおすことも可能です。

　要件定義を適切に行うことで、後のアプリ開発作業の効率を上げることができます。ぜひ、この手順を実践してみてください。

　本章（第5章）では、Power Appsの箇所（図4）について実装を進め、第6章では、Power Automateを使った自動化フローの開発、第7章では、Power BIレポートでデータの可視化をしていきます。

▼**図4**　今回Power Appsで実装する箇所

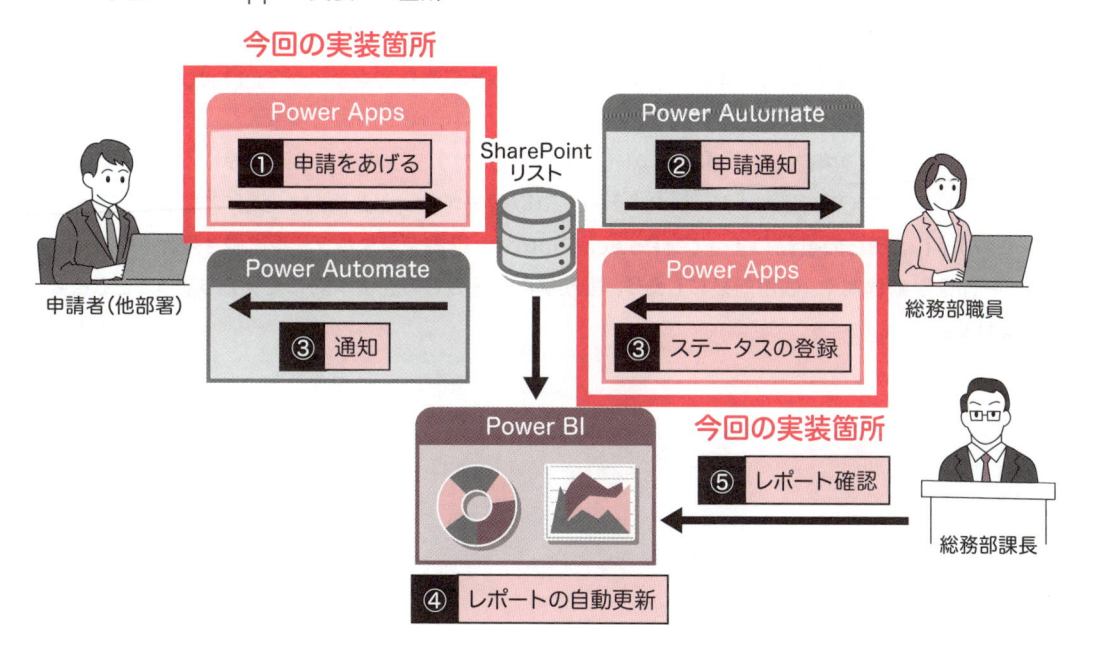

1

2

3

4

6

7

8

コラム　Power Platformだけですべてを解決できるわけではない！？

Microsoft 365やPower Platformだけですべての業務を改善できるわけではありません。

今回は、Power Platformを使った業務改善例を題材としたため、業務フロー全体が綺麗にPower Platformを使って改善されるように見えたかもしれません。

しかし実際には、業務フローの内、一部をPower Platform等のツールを使って改善し、それ以外は手動での対応や、運用対処をする場合も多いです。

例えば、組織内でインターネット接続ができないサーバー内のシステムからデータを抽出し、それをインターネット接続できるPCでSharePointに格納した後、Power BIでデータ分析に使うことがあります。

インターネット接続ができないサーバー内でRPA等を使うためには、いくつか通信の穴をあける等、インフラ部門との調整や作業のコストがかかります。

そのため、システムからデータを抽出してSharePointに格納する部分は手動で対応することもあります。

また、ユーザーのデータ入力が不正だった場合に、すべてをシステム側で対処するのではなく、データ入力ルールをユーザーに周知する等の運用対処をするケースもあります。

更には、そもそもこの業務は本当に必要なのか？もっと簡略化できないか？を検討し、業務フローを根本的に見直すことも大事です。

例えば紙データを集計したい場合、AI-OCRを使って、デジタルデータに変換し、取得するのではなく、元データを紙ではなく、デジタルデータで取得できないかと検討する等です。

このように、現在の業務のすべてをPower Platform等のデジタルツールに置き換えるのではなく、一部は手動作業や、運用対処にしたり、業務フローそのものを根本的に変えたりすることも重要になります。

アプリ設計
2 どのようなアプリを作るか決める

総務部の「申請アプリ」の要件定義を終えたミムチは、次に「アプリの設計」に取りかかろうとしました。

「ところでアプリの設計とは、一体何をすればいいのですかな…?」

そもそもミムチはエンジニアでもありませんし、「アプリの設計」で何をすればよいのか、全く分かりませんぞ…!

「アプリの設計」では、どういうアプリを作るかを考えます。非エンジニアの人でも気軽にできる手順を紹介しますね!

Power Appsアプリの設計手順は主に、データベース設計と画面設計の2つの側面から検討を進めていきます。

データベース設計では、アプリで扱うデータを格納するための構造を決定します。

一方、画面設計ではユーザーが直接操作するユーザーインターフェース（UI）の設計を行います。

これら2つの設計は、アプリの機能性とユーザビリティ（使いやすさ）に大きく影響するため、特に重要です。

具体的な設計手順は次の4つのステップに分けられます（表1）。

▼**表1**　アプリの設計手順

データベース設計	（1）必要なデータの洗い出し
	（2）データベース設計
画面設計	（3）必要な画面と画面の遷移の設計
	（4）画面イメージの作成

① 必要なデータの洗い出し

アプリ設計の第一段階として、必要なデータの洗い出しを行います。

まずは、アプリに登録したい項目やデータを具体的に書き出してみましょう！

申請者名、申請日、申請内容、ステータス、受付者名、承認コメント、対応開始日、対応完了日、担当名、作業日、作業内容、作業時間、コメントなど

データの洗い出しの際は、できるだけ網羅的に必要な項目を挙げることが重要です。

後から項目を追加することは可能ですが、Power Appsの実装も修正が必要となり、手間がかかります。

AIを使って必要なデータの洗い出しをする

データの洗い出しの際には、ChatGPTなどのAIツールを活用するのも効果的です。

業務の流れに沿って質問することで、必要なデータのたたき台を作ってくれるので、自分が見落していた点を発見できることもあります。

ただし、AIの提案をそのまま採用するのではなく、実際の業務に即しているか、運用面で問題がないかなどを十分に検討することが大切です。

必要なデータの洗い出しは、必ずしもちゃんとした資料にまとめなくても大丈夫です。

例えば、OneNote等に、思いつくままに箇条書きで必要なデータを書き出していくのもよいと思います。

その後、チームメンバーと相談しながら項目を追加・修正していく方法が手軽で効果的です。

2 データベース設計

データベース設計では主に、テーブル間のリレーションシップと、項目の列名・データ型を検討します。

具体的な手順は次のようになります。

データベース設計の手順

① 洗い出した項目をテーブルに分ける

② テーブル間のリレーションシップを検討

③ 項目の列名、データ型、必須かどうかの検討

---

①洗い出した項目をテーブルに分ける

最初に、必要な項目やデータをテーブルに分けます。

基本的にデータの種類に応じて、申請関連、工数関連などのテーブルに分けます（図1）。

▼**図1** 洗い出した項目をテーブルに分ける

申請関連

- ・申請日　　　・ステータス
- ・申請者　　　・対応者
- ・申請件名　　・承認コメント
- ・申請内容　　・対応開始日
- ・カテゴリ　　・対応完了日

工数関連

- ・作業日
- ・作業者
- ・作業内容
- ・作業時間
- ・コメント

「申請関連」と「工数関連」がそれぞれテーブル（リスト）になります。

データを洗い出す際には、申請系の項目、工数系の項目などを考えながら作業を進めたと思います。

場合によっては、同じ申請関連のデータでも、カテゴリ一覧を別のテーブルに分け、カテゴリは別テーブルから参照するケースもあります。

今回は、シンプルに申請関連と工数関連の2つのテーブルに分け、この2つのテーブルがそれぞれSharePointリストになります。

②テーブル間のリレーションシップを検討

次に、申請テーブルと対応工数テーブルの間のリレーションシップを検討します。

リレーションシップとは、テーブル間の関係性を定義するものです。

例えば、10/2にAさんがPCの購入を申請した場合、申請テーブルにデータが1件登録されます。

このAさんの申請に対して、10/2にSさんが1.5時間、10/3にSさんが0.5時間、10/10にTさんが0.5時間対応作業を行ったとします。

この場合、Aさんの1件の申請に対して、3件の対応工数データが登録されます（図2）。

▼図2　テーブル間の関係性を検討する

申請テーブル

作業日	申請者	申請内容
10/2	Aさん	PCの購入
10/3	Bさん	本の購入

申請1件
対応工数3件

対応工数テーブル

作業日	作業者	作業時間
10/2	Sさん	1.5
10/3	Sさん	0.5
10/10	Tさん	0.5
10/3	Uさん	0.5
10/6	Uさん	0.5

このように、一方のテーブルの1レコードに対して、もう一方のテーブルが複数レコード紐づけられる関係性を「一対多のリレーションシップ」と呼びます。

今回の場合、申請テーブルと対応工数テーブルの間には、一対多のリレーションシップを作成します（図3）。

▼図3　一対多のリレーションシップの関係性

申請テーブル

作業日	申請者	申請内容
10/2	Aさん	PCの購入
10/3	Bさん	本の購入

1

*（多）

一対多のリレーションシップ

対応工数テーブル

作業日	作業者	作業時間
10/2	Sさん	1.5
10/3	Sさん	0.5
10/10	Tさん	0.5
10/3	Uさん	0.5
10/6	Uさん	0.5

③項目の列名、データ型、必須かどうかの検討

　最後に、申請テーブルと対応テーブルのそれぞれの項目について、**列名、データ型、必須かどうかなどを検討**します。

　それぞれのテーブルには、洗い出した項目に加えて、**ID列を追加**します。

　また、**対応工数テーブルには、申請テーブルとの一対多のリレーションシップを作成するため、申請ID列も追加**します。

　これにより、どの申請に対する対応なのかの紐づけが可能になります（図4）。

▼図4　データベース設計（赤字の列：2つのテーブルを紐づける列）

申請テーブル

列名（英語）	データ型	必須
ID（ID）：デフォルト	オートナンバー	●
申請日（RequestDate）	日付	●
申請者（Requester）	ユーザー	●
申請件名（RequestTitle）	1行テキスト	●
申請内容（RequestDetail）	複数行テキスト	●
カテゴリ（Category）	選択肢	●
ステータス（Status）	選択肢	●
対応者（Assignee）	ユーザー	
承認コメント（Comment）	複数行テキスト	
対応開始日（StartDate）	日付	
対応完了日（EndDate）	日付	

対応工数テーブル

列名（英語）	データ型	必須
ID（ID）：デフォルト	オートナンバー	●
申請ID（RequestID）	数値	●
作業日（Date）	日付	●
作業者（Assignee）	ユーザー	●
作業内容（WorkDetail）	複数行テキスト	
作業時間（Hours）	数値	●
コメント（Comment）	複数行テキスト	

　では、この2つのテーブルごとに、列名、データ型、必須かどうかを検討していきます。

　列名は、基本的に最初に洗い出した項目名をそのまま使用します。

　ただし、列の内部名（第5章第3節で解説）は英語で付ける必要があるため、英語の列名も決めておきます。

　データ型は、第3章第3節で解説したように、データがテキストなのか数値なのかなどを定義するものです。

　申請者や対応者には、Microsoft Entra IDに登録されているアカウントを検索できる「ユーザー型」（ユーザーまたはグループ）を使用すると便利です。

　また、データ登録が必須か任意かを決めておくことをお勧めします。

　必須入力に設定した項目は、入力なしで登録しようとした際に、自動でエラーを表示します。

　その他、IDなどの重複を許さないデータや、数値の小数点以下の桁数など、必要に応じて詳細な設定を行います。

　以上の手順で、データベース設計を進めることができます。

③ 必要な画面と画面の遷移の設計

画面設計では、必要な画面と画面遷移を検討します。

テーブルの数や登録するユーザーの違いによって、画面設計は異なります。

1つのテーブルの場合

　1つのテーブルしかない場合、基本的には次の3つの画面で構成されます（図5）。

▼図5　1つのテーブルの場合の画面遷移図

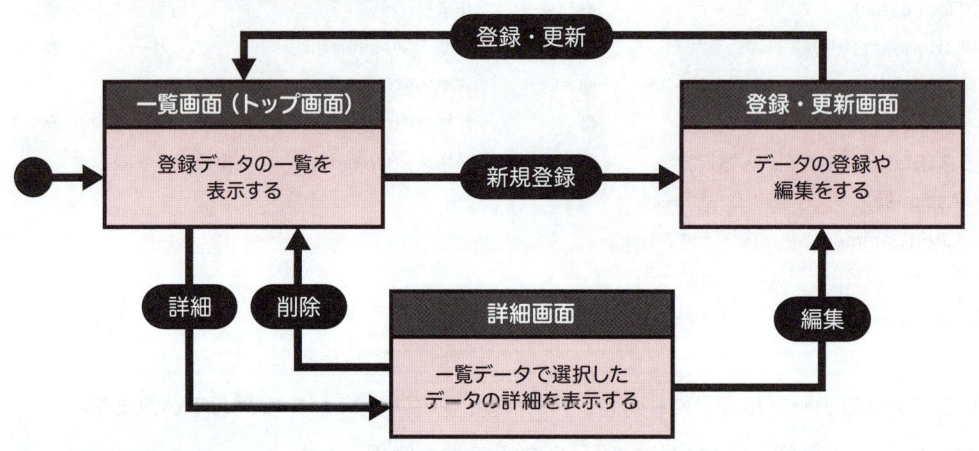

画面の一覧

① 一覧画面

② 登録・更新画面

③ 詳細画面

アプリ操作と画面遷移

・一覧画面から新規登録ボタンをクリックすると登録・更新画面に遷移し、データ登録後は一覧画面に戻ります。

・一覧画面でデータを選択すると詳細画面に遷移し、詳細画面で編集ボタンをクリックすると登録・更新画面に遷移します。

これは、第3章でSharePointリストから自動作成した「タスク管理アプリ」の画面構成とほぼ同じです。なお、第8章で解説するCopilot機能を使った自動作成アプリは、これらのCRUD機能が1つの画面で実現する1画面構成のアプリになります。

2つのテーブルで、一対多のリレーションシップを作成する場合

テーブルAとテーブルBが、一対多のリレーションシップを作成するとき、登録するタイミングが同じ場合、例えば図6のような画面設計が考えられます。

▼**図6** 2つのテーブルの場合の画面遷移図（登録するタイミングが同じ）

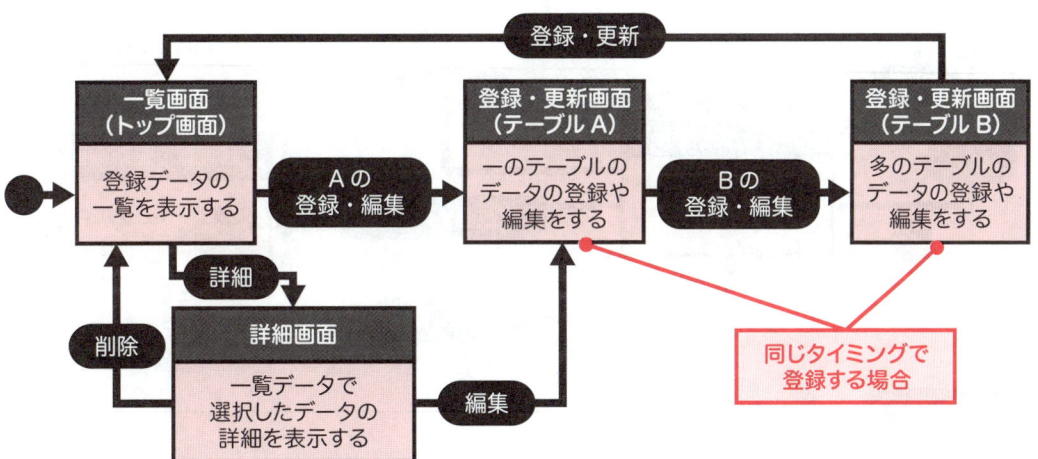

画面の一覧

① 一覧画面

② テーブルA用登録・更新画面

③ テーブルB用登録・更新画面

④ 詳細画面

アプリ操作と画面遷移

・テーブルAにデータ登録後、テーブルBの登録・更新画面に遷移します。

・テーブルAで登録されたデータのIDを取得し、テーブルBにもデータを登録することで、テーブル間を関係づけられます。

しかし、今回の申請アプリでは最初、申請テーブルをある部署の社員が登録すると、後から対応工数テーブルに総務部社員が登録するため、2つのテーブルは登録するタイミングが異なります。

この場合、例えば図7のような画面設計が考えられます。

▼図7　2つのテーブルの場合の画面遷移図（登録するタイミングが異なる）

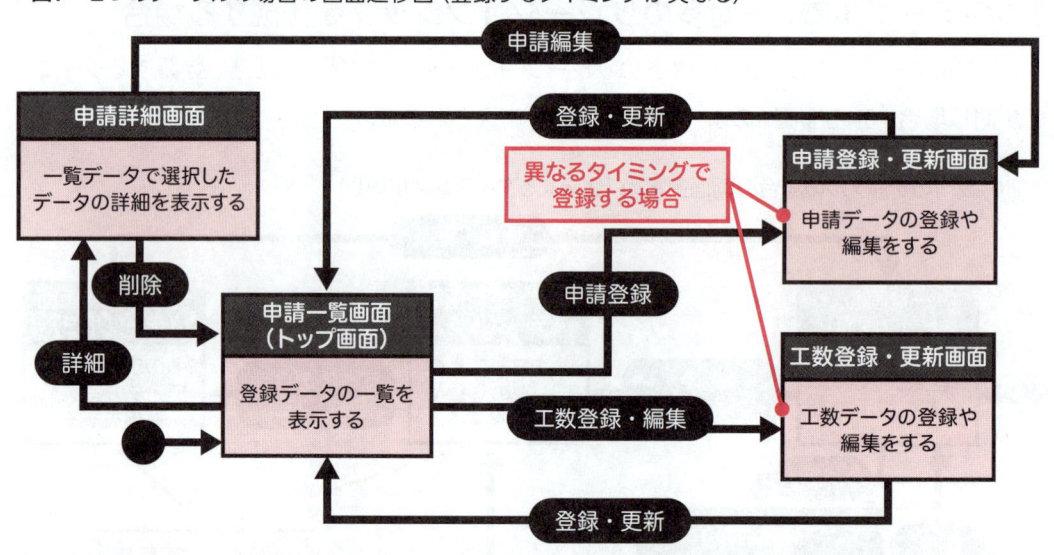

画面の一覧

1. 申請一覧画面（申請登録ボタン、工数登録・編集ボタンを作る）

2. 申請テーブル用登録・更新画面

3. 対応工数テーブル用登録・更新画面

4. 申請詳細画面（申請編集ボタン、削除ボタンを作る）

① 申請一覧画面から、申請テーブル用の登録ボタンや、対応工数テーブル用の登録・編集ボタンをクリックすると、それぞれのテーブルの登録・更新画面に遷移します（図8）。

▼図8 2つのテーブルの場合の画面遷移図：申請登録ボタンや、工数登録・編集ボタンをクリック

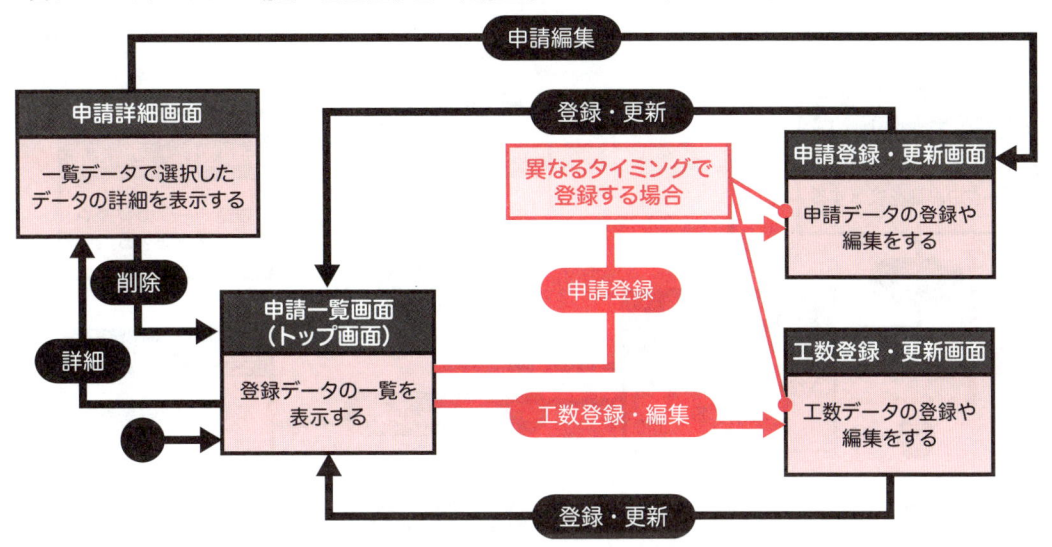

② 申請や工数の登録後は一覧画面に戻ります（図9）。

▼図9 2つのテーブルの場合の画面遷移図：データ登録ボタンをクリック

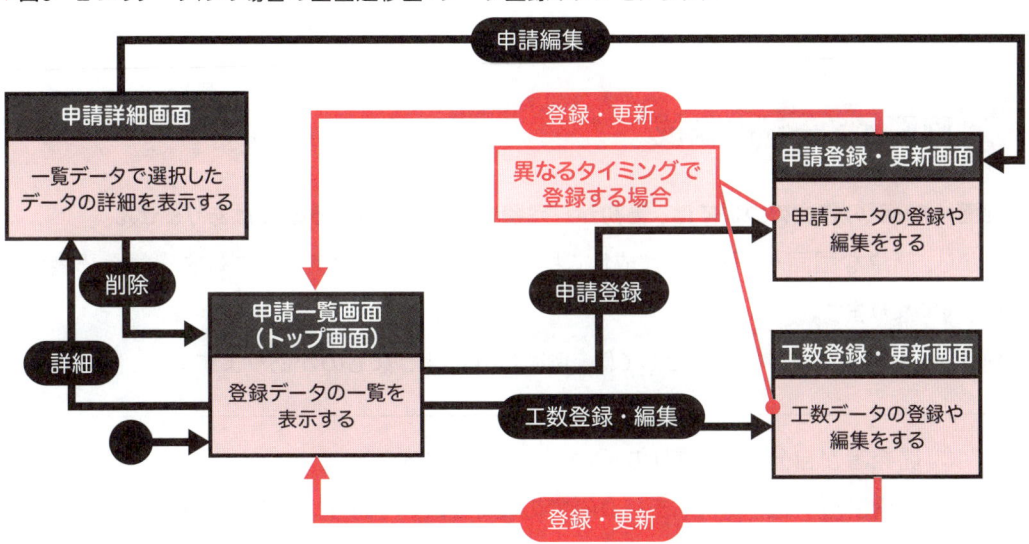

③ 一覧画面から詳細画面に遷移後、申請編集ボタンを作成し、申請登録・更新画面に遷移するようにします（図10）。

▼**図10　2つのテーブルの場合の画面遷移図：詳細画面で編集ボタンをクリック**

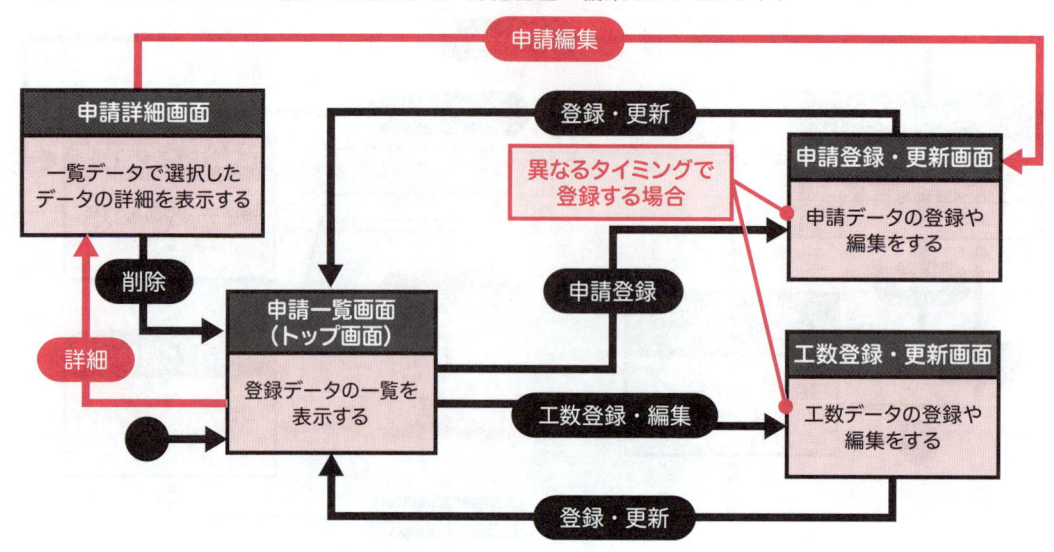

今回の申請アプリでは、このような画面設計で進めていこうと思います。

次で説明する画面イメージの作成と合わせて検討していくと、よりイメージがわきやすくなります。

4　画面イメージの作成

画面イメージの作成については、最初から完璧なものを用意する必要はありません。

しかし、簡単な画面イメージを作成しておくと、ユーザーとのアプリに対する共通認識が得られやすくなります。

画面イメージを作成する目的としては、例えば次のようなものがあります。

・アプリ開発者が自分で、アプリのイメージを整理する

・アプリの設計や引継ぎ等で、チーム内でのコミュニケーションを円滑にする

・アプリユーザーとの認識を合わせ、仕様についての合意を得る

特に、アプリの開発者と利用者が異なる場合は、初期段階で画面イメージを作成しておくと良いでしょう。

今回の申請アプリでは、例えば次のような最終的にできる画面イメージを、Power Point で簡単に作ってみました（図11～図14）。

▼**図11 画面イメージ図：一覧画面**

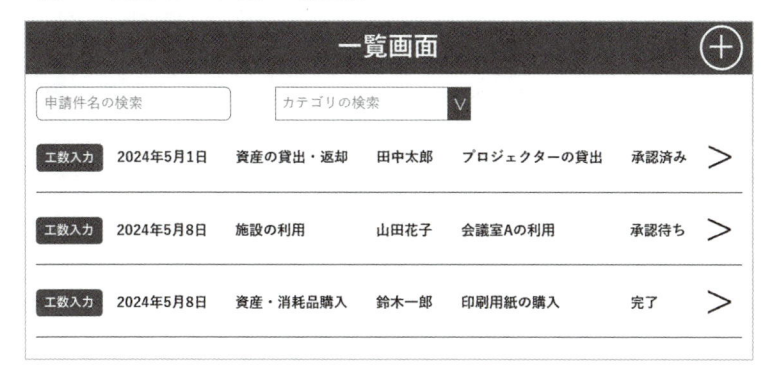

▼**図12 画面イメージ図：申請テーブル用登録・更新画面**

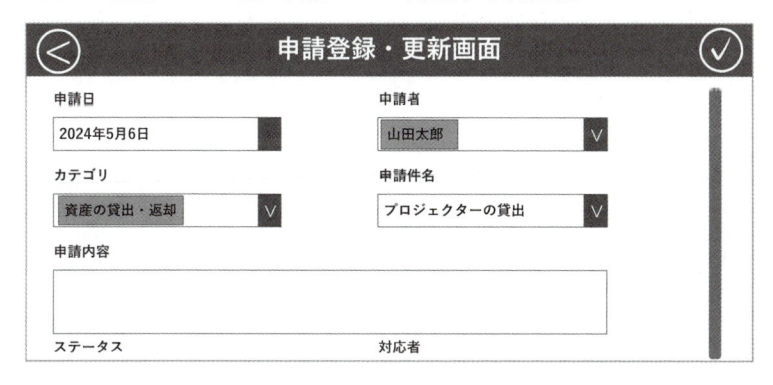

▼**図13 画面イメージ図：対応工数テーブル用登録・更新画面**

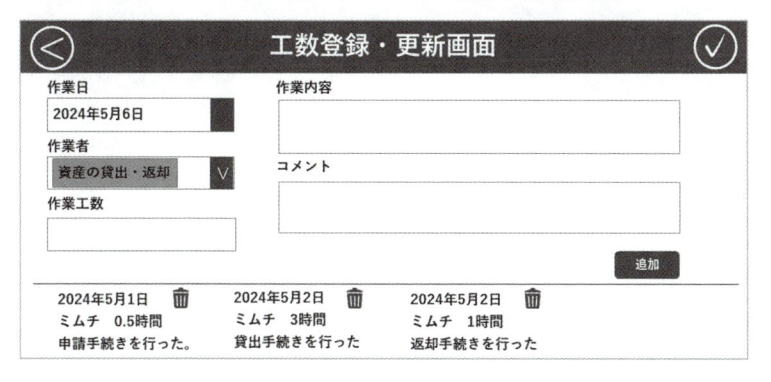

▼図14　画面イメージ図：詳細画面

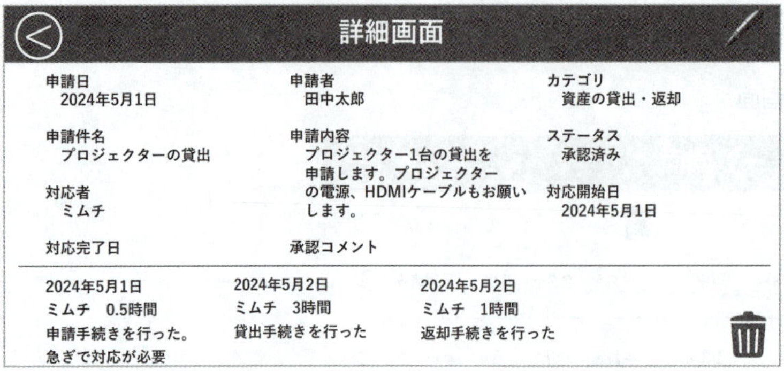

以上のように、アプリの設計は、4つのステップに沿って進めると、非エンジニア（シティズンディベロッパー）でも比較的簡単に進めることができます。

3 アプリ開発 実際にアプリを作っていく

　総務部のミムチは、情シスのパワ実のサポートを得ながら、総務部で使う「申請アプリ」の要件定義、設計をすることができました。

　これからいよいよ、Power Appsでのアプリ開発だ！というところで、ミムチはふと気づきました。

　「…一からアプリ開発をする場合、まず何から手を付ければよいのですかな？」

自動作成アプリと違って、SharePointリストや、Power Appsアプリも一から作るということですな。

まずは、データベース設計を元にSharePointリストを作成して、その後アプリの設計を元にPower Appsの実装をしていきます。

一つ一つ順番に、ポイントを押さえながら進めていきましょう！

1 （SharePointリスト）テーブルを作成する

設計まで終わったら、いよいよアプリ開発を進めていきます！

まずはデータベース設計をもとに、SharePointリストを作成しましょう。

① SharePointサイトを作る

まずは、SharePointリストを作成するための、SharePointサイトを用意します。SharePointサイトを用意する方法は、主に次の2つがあります。

> （1）新しくSharePointサイトを作成する
> （2）Teamsの既存チームのSharePointサイトを使う

今回はTeamsのライセンスが含まれていないため、（1）の方法でSharePointサイトを作成します。

TeamsのSharePointサイトを使う

Teamsのチームを作成したとき、チーム上で共有しているファイルは、実際はSharePointフォルダーに共有されています。

そのためアプリを共有するメンバーのチーム（例えば総務部チーム）が既にある場合、チームのSharePointサイト上にSharePointリストを作るのが簡単です。

1 SharePointを開き、第3章第1節で解説した手順に沿って、任意の名前で（ここでは「RequestSite」）新規にSharePointサイトを作成します（画面1）。

▼**画面1** SharePointサイトを作成

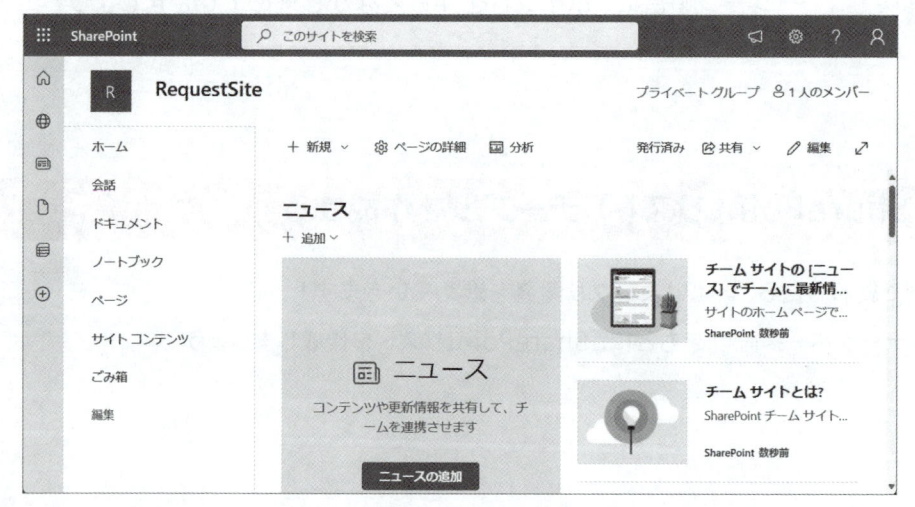

2 SharePointサイトはデフォルトのタイムゾーンが米国となっていることがあるため、タイムゾーンを日本に変更します。

SharePointサイトの右上「⚙」＞「サイト情報」をクリックします（画面2）。

▼画面2　SharePointサイトのサイト情報

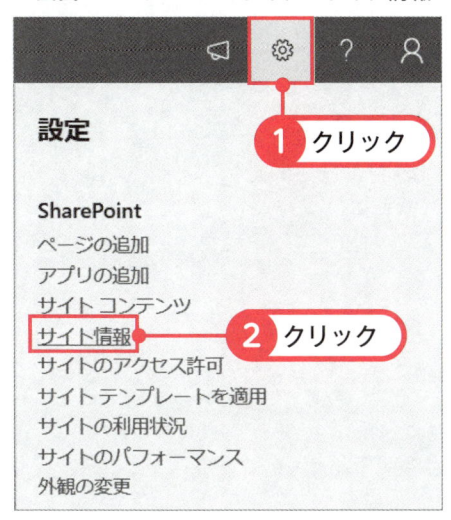

3　「すべてのサイト設定を表示」をクリックします（画面3）。

▼**画面3**　SharePointサイトの設定を開く

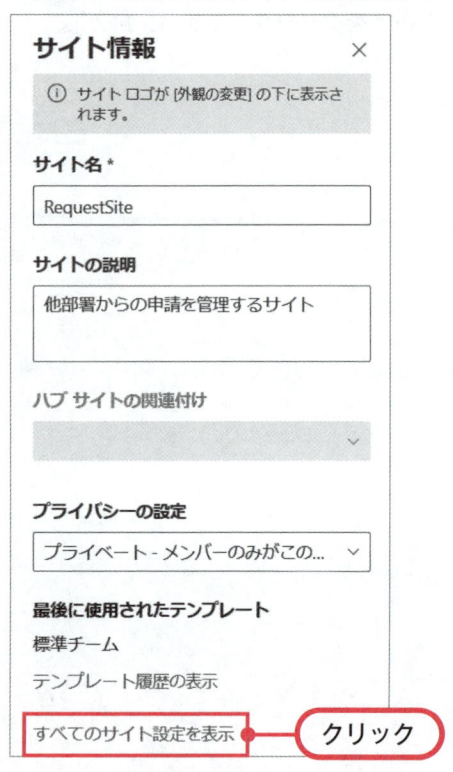

4　「地域の設定」をクリックします（画面4）。

▼**画面4**　SharePointサイトの設定画面

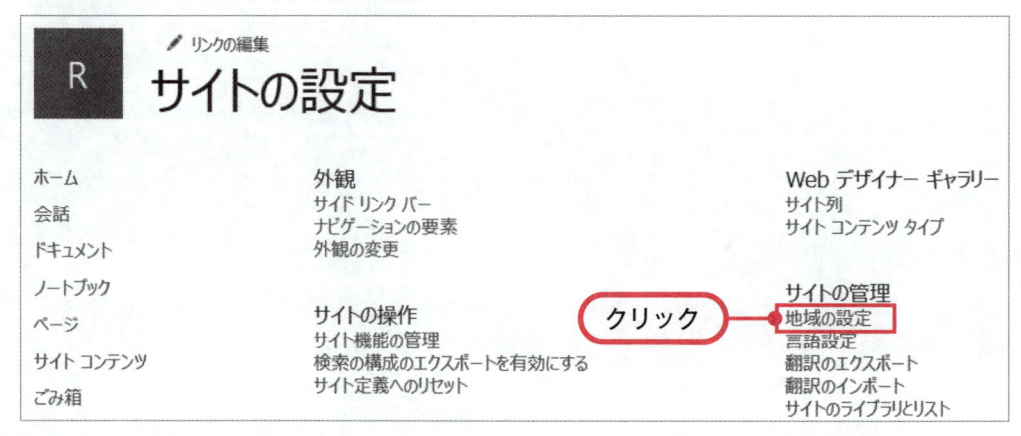

5 「タイムゾーン」を「(UTC+09:00) 大阪、札幌、東京」に変更し、一番下にスクロールして「OK」をクリックします(画面5)。

▼**画面5** SharePointサイトの地域の設定

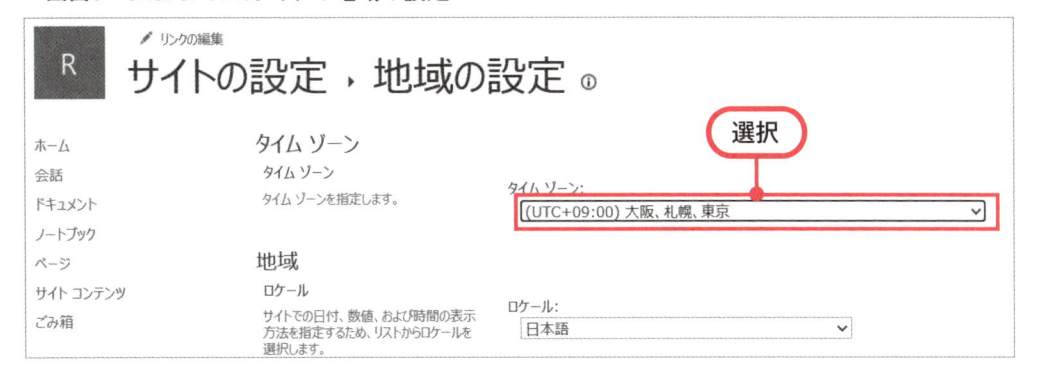

これで、タイムゾーンを日本に変更できました。

コラム **Teams の SharePoint サイトを利用する**

Teams の SharePoint サイトを使う場合は、次の手順で SharePoint サイトを準備します。
※ Teams のライセンスが必要になります。

● 1. Teams を開き、「+」>「チームを作成」を選択し、新規にチームを作成します(画面1)。

▼**画面1** Teamsで新規チームを作成

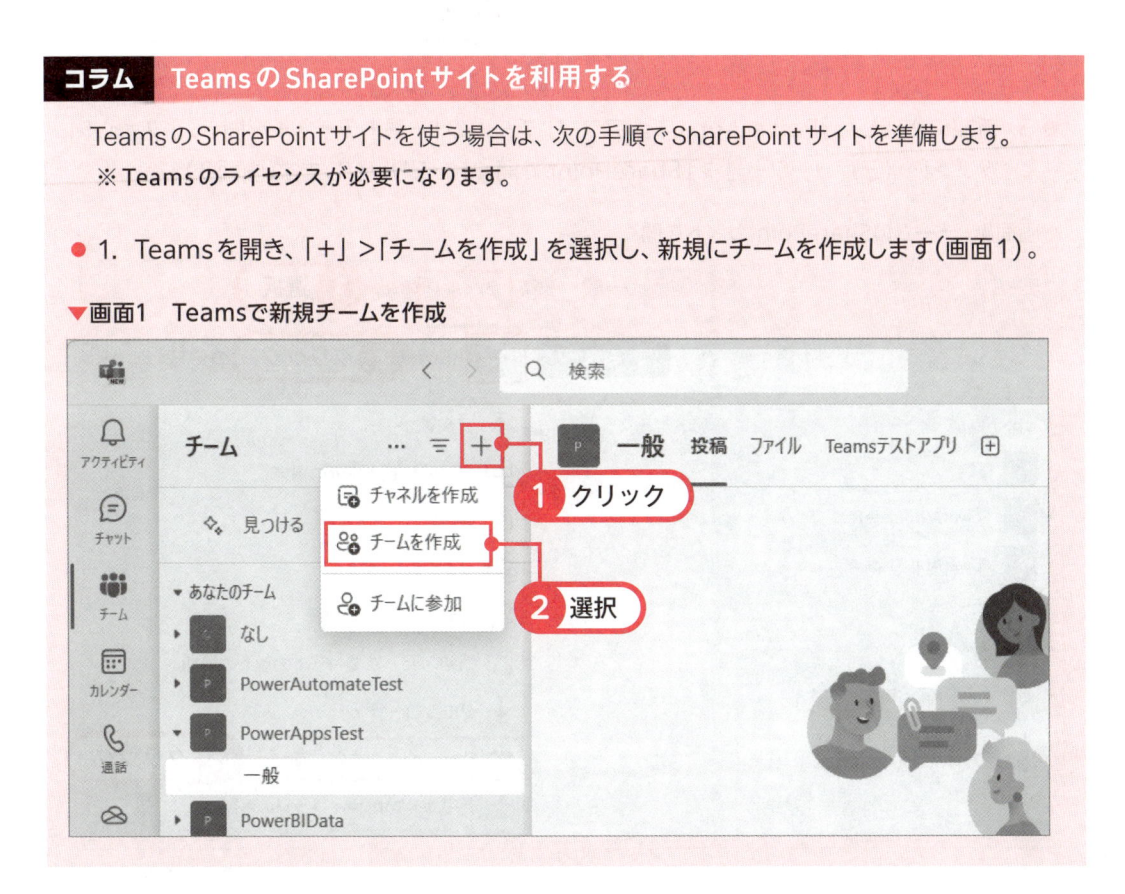

1

2

3

4

Chapter
5

6

7

8

● 2. 任意のチーム名（ここでは「PowerApps申請アプリ」）を入力し、「作成」をクリックすると（画面2）、新規のチームが作成されます（画面3）。

▼画面2　新規チームの作成

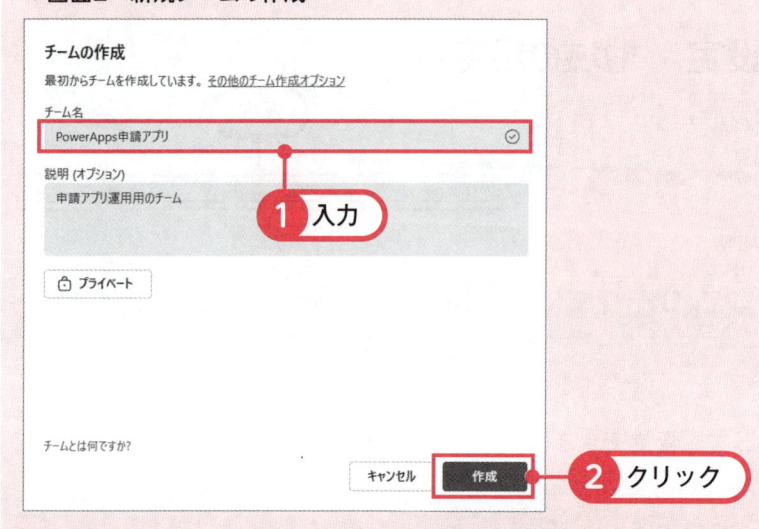

● 3. 新規に作成した「PowerApps申請アプリ」チームの「一般」チャネルを開き、「ファイル」タブ＞「…（三点リーダー）」＞「SharePointで開く」をクリックします（画面3）。

▼画面3　チームのSharePointサイトを開く

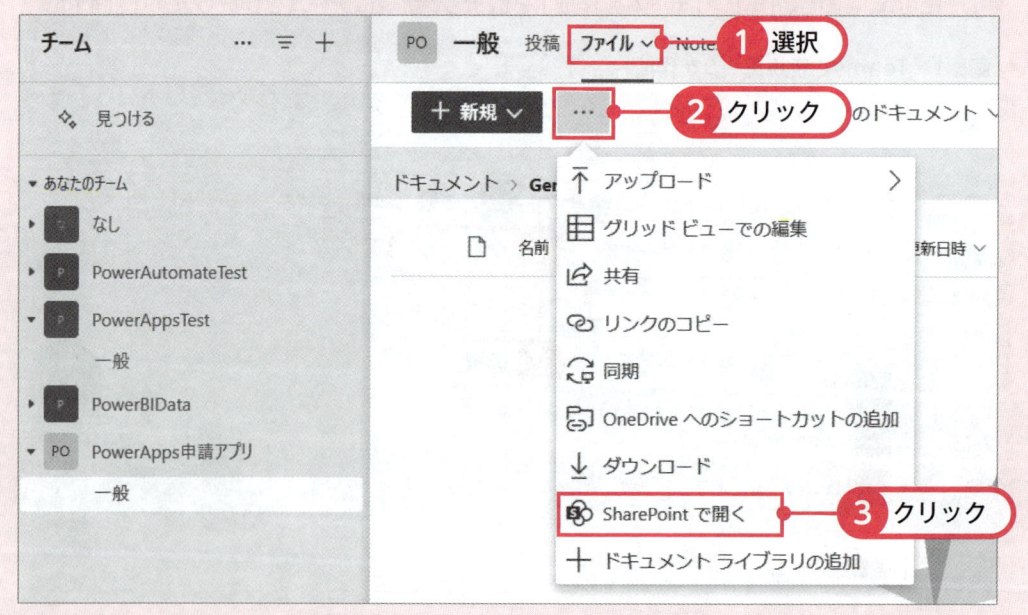

- 4. 画面4のように、「PowerApps申請アプリ」という名前のSharePointサイトが開き、SharePointリストを作成するための準備ができました。

▼画面4 チームのSharePointサイト画面

②SharePointリストを作る

SharePointサイトの準備ができたら、SharePointサイト上にSharePointリストを作成します。

1 SharePointサイトの「ホーム」＞「新規」＞「リスト」をクリックします（画面6）。

▼画面6 SharePointリストの作成

2 「空白のリスト」をクリックします（画面7）。

　　※本書では説明しませんが、「既存のリストから」「Excelから」「CSVから」といったリストの作成方法も選択できます。

　　ExcelやCSVからSharePointリストを作成する方法は、検索エンジンで「SharePointリスト　作成」等のキーワードで検索してみてください。

▼**画面7**　空白のSharePointリストを作成

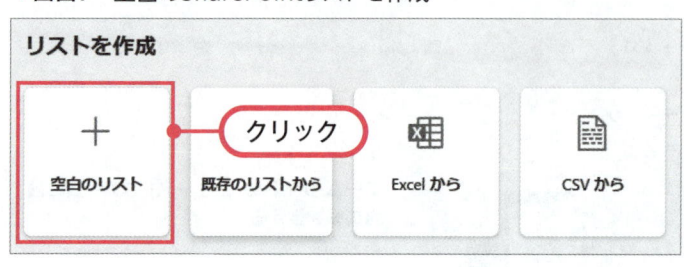

3 「名前」に「RequestList」（申請リスト）と入力し、「作成」をクリックすると（画面8）、SharePointリストが新規に作成されます（画面9）。

▼**画面8**　SharePointリスト作成画面

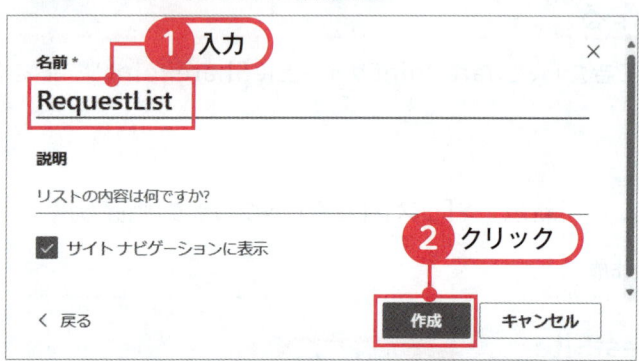

▼**画面9**　作成されたSharePointリスト画面（RequestList）

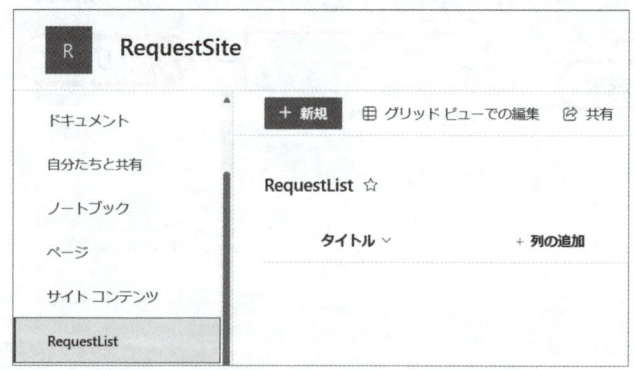

4 **1**〜**3**と同様の操作で、「ManHourList」（対応工数リスト）も作成します（画面10）。

▼**画面10** 作成されたSharePointリスト画面（ManHourList）

SharePointリストのリスト名のつけ方

日本語でリスト名をつけると、List1、List2のようなURLとなります。そのため、最初は英語でリスト名をつけ、後から日本語名に変えることをおすすめします。

③SharePointリストの列を作る

第5章第2節のデータベース設計で作成した設計を元に、SharePointリストを作成していきます。

データベース設計図を再度確認します（図1）。

▼**図1** データベース設計（赤字の列でリレーションシップを作成）

申請テーブル

列名（英語）	データ型	必須
ID（ID）：デフォルト	オートナンバー	●
申請日（RequestDate）	日付	●
申請者（Requester）	ユーザー	●
申請件名（RequestTitle）	1行テキスト	●
申請内容（RequestDetail）	複数行テキスト	●
カテゴリ（Category）	選択肢	●
ステータス（Status）	選択肢	●
対応者（Assignee）	ユーザー	
承認コメント（Comment）	複数行テキスト	
対応開始日（StartDate）	日付	
対応完了日（EndDate）	日付	

対応工数テーブル

列名（英語）	データ型	必須
ID（ID）：デフォルト	オートナンバー	●
申請 ID（RequestID）	数値	●
作業日（Date）	日付	●
作業者（Assignee）	ユーザー	●
作業内容（WorkDetail）	複数行テキスト	
作業時間（Hours）	数値	●
コメント（Comment）	複数行テキスト	

ここまでに、図に示した2つのテーブル（申請テーブル（RequestList）、対応工数テーブル（ManHourList））を作成しました。

この後、各テーブルの列について、列名、データ型、必須かどうか等を定義して、作成していきます。

図1のデータベース設計図で、赤字で示した「申請テーブル（RequestList）」の「ID」列と、「対応工数テーブル（ManHourList）」の「ID」列は、SharePointリスト作成時にデフォルトで存在する「ID」列を使用します。

そのため、SharePointリストには、「ID」以外の列を新規で追加していきます。

● 申請テーブル（RequestList）の列を作成

1 ②で作成したSharePointリスト「RequestList」を開き、「列の追加」から、「データ型（データの種類）」を選び、データを格納するための列を追加していきます。

最初に「日付と時刻」を選択し、「次へ」をクリックします（画面11）。

「RequestList」を開き、次の手順でデータを格納するための列を追加していきます。

SharePointリストへの列の追加手順

1. 「列の追加」をクリック
2. データ型（データの種類）を選択
3. 英語の列名を入力
4. その他必要な設定をして保存
5. 列を編集し、日本語の列名に変更

▼画面11　SharePointリストで新規の列を追加

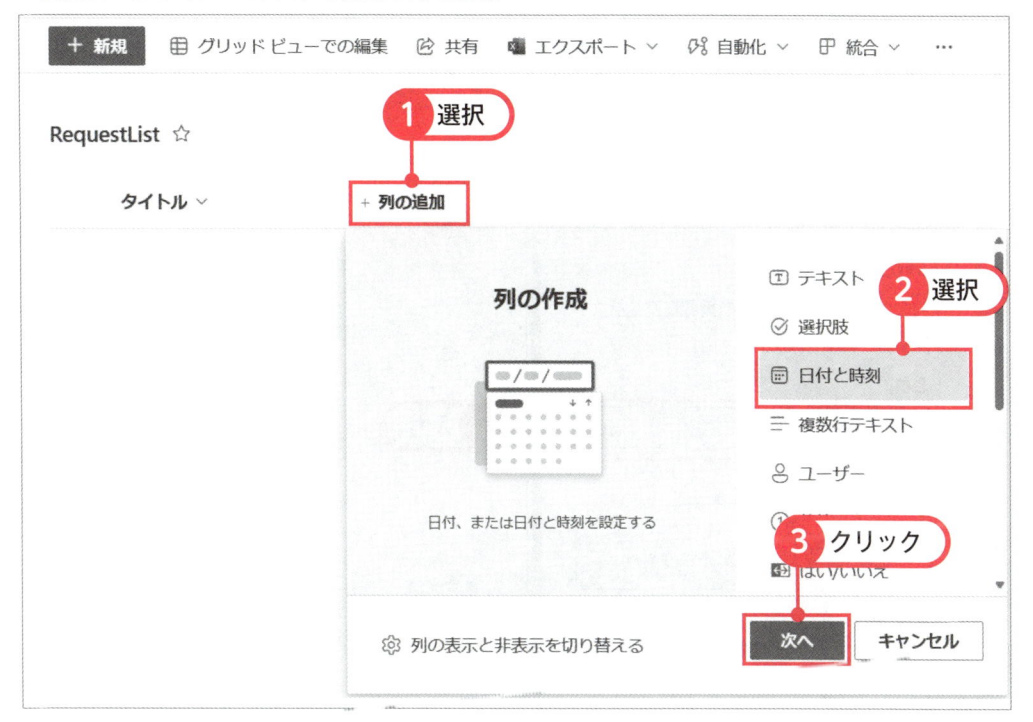

「タイトル列」って何？

SharePointリストを作成したとき、デフォルトで存在する列がいくつかあり、「タイトル」列もその1つです。

タイトル列のデータ型は「1行テキスト」で、列名は変更できますが、データ型や内部名、その他詳細な設定等を変更することはできません。

そのため列名を変更して、「1行テキスト」の列の1つとして使うことは可能ですが、今回タイトル列は使わず、必要な列は新規に作成していきます。

2 列の「名前」を英語で「RequestDate」と入力し、「この列に情報が含まれている必要があります」を「はい」に設定後、「保存」をクリックします（画面12）。

※「この列に情報が含まれている必要があります」を「はい」にすると必須入力となります。

これで「申請日」列を作成できました。

▼**画面12** SharePointリストの列の作成画面

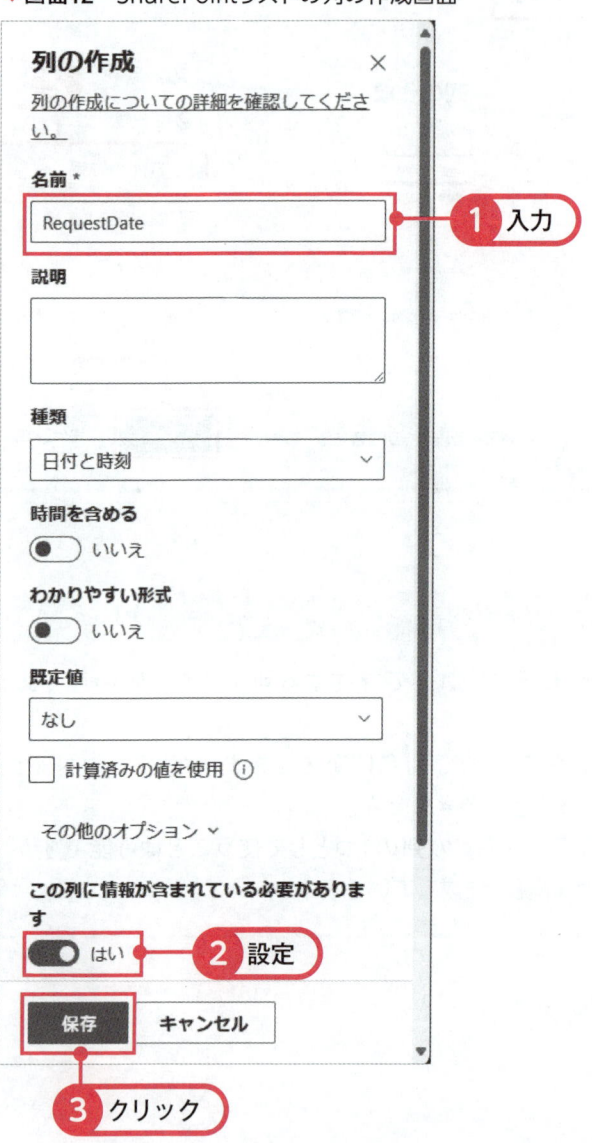

「必須項目」については図1を確認して「この列に情報が含まれている必要があります」を「はい」に設定するようにします。

3 列名を日本語にする場合は、列を選択し、「列の設定」＞「編集」から「名前」を変えて保存します（画面13）。

▼**画面13** SharePointリストの列の編集

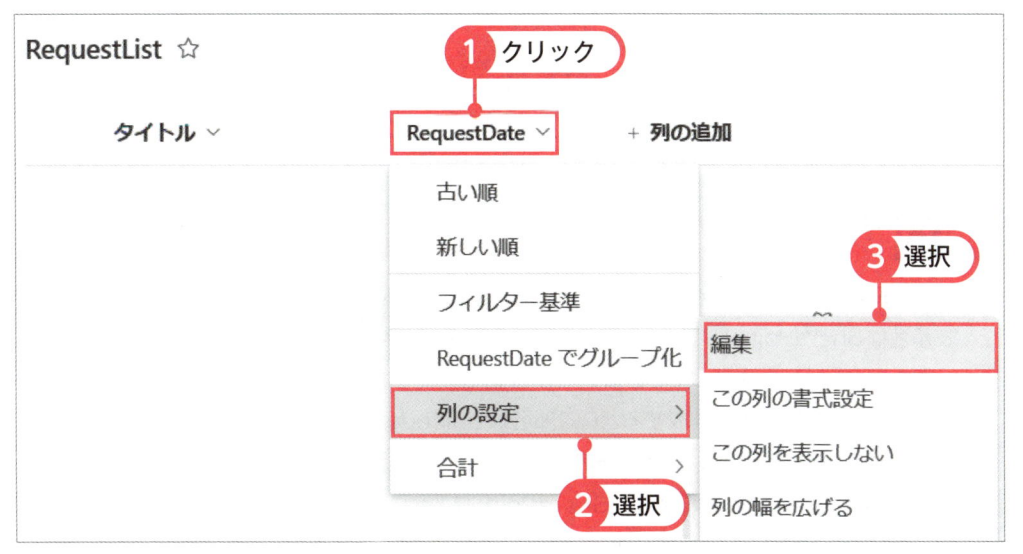

4 「申請テーブル」の「カテゴリ」列と「ステータス」列は、データの種類を「選択肢」とします。「選択肢」を使うと、決められた項目をドロップダウンで選んで、データを入力することができます。

画面14のように「選択肢」の欄に、実際に選択する値を入力します。

▼**画面14** SharePointリストの選択肢列の作成画面

カテゴリ、ステータスの選択肢は、それぞれ次のように入力してみましょう。

● カテゴリ：資産の貸出・返却、資産・消耗品購入、施設利用、その他

● ステータス：承認待ち、承認済み、完了、否認

---

5 その他の列も同様の操作で作成し、画面15のような「RequestList」を作成します。
「ID」列以外の列が作成できたら、「申請テーブル（RequestList）」は完成です。

▼**画面15**　SharePointリストの作成された列一覧 (RequestList)

RequestList ☆

申請日 ∨	申請者 ∨	申請件名 ∨	申請内容 ∨	カテゴリ ∨	ステータス ∨	対応者 ∨	承認コメント ∨	対応開始日 ∨	対応完了日 ∨

コラム　**SharePointリストの列は、なぜ英語名で作成するの？**

SharePointリストで新規に列を作成した際、内部名と表示名が設定されます。

表示名はSharePointリストに表示されている列名で、後から変更可能です。

一方内部名は、列を作成したときの列名が自動で設定され、後から変更することができません。

この時、列名を日本語で作成すると、内部名はUnicode形式にエンコードされてしまうため、日本語の列名をつけたい場合、一旦英語名で列を作成した後、日本語名に変更します。

列の内部名を確認したい場合は、SharePointリストの右上の「⚙」＞「リストの設定」を開き、確認したい列名をクリックします（画面1）。

▼**画面1**　リストの設定

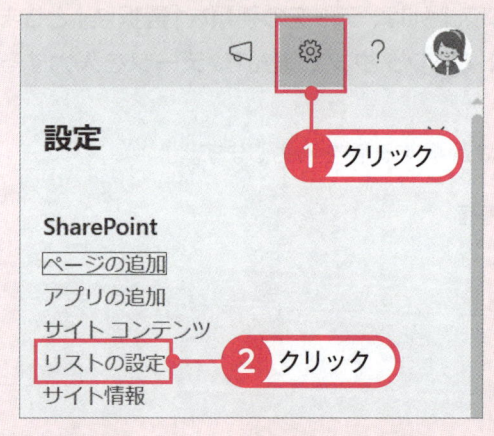

その際にURLの最後に表示されている「Field=〇〇」の、〇〇が内部名となっています（画面2）。「列の編集」で列を選択します（画面3）。

▼画面2 SharePointリストの設定画面

列

列には、リスト内の各アイテムについての情報が保存されます。現在、このリストでは次の列を使用できます。

列 (クリックして編集)	種類	必須
Title	1 行テキスト	
更新日時	日付と時刻	
登録日時	日付と時刻	
Amount	数値	
Date	日付と時刻	
ProductCost	数値	
本のタイトル ← 選択	1 行テキスト	

▼画面3 SharePointリストの列の内部名

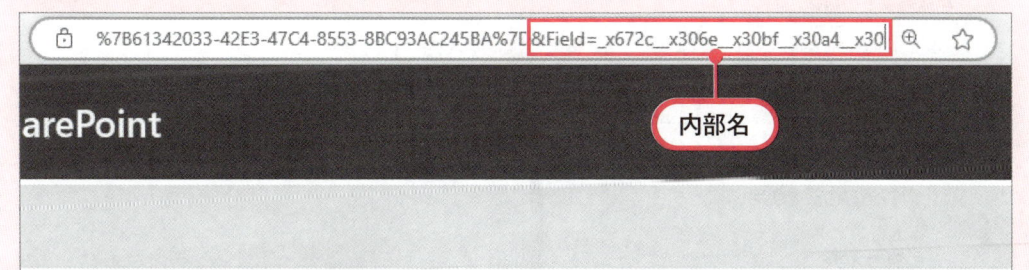

🔒 %7B61342033-42E3-47C4-8553-8BC93AC245BA%7D&Field=_x672c__x306e__x30bf__x30a4__x30

内部名

arePoint

列の編集 ⓘ

SharPointリスト作成時の注意点

SharePointリストを作成する際は、次の点に注意しましょう。

(1) タイムゾーンを日本に設定する
(2) 列名は英語で作成し、後から日本語に変更する
(3) アプリで画像等のファイルを保存したい場合、既存の添付ファイル列を使うか、画像列を作成する
(4) 既存のタイトル列は削除できないため、非表示にする

●対応工数リスト（ManHourList）の列を作成

6 同様の手順で、「ManHourList」（対応工数リスト）の列も、図1のデータソース設計を参考に、「ID」列以外を作成していきます。

「申請ID」列は、画面16のように「小数点以下の桁数」を「0」、「その他のオプション」をクリックし、「この列に情報が含まれている必要があります」を「はい」にして、保存します。

▼**画面16**　SharePointリストの数値列の作成画面

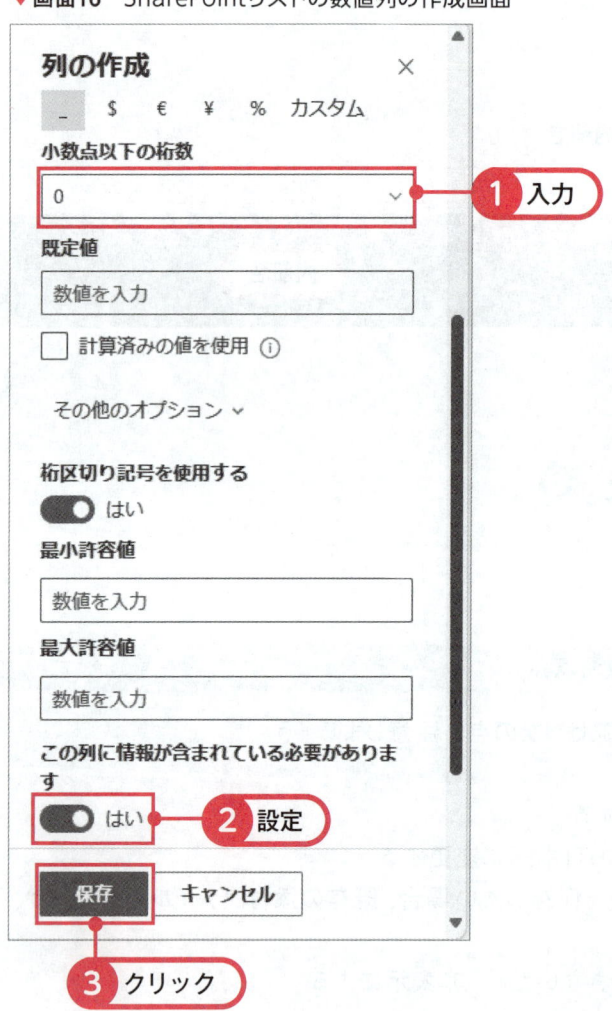

「必須項目」については図1を確認して「この列に情報が含まれている必要があります」を「はい」に設定するようにします。

申請ID列の役割

　第5章第2節で説明したように、申請テーブル（RequestList）と、対応工数テーブル（ManHourList）は、申請ID列で関係性（リレーションシップ）を定義します。

　例えば「RequestList」で「ID=1」で登録された申請データに紐づく対応工数は、「ManHourList」でも「申請ID=1」で登録する必要があります。

　そのため「ManHourList」の「申請ID」のデータ型は「数値」とし、データ登録時に自分で「申請ID」の値を指定する必要があります。

7 画面17のように「ManHourList」も作成できました。

▼**画面17**　SharePointリストの作成された列一覧（ManHourList）

ManHourList ☆						
タイトル ∨	申請ID ∨	作業日 ∨	作業者 ∨	作業内容 ∨	作業時間 ∨	コメント ∨

8 「RequestList」の「ID」列と、「ManHourList」の「ID」列は、SharePointリスト作成時に、デフォルトで存在する「ID」列を使います。

　「RequestList」の「タイトル」列を選択し、「列の設定」＞「列の表示／非表示」を選択します（画面18）。

▼**画面18**　SharePointリストのタイトル列の非表示設定

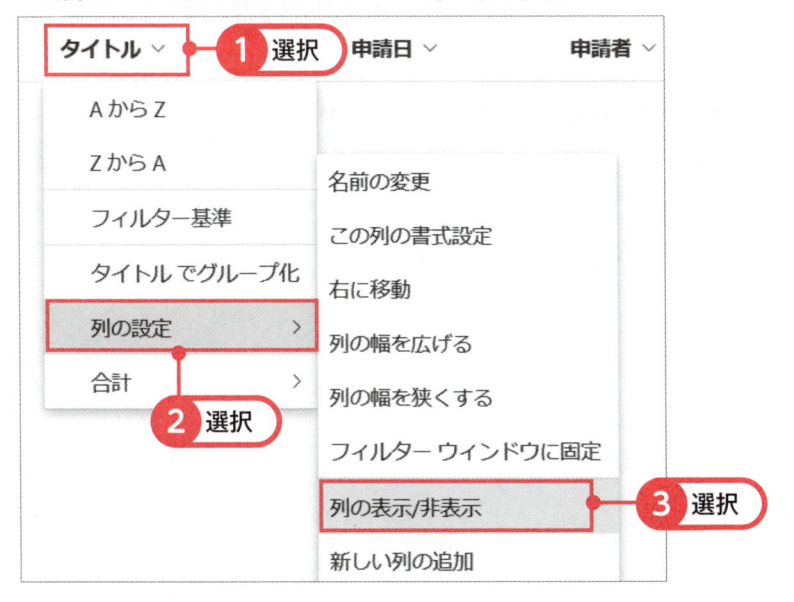

9　「ID」にチェックを入れ、「タイトル」のチェックを外し、「適用」をクリックします（画面19）。

▼**画面19**　SharePointリストのビュー列の編集画面

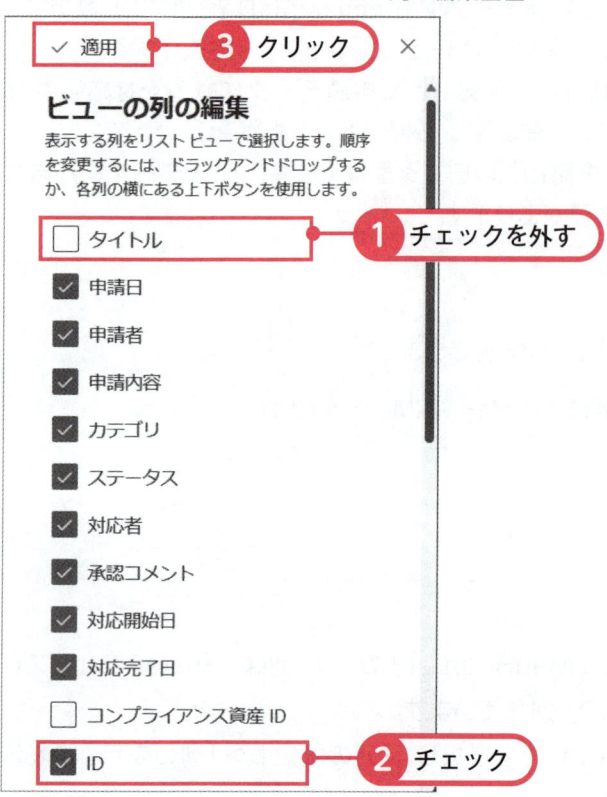

10　ID列を一番左にドラッグ＆ドロップすると、「RequestList」が、画面20のような形で完成しました。

▼**画面20**　SharePointリストの列移動後の画面（RequestList）

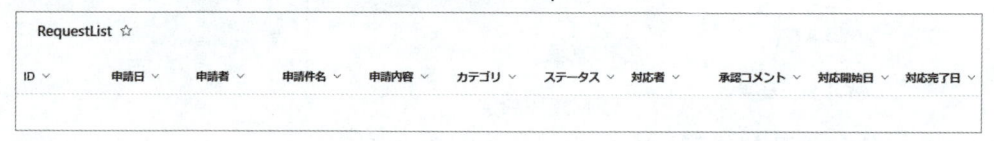

11 同様の手順で、「ManHourList」も「ID」列の表示と、「タイトル」列の非表示設定を行えば、SharePointリストは完成です!（画面21）。

▼**画面21** SharePointリストの列移動後の画面（ManHourList）

コラム SharePointリストのデフォルトの「ID列」って何？

SharePointリストを作成した際、デフォルトでいくつかの列が既に作成されています。
例えば次のような列は、よく使うデフォルト列です。

ID、登録日時、更新日時、登録者、更新者、添付ファイル

ID列は、新規にデータ（レコード）を追加したときに、自動で1から採番された数値が入ります。
これはデータ（レコード）を一意に特定するための列で、手動で登録・変更等はできません。
データベースでは、一般的にこのようなID列を作成しますが、ID列を作成するには、例えば次のような方法があります。

（1）SharePointリストのデフォルトのID列を使う
（2）Power Appsでの登録時に、ID列のデータを関数式等で指定して登録する
（3）Power Appsでの登録時に、Power Automateを呼び出し、ID列を自動採番する

この内今回は、（1）の方法を使っています。
デフォルトのID列を使う方法は最も簡単ですが、デフォルトのID列は、別のSharePointリストへの移行ができない点に注意してください。
より詳しく知りたい方は筆者の下記のページも参照してください。

参考：【PowerApps×PowerAutomate】SharePointリスト登録時、ID列を自動採番する方法
https://www.powerplatformknowledge.com/powerapps-powerautomate-idcolumn-autonumber/

2 （Power Appsアプリ画面）アプリ画面を作り、画面遷移を実装する

SharePointリストが作成できたら、いよいよPower Appsの実装に入ります。
最初にアプリの画面と、画面の遷移を実装してみましょう（図2）。

▼**図2　実装する画面一覧と画面遷移**

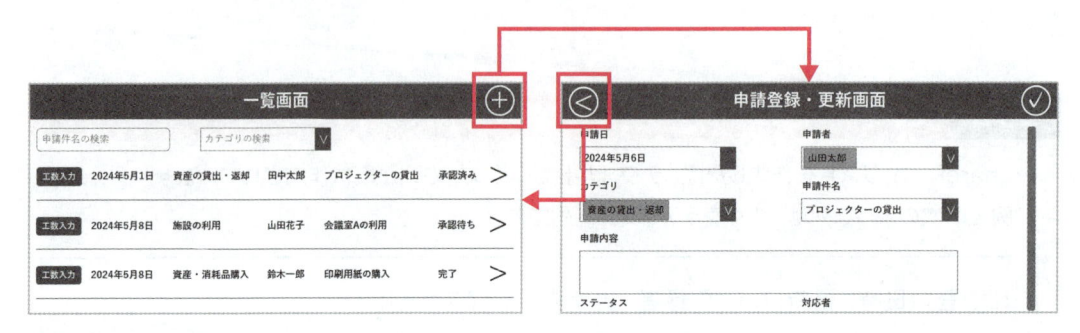

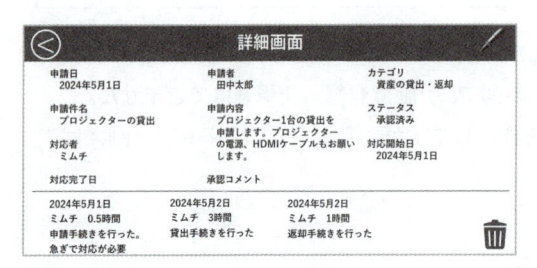 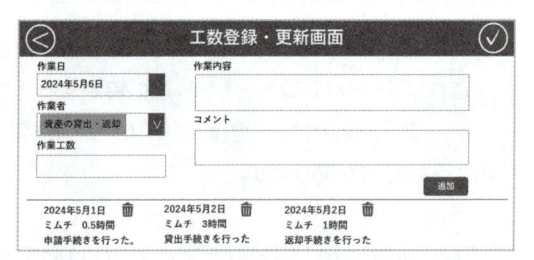

　第5章第2節で作成したアプリ設計に沿って、まずはアプリで必要な次の4つの画面と、一覧画面、申請登録・更新画面間の遷移を実装していきます。

必要な画面

1. 一覧画面
2. 申請登録・更新画面
3. 詳細画面
4. 工数登録・更新画面

---

①画面の作成

1 Power Apps（https://make.powerapps.com/）を開き、「作成」タブから「空のアプリ」を選択します（画面22）。

▼**画面22** Power Appsのアプリ作成画面

2 「空のキャンバスアプリ」の「作成」をクリックします（画面23）。

▼**画面23** 空のキャンバスアプリを作成

3 アプリ名を「申請アプリ」と入力し、「タブレット」を選択した状態で、「作成」をクリックすると、空のキャンバスアプリが作成されます（画面24）。

▼**画面24**　アプリ作成画面の設定

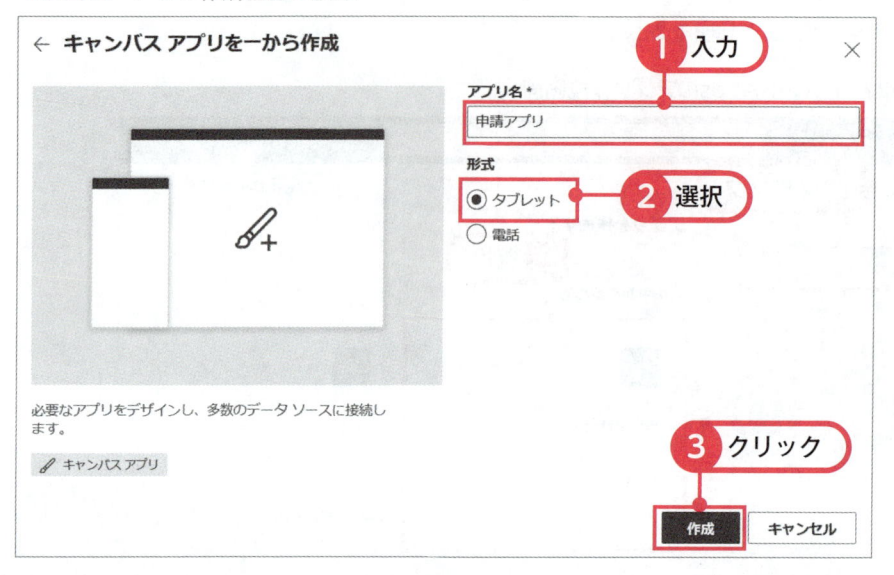

タブレットと電話って何？

キャンバスアプリを作成する際の形式で、「タブレット」と「電話」が選択できます。
　「タブレット」はPC画面サイズ、「電話」はスマホ画面サイズで、アプリを作成することができます。
　「タブレット」を選択した後、「電話」サイズに変更することは可能ですが、その逆の変更はできません。
　そのためスマホとPC両方で使う場合や、どちらで使うかまだ決めていない場合は、ひとまず「タブレット」を選択しましょう。

4 ツリービューで「Screen1」の「…（三点リーダー）」＞「名前の変更」から（画面25）、画面名を「Browse Screen」に変更します（画面26）。

　これはアプリの画面名になり、実装の際に画面名を指定する際は、ツリービューで設定した画面名を使います。

▼**画面25** ツリービューの画面名を変更（変更前）

▼**画面26** ツリービューの画面名を変更（変更後）

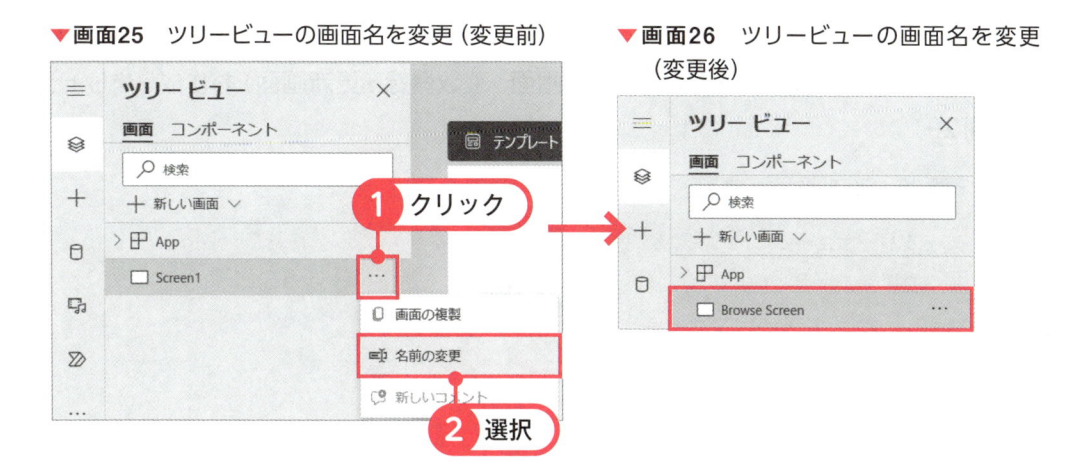

5 「挿入」か「＋」タブから、「テキストラベル」を選択します（画面27）。

▼**画面27** テキストラベルコントロールの追加

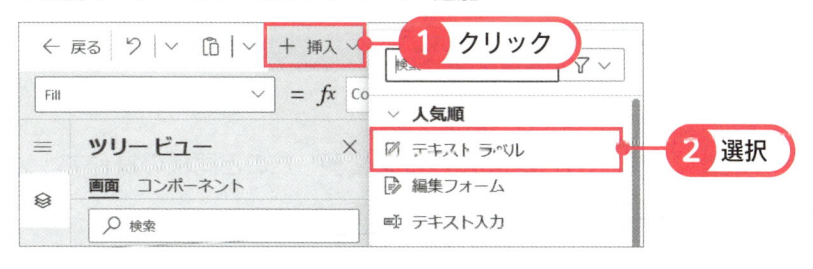

6 テキストラベルが作成されるので、「Text」プロパティを「"一覧画面"」に変更してヘッダーにします。

アプリの画面上で画面名を表示することで、今どの画面を操作しているのか、ユーザーに分かりやすいデザインになります。

テキストラベルのサイズや位置、フォントサイズ、色、背景色、配置等を自由に設定してみてください（画面28）。

▼**画面28** テキストラベルコントロールの設定

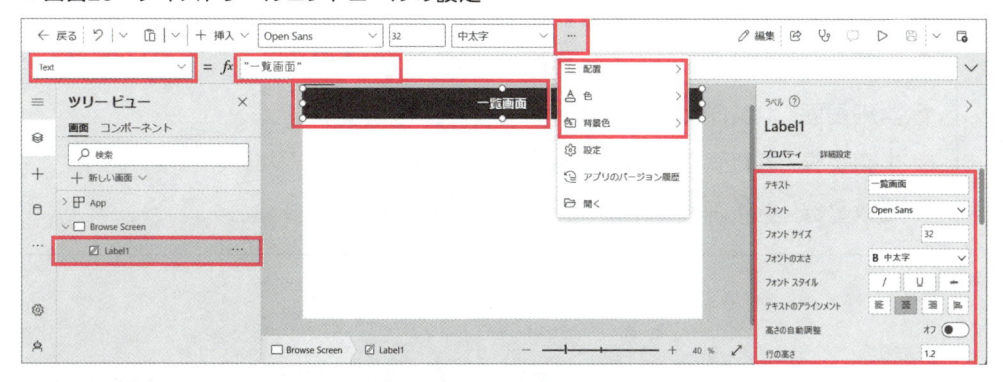

7 ツリービューの「Browse Screen」の「…（三点リーダー）」＞画面の複製をして、残り3つの画面（詳細画面、申請登録・更新画面、工数登録・更新画面）も作成しましょう（画面29）。

▼**画面29　アプリ画面の複製**

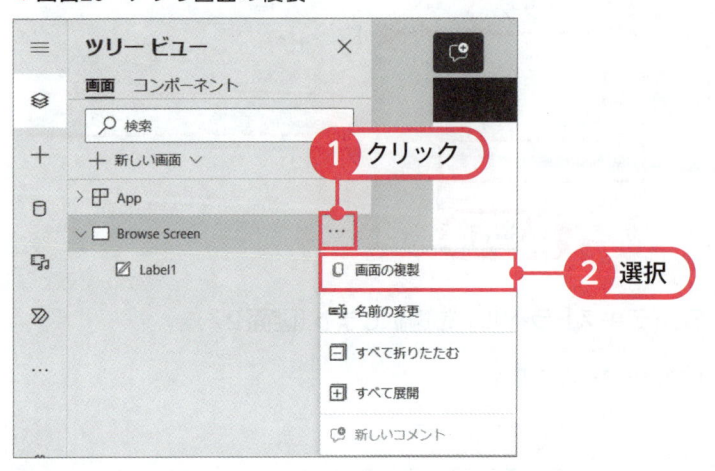

8 **4**の手順で、「Screen1」を「Browse Screen」に変更したのと同様の操作で、ツリービューから画面名を次のように変更します。

- 詳細画面：「Detail Screen」
- 申請登録・更新画面：「Request Edit Screen」
- 工数登録・更新画面：「Manhour Edit Screen」

　また、4つの画面の、ツリービューの各画面名の下にある「Label1_N」（Nは数字）をクリックして「Text」プロパティを画面名に変更しておきます。

　各画面のLabelのコントロール名も次のように変更しておきましょう。

- 一覧画面：「lblBrowseHeader」
- 詳細画面：「lblDetailHeader」
- 申請登録・更新画面：「lblRequestHeader」
- 工数登録・更新画面：「lblManhourHeader」

画面30は「申請登録・更新画面」になります。

▼**画面30** アプリ画面一覧と、画面のテキストコントロール

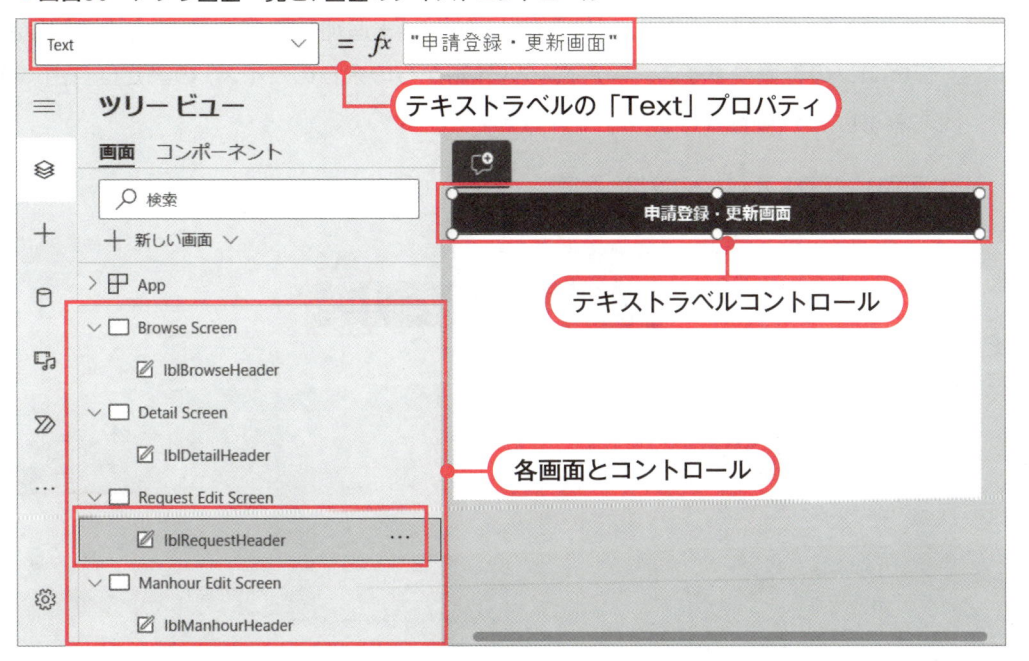

画面名、コントロールの命名規則

　画面名、コントロール名は、関数式の中でもよく使われるため、最初に命名規則を決めておくとよいでしょう。

　本書では、Microsoftの「PowerAppsキャンバスアプリのコーディング規約とガイドライン（日本語訳）」に沿って、主に次のような命名規則とします。

＜コントロールの省略形＞＜画面名の省略＞＜役割＞
　例：lblBrowseHeader（Browse Screenのヘッダー部分のラベル）

参考：（Microsoft）PowerAppsキャンバスアプリのコーディング規約とガイドライン
　「Power Apps コーディング規約」のキーワードでWeb検索してみてください。

②画面遷移の作成

1 「Browse Screen」を選択し、「挿入（＋）」から、「＋追加」アイコンを右上に追加します。
　アイコンの位置やサイズ、パディング（外側からの余白のサイズ）の設定は自由に変更してみましょう（画面31）。

▼**画面31　プラスアイコンの追加と設定**

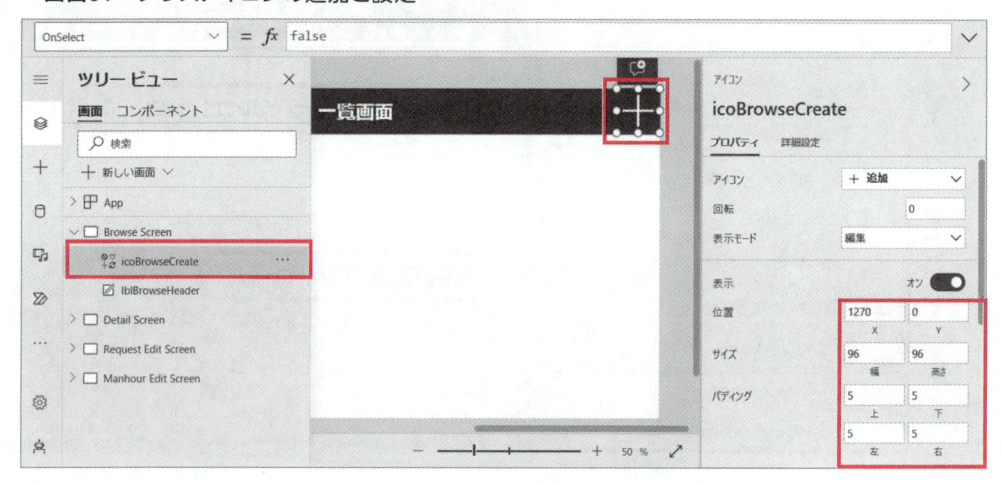

2 ツリービューでラベル名を「icoBrowseCreate」に変更します。
　「OnSelect」プロパティで次の関数式を入力しましょう（画面32）。

Navigate（'Request Edit Screen'）

▼**画面32　「＋」アイコンクリック時の動作を実装**

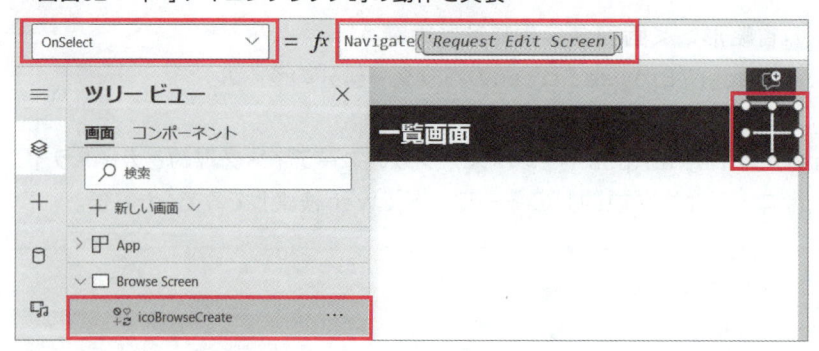

3 「アプリのプレビュー（F5）」から、動作確認ができます（画面33）。

▼**画面33** アプリのプレビュー

4 「+」アイコンをクリックすると、「Browse Screen」から、「Request Edit Screen」に遷移することを確認します（画面34）。

右上の「×」アイコンから、アプリのプレビューを閉じます（画面35）。

▼**画面34** 「+」アイコンクリック時のアプリの動作確認（クリック前）

▼**画面35** 「+」アイコンクリック時のアプリの動作確認（クリック後）

5 「Request Edit Screen」で、「戻る矢印」アイコンを左上に追加します（画面36）。

コントロール名は「icoRequestBack」に変更しましょう。

▼**画面36** 戻るアイコンを追加

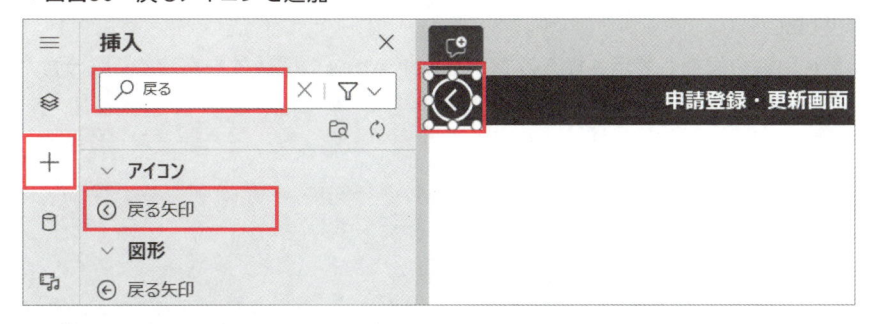

6 「OnSelect」プロパティで次の関数式を入力しましょう(画面37)。

```
Back()
```

▼**画面37** 戻るアイコンクリック時の動作を実装

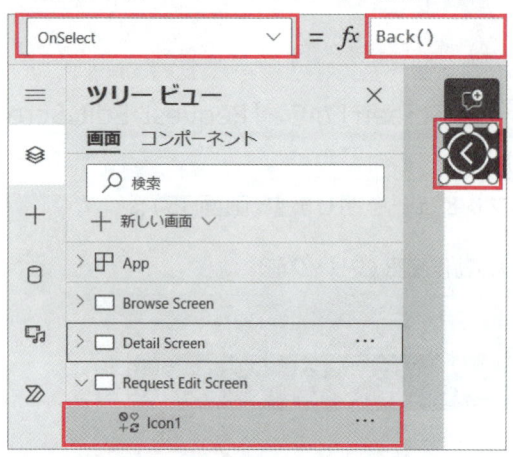

アプリのプレビューで動作確認し、「Browse Screen」画面(直前の画面)に遷移することを確認します。

ここまでで、アプリの画面作成と、画面遷移の実装方法を学びました。
次は実際の申請データを登録してみましょう!

コラム　**初心者でも効率よくPower Appsを実装する方法**

Power Appsでは、アプリ開発者を助けるいくつかの機能があります。
例えば次のような機能は、初心者でもすぐに活用できるので、ぜひ使ってみてください!

● **1. 入力候補の表示**
例えば「Navigate」関数式を入力する際、「Nav」と入力すると、入力候補として「Navigate」が表示されます(画面)。
関数や、関数の引数の候補も表示されるので、Power Appsの関数式を実装する際の強力なサポートツールとなるでしょう。

▼画面　OnSelectプロパティとNavigate関数

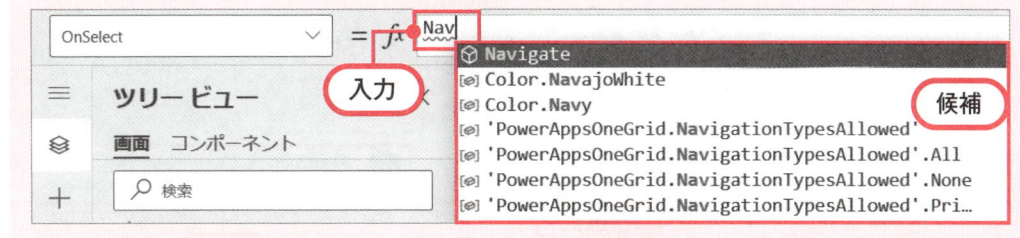

● 2. アプリのプレビュー（Altキー）

　開発中に動作確認する際、アプリのプレビュー（▷）からもテスト実行できますが、ボタンを押すだけ等、簡単な操作の場合は、「Altキー」を押しながらボタンをクリックすると、プレビューを表示しなくてもテストができます。

　簡単にテストしたい場合は、ぜひ活用しましょう！

③ （申請登録・更新画面）編集フォームでデータを登録する

　次に、申請登録・更新画面で編集フォームを作成し、実際にデータを登録できるようにしましょう（図3）。

▼図3　編集フォームでデータ登録を実装

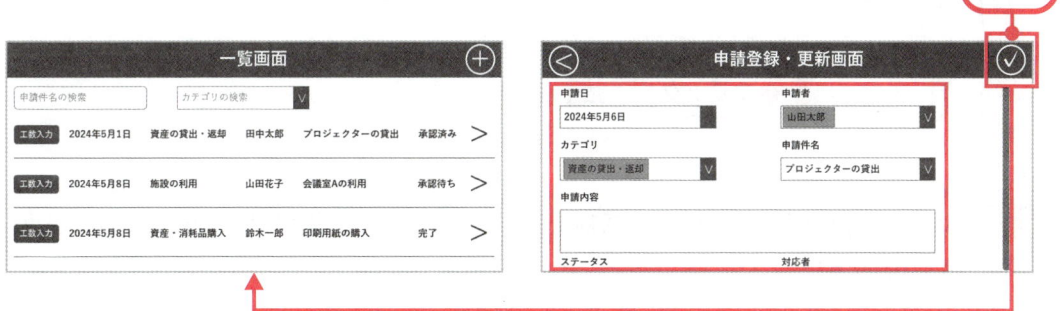

①データソースにSharePointリストを追加する

1　登録するためのデータソース（SharePointリスト）を設定します。

　「データ」タブ＞「データの追加」から、「sharepoint」で検索し、「SharePoint」＞「SharePoint」を選択します（画面38、画面39）。

▼画面38　データソースにSharePointを追加　　▼画面39　SharePointを選択

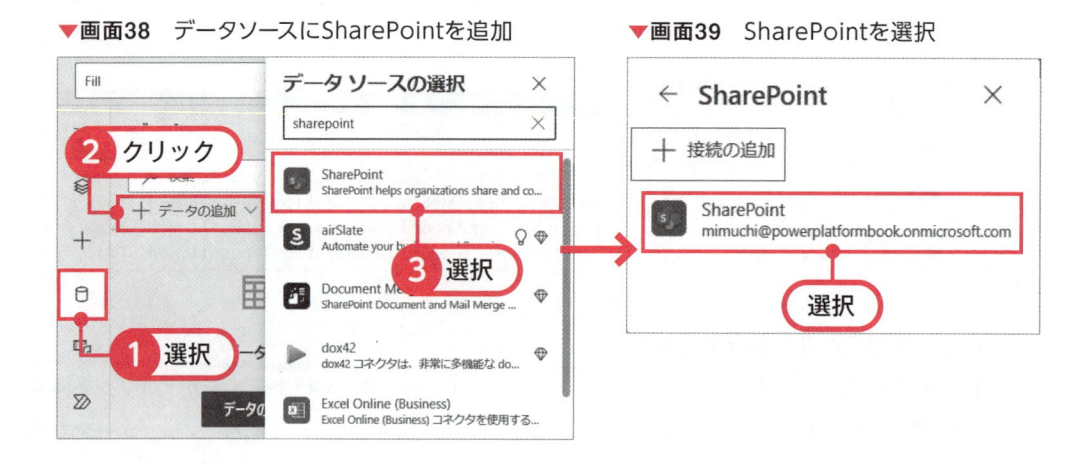

2 SharePointリストを作成したSharePointサイトの「ホーム」タブをクリックしたときの
URLをコピーします（画面40）。

▼画面40　SharePointサイトのURLをコピー

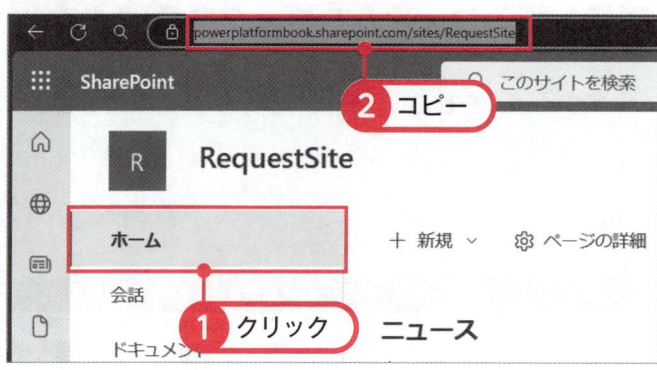

3 Power Appsのデータソースの接続で、コピーしたURLを貼り付け、「接続」をクリック
します（画面41）。

▼画面41　SharePointサイトのURLを貼り付け

4 作成した2つのリスト「RequestList」「ManHourList」にチェックを入れて「接続」をクリックします（画面42）。

▼**画面42** SharePointリストを選択して接続する

5 「データ」タブに、2つのSharePointリスト「RequestList」「ManHourList」が追加されます（画面43）。

▼**画面43** データソースにSharePointリストを追加

②編集フォームで「RequestList」にデータ登録する

1 ツリービューから「Request Edit Screen」画面を選択し、「挿入」＞「編集フォーム」を
クリックし、編集フォームを追加します（画面44）。

　ツリービューから、編集フォーム名は「frmRequestList」に変更します。

▼**画面44　編集フォームの追加**

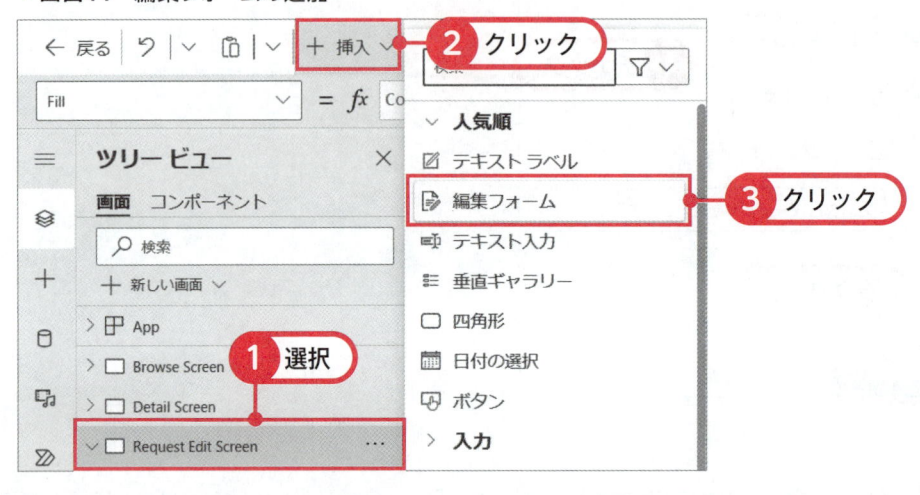

2 右側のプロパティで「データソース」のドロップダウンから、「RequestList」を選択しま
す（画面45）。

▼**画面45　編集フォームの追加**

3 自動的に登録用の編集フォームが作成されるので、編集フォームの位置やサイズはドラッグ＆ドロップで自由に変更しましょう。

　編集フォームを選択した状態で、プロパティの「フィールドの編集」を選択すると、表示する列の設定が変更できます。

　「タイトル」列と「添付ファイル」列は不要なので、「…（三点リーダー）」＞「削除」で削除します（画面46）。

▼**画面46**　編集フォームのフィールドを編集

　コントロールを選択する

　編集フォーム等のコントロールを選択する際、画面上でうまく選択できない場合があります。

　その際は、ツリービューでコントロール名を選択するのが楽です。

　ツリービューのコントロール名ですぐに判別できるよう、分かりやすいコントロール名にしておくことが大切です。

4 列の表示順は、ドラッグ＆ドロップで入れ替えられるため、画面47のように並び替えます。

▼**画面47** 編集フォームのフィールドを並べ替え

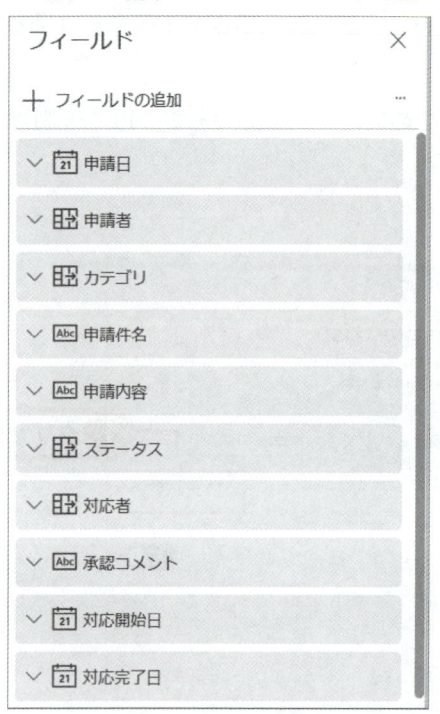

5 フィールドを閉じると、画面48のように編集フォームが表示されます。

▼**画面48** 編集フォームの表示

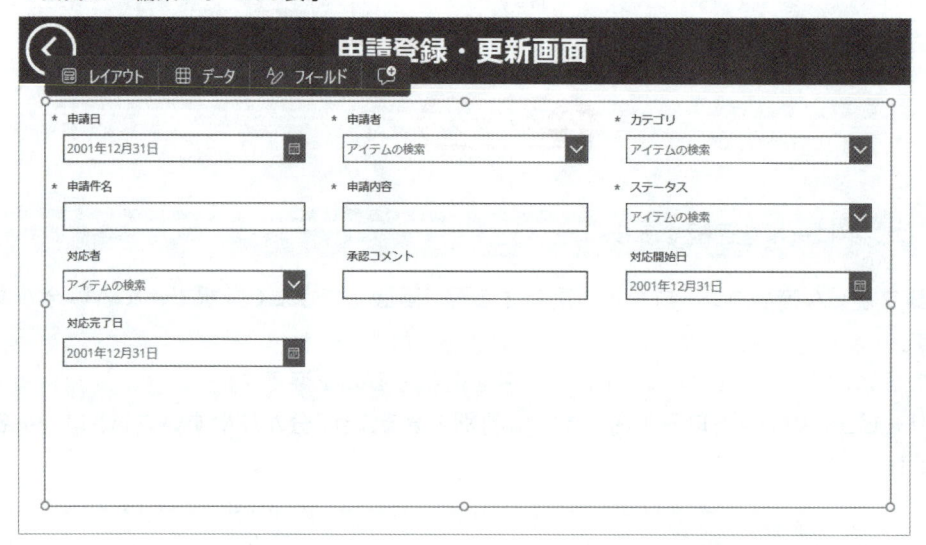

6 「編集フォーム」コントロールは、細かいデザインは変更できません。

プロパティの「列」のドロップダウンで列数を変更できるので、「2」に設定します（画面49）。

▼画面49　編集フォームの表示

7 「アプリのプレビュー（F5）」で表示してみると、「表示するアイテムがありません」という メッセージが表示され、編集フォームが表示されません（画面50）。

▼画面50　編集フォームの表示

8 これは、編集フォームの「フォームモード」がデフォルトで「FormMode.Edit」となっているためです（画面51）。

▼**画面51　編集フォームの表示**

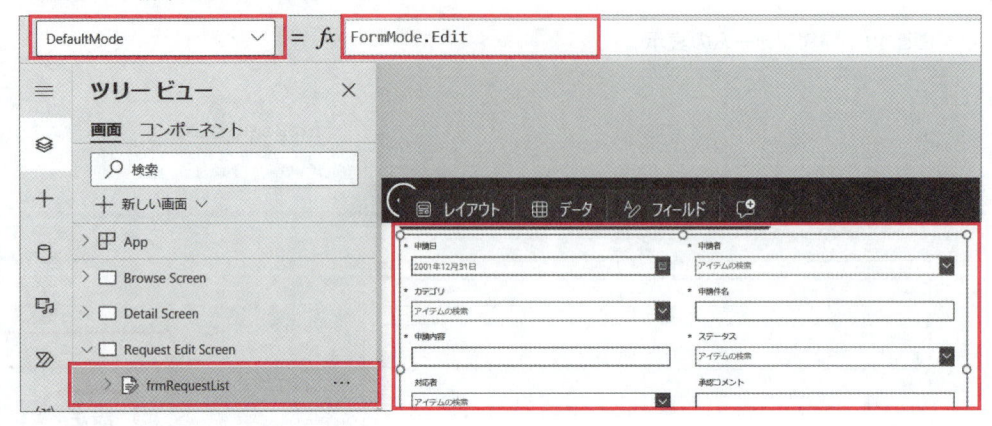

9 ツリービューから「Browse Screen」の「icoBrowseCreate」を選択し、次の関数式に変更します（画面52）。

Navigate('Request Edit Screen'); **NewForm(frmRequestList);**

▼**画面52　一覧画面「+」アイコンの「OnSelect」プロパティ**

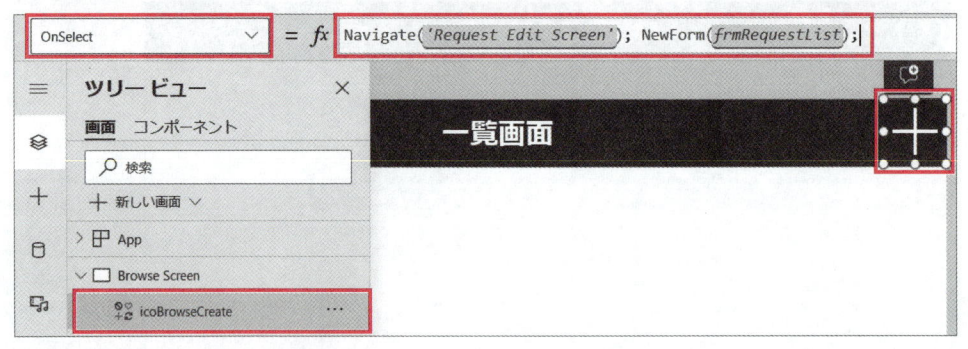

　第3章第2節で解説したように、NewForm関数を使うと、FormコントロールのモードがNew（新規登録）に変更されます。

10 「Browse Screen」から再度「▷ (アプリのプレビュー)」をして、「＋」アイコンをクリックすると(画面53)、「Request Edit Screen」画面で、登録用の編集フォームが表示されます(画面54)。

▼**画面53**　一覧画面「＋」アイコンをクリック

▼**画面54**　申請登録・更新画面に遷移し、編集フォームが表示

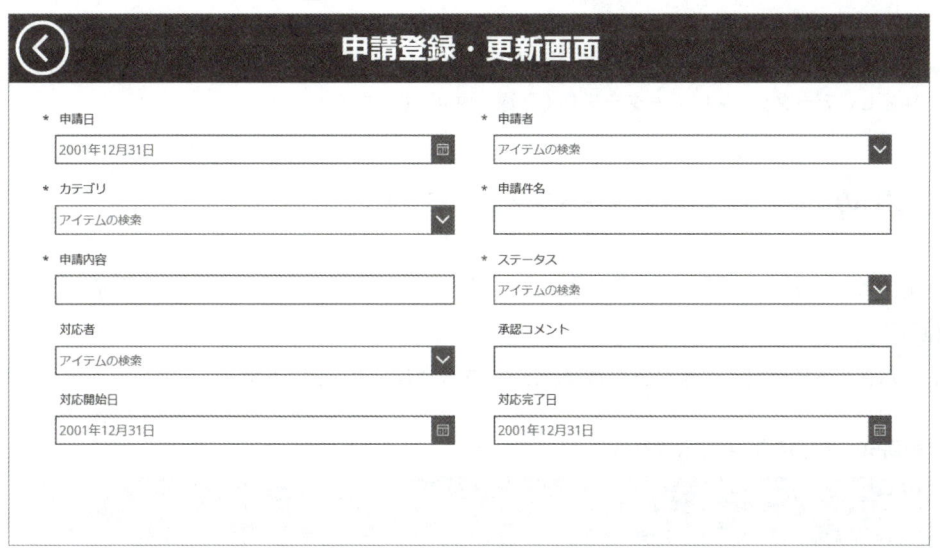

11 フォームに入力したデータの登録機能を実装するため、「Request Edit Screen」で、「挿入」＞「チェック（バッジ）」アイコンを右上に置き、コントロール名を「icoRequestSubmit」に変更します。

「✓」アイコンの「OnSelect」プロパティに次の関数式を入力します（画面55）。

```
SubmitForm(frmRequestList)
```

▼**画面55**　「✓」アイコンの登録機能を実装

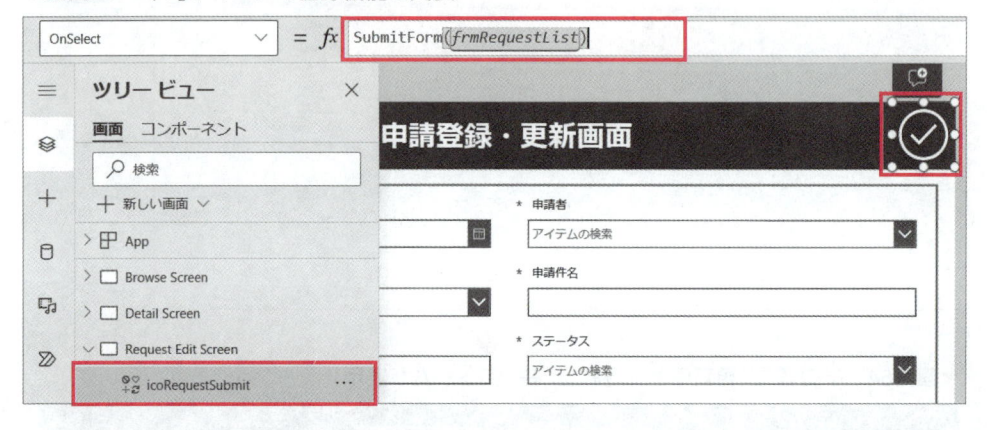

※ 第3章第2節で解説したように、SubmitForm関数は、Formコントロールに含まれるデータを検証し、データソースにデータを送信（登録・更新）します。

12 「アプリのプレビュー」から、データを入力してみます。

13 「申請者」等の列を選択した際、よく分からない値が入った場合は、編集画面に戻ります（画面56）。

※ 表示される値が特に問題ない場合は、このステップはスキップします。

▼**画面56**　申請者列に表示される値

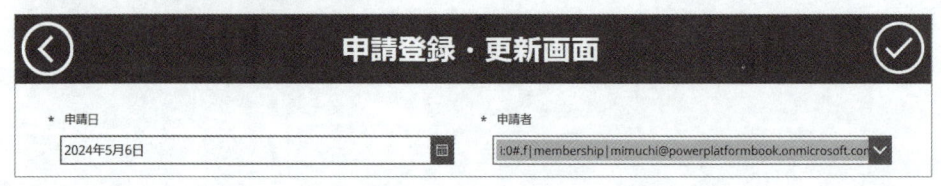

「申請者」等の「DataCardValue」を選択し、右側の「プロパティ」からフィールドの「編集」を選択し、「主要なテキスト」を「DisplayName」に変更します（画面57）。

他の列の表示も適切でない場合は、同様の操作を行います。

※ もし選択肢の値が適切に表示されない場合は、編集フォームの「フィールドの編集」から一旦項目を削除し、「フィールドの追加」から再度追加してみましょう。

▼画面57 申請者列の主要なテキストの変更

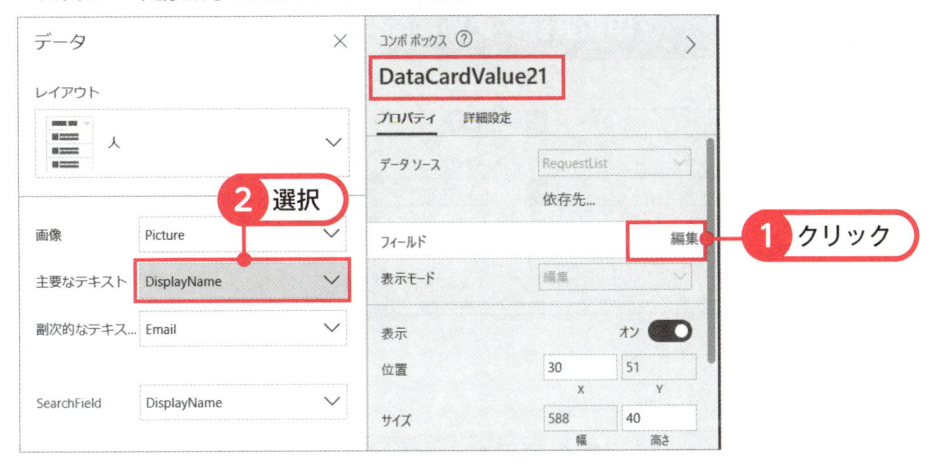

14 編集フォームの「申請内容」列（複数行テキスト）のサイズを変更します。

「申請内容」の「DataCard」をドラッグすると、列の幅や高さを変更できます。

「DataCardValue」をドラッグして、入力フォームのサイズも変更しましょう（画面58）。

※「フォーム」コントロールで、このように各列の幅や高さは変更できますが、列を自由に配置することはできません。

▼画面58 申請内容列の入力フォームサイズの変更

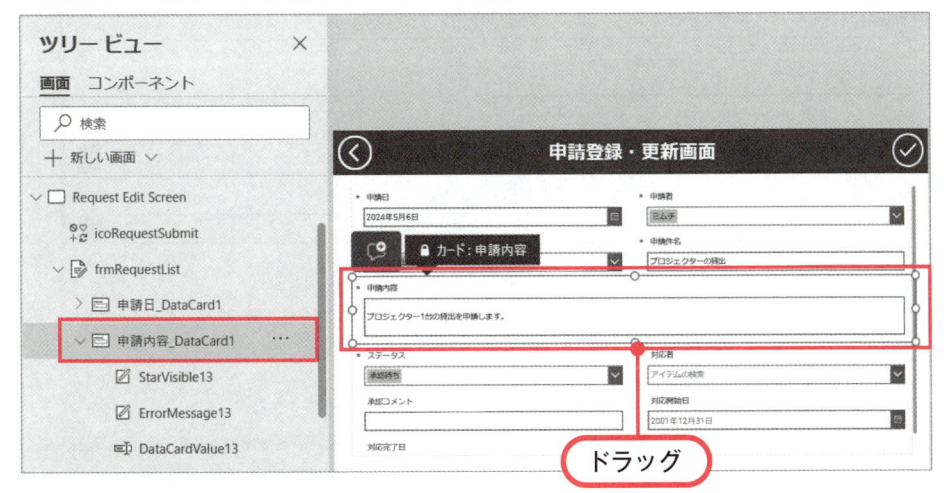

15 「申請内容」列の「DataCardValue」を選択し、プロパティの「モード」を「複数行」に設
定すれば、複数行での入力ができるようになります（画面59）。

▼**画面59** 申請内容列のモードを複数行に変更

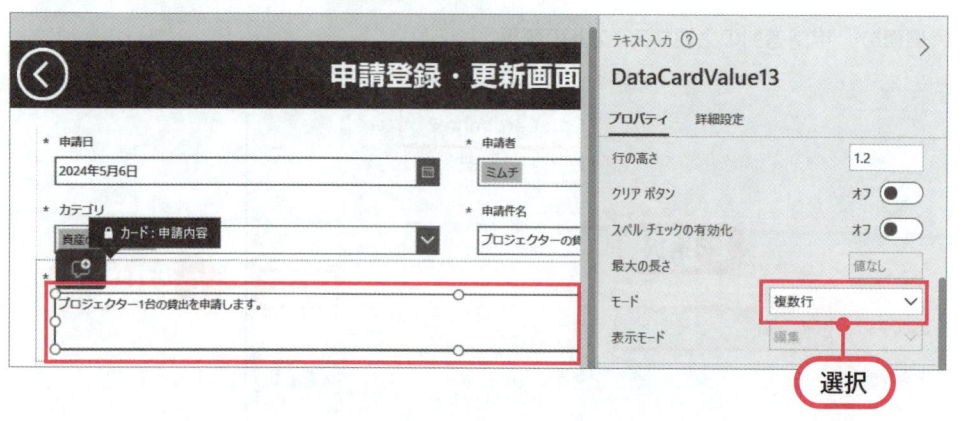

16 「アプリのプレビュー」から、必須の項目を入力し、右上の「✓」アイコンをクリックし、
データ登録をしてみましょう（画面60）。

▼**画面60** 編集フォームのデータを「✓」アイコンで登録

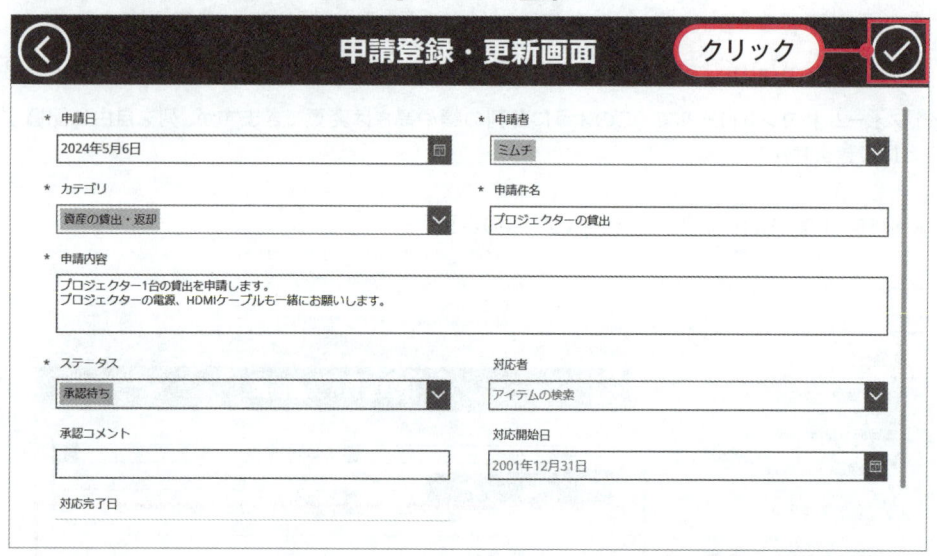

17 申請登録・更新画面の編集フォームには「表示するアイテムがありません」と表示されます（画面61）。

▼**画面61** 「✓」アイコンクリック後の画面

何でSubmitForm後に、フォームが表示されなくなるの？

　新規にデータ登録時、Formコントロールを使い、SubmitForm関数でデータ登録をすると、フォームには「表示するアイテムがありません」と表示されます。

　これは、フォームコントロールのモードが、New（新規登録）→Edit（編集）に変更されたためです。

　SubmitForm関数の実行成功後、フォームのモードがNewだった場合、Editに変更されるため、表示するデータを設定していない場合、何も表示されなくなります。

18 SharePointリストで、データが登録されていることを確認します（画面62）。

▼**画面62**　SharePointリスト「RequestList」の画面

RequestList ☆						
ID ⌄	申請日 ⌄	申請者 ⌄	申請件名 ⌄	申請内容 ⌄	カテゴリ ⌄	ステータス ⌄
1	2024/05/06	ミムチ	プロジェクターの貸出	プロジェクター1台の貸出を申請します。プロジェクターの電源、HDMIケーブルも一緒にお願いします。	資産の貸出・	承認待ち

19 アプリの編集画面に戻り、SubmitForm関数でデータ登録後の実装をします。
編集フォームの「OnSuccess」プロパティに、次の関数式を入力します（画面63）。

> Navigate('Browse Screen')

▼**画面63**　編集フォームの「OnSuccess」プロパティの実装

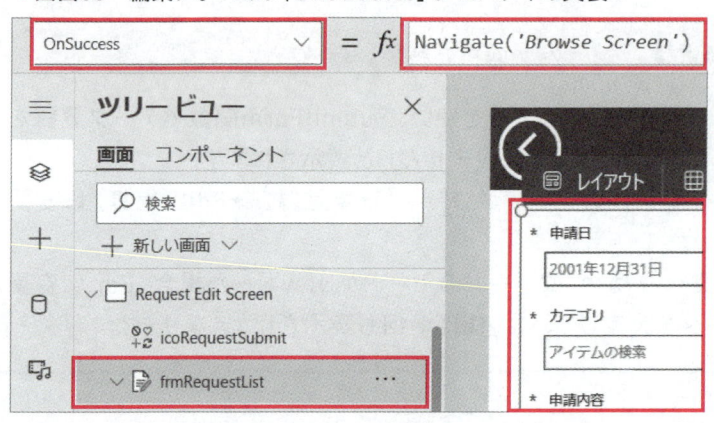

20 「一覧画面」から、「アプリのプレビュー」で「＋」アイコンをクリックし、再度データ登録すると、データ登録後に一覧画面に遷移します。

※第3章第2節で解説したように、Formコントロールの「OnSuccess」プロパティは、SubmitForm関数の実行が成功後に実行されます。
一方「OnFailure」プロパティは、SubmitForm関数の実行が失敗後に実行されます。

コラム　「編集フォーム」コントロールのバリデーション

「編集フォーム」コントロールは、データ入力の際のバリデーション（検証）機能を提供します。

これにより、SubmitFormでフォームに入力されたデータを送信する際、自動的に入力データのチェックが行われます。

例えば、必須入力に設定されている列が空の状態でデータ登録しようとすると、「〇〇が必要です」というエラーメッセージが表示されます（画面）。

▼画面　「編集フォーム」コントロールのバリデーション

この機能を活用することで、入力漏れなどのミスを防止できます。

そのため、SharePointリストの列を作成する際、特に必須入力列については、「この列に情報が含まれている必要があります」をONにする設定を行っておくことをおすすめします。

各列に対して適切な設定をすることで、データの整合性を保ち、ユーザーにとっても、入力エラーを即座に知ることができるため、スムーズなデータ入力が可能になります。

SubmitForm関数のバリデーション機能を活用し、データ品質の向上と操作性の改善を図りましょう。

④ （一覧画面）登録データの一覧を表示する

　次に、申請登録・更新画面で登録したデータを、一覧画面で表示できるようにしましょう
（図4）。

▼**図4　一覧画面で登録した申請データの表示を実装**

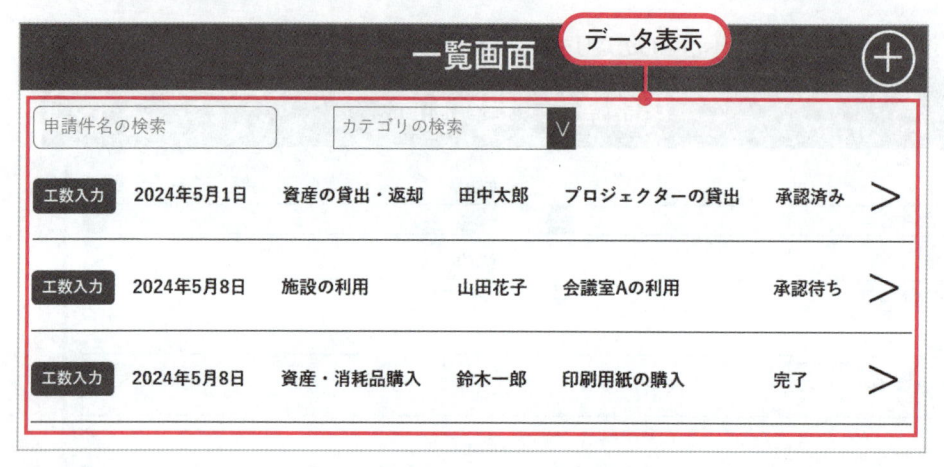

1 ツリービューから「Browse Screen」を選択し、「挿入」＞「空の垂直ギャラリー」をク
リックし設定します（画面64）。

　コントロール名は「galBrowseRequest」に変更します。

※ ギャラリーは、データソースに登録したデータ一覧を表示できるコントロールです。

▼**画面64**　「空の垂直ギャラリー」を挿入

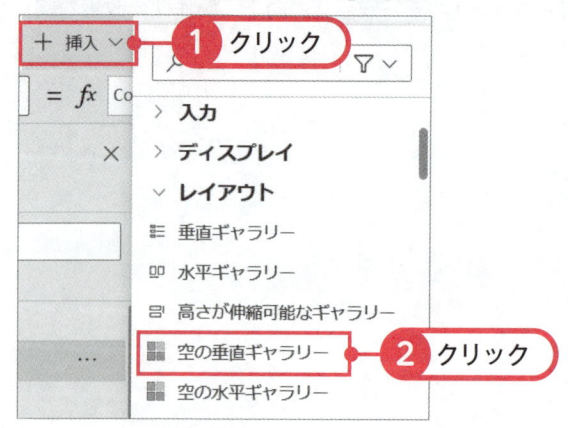

2 ギャラリーのプロパティで、データソースのドロップダウンから「RequestList」を選択します（画面65）。

▼**画面65** ギャラリーのデータソースを選択

3 ギャラリーの左上のペンマーク（ギャラリーを編集します）をクリックし、「+」タブから「テキストラベル」を選択すると、ギャラリー内にテキストラベルでデータを表示することができます（画面66）。

　コントロール名は「lblBrowseGalRequestTitle」に変更します。

▼**画面66** ギャラリーにテキストラベルを挿入

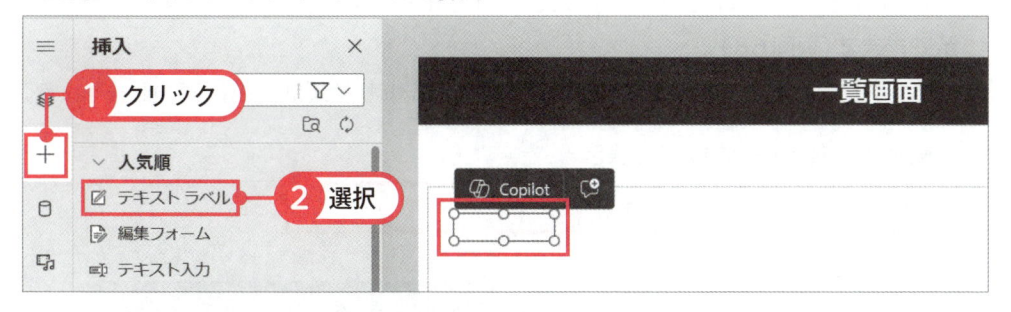

4 テキストラベルの「Text」プロパティで次の関数式を入力すると、申請件名を表示することができます（画面67）。

```
ThisItem.申請件名
```

▼**画面67**　ギャラリーに申請件名を表示

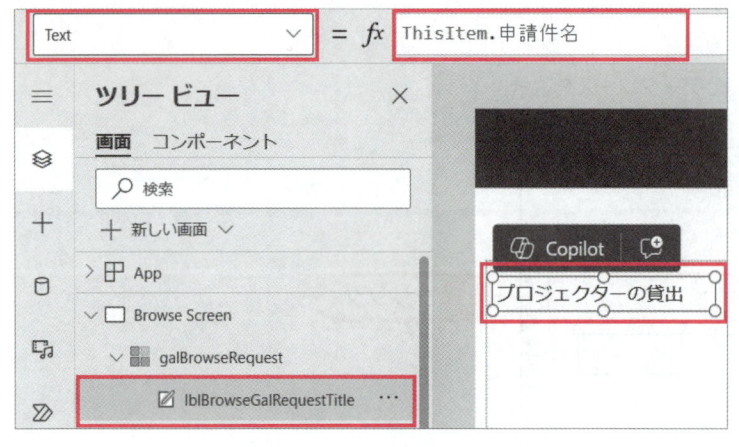

💡 **ギャラリー内のテキストラベル表示**

　ギャラリー内でテキスト型の列データを表示する場合、ギャラリーにテキストラベルを追加し、Textプロパティに「ThisItem.列名」と入力することで表示できます。

　「ThisItem」というのは、その「レコードのデータ」を表します。

　ギャラリーの1行に、SharePointリスト1レコードのデータが表示されるというわけです。

5 同様の方法でテキストラベルを挿入し、ThisItem.申請日　と入力すれば、申請日を表示できます（画面68）。

　　コントロール名、テキストラベルの位置、フォントサイズは自由に変更しましょう。

▼**画面68**　ギャラリーに申請日を表示

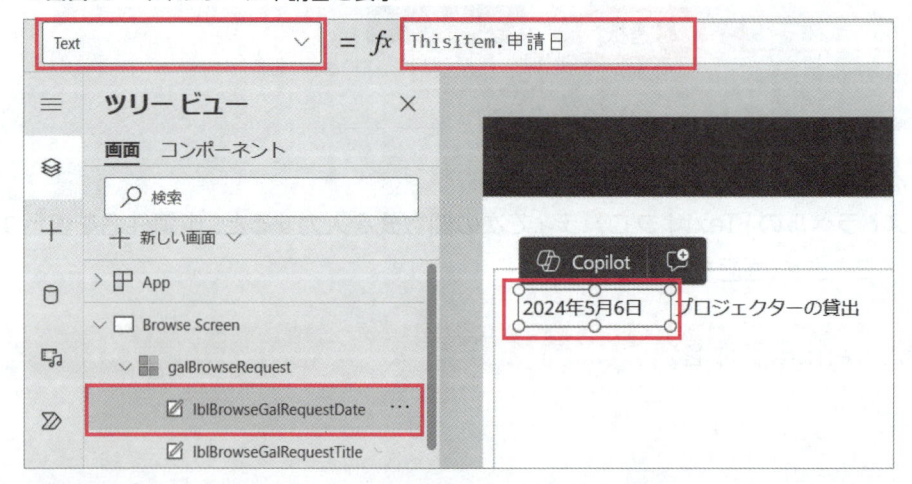

ギャラリー内へのコントロールの挿入

　ギャラリー内にテキストラベル等のコントロールを追加するときは、ギャラリーの1レコードか、ギャラリー内のラベルを選択した状態で挿入します。

　また、ギャラリーの左上に表示される「編集アイコン」をクリックすると、ギャラリーの1レコードを選択することができます。

6　ギャラリーのサイズや、1行の幅は、ドラッグで調整できます（画面69）。

▼画面69　ギャラリーの1行の幅を調整

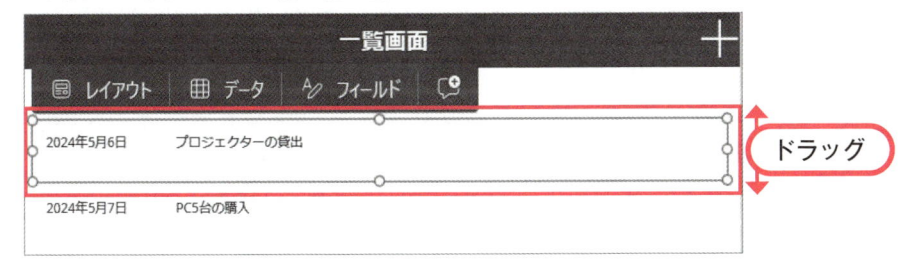

7　次の列も、テキストラベルを追加して表示してみます（表1、画面70）。

▼表1　テキストラベルの「Text」プロパティの設定

カテゴリ	ThisItem.カテゴリ.Value
申請者	ThisItem.申請者.DisplayName
ステータス	ThisItem.ステータス.Value

▼画面70　ギャラリーに選択肢列、ユーザー列を表示

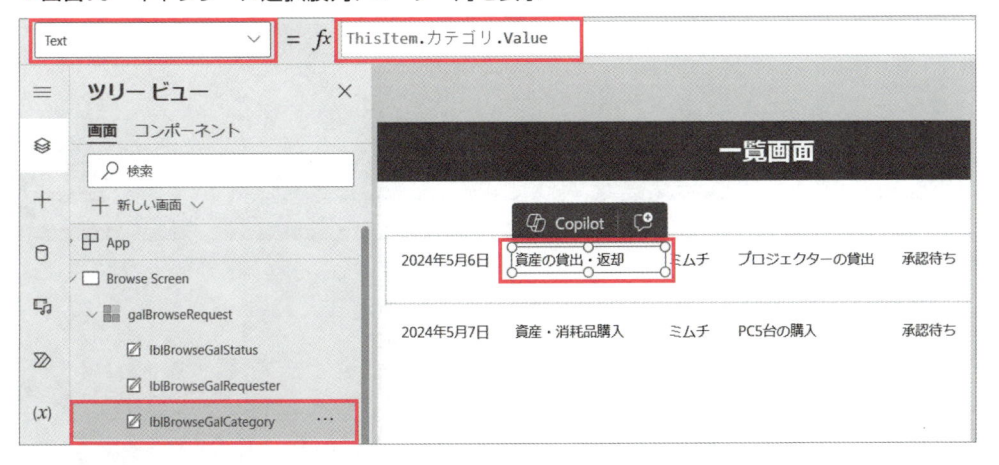

💡 **選択肢列のデータをギャラリーで表示する**

　選択肢列のデータをギャラリーで表示する場合、テキストラベルのTextプロパティ等に「ThisItem.列名.Value」と記載します。

8 ギャラリー内に「＋」タブから「線」と検索し、「横線」を追加します。

　プロパティで、次のように設定すると、レコード間を横線で区切ることができます（画面71）。

・ サイズ（高さ）：1

・ 罫線：1

・ フォーカスのある外枠：0

▼**画面71　ギャラリーに区切り線を追加**

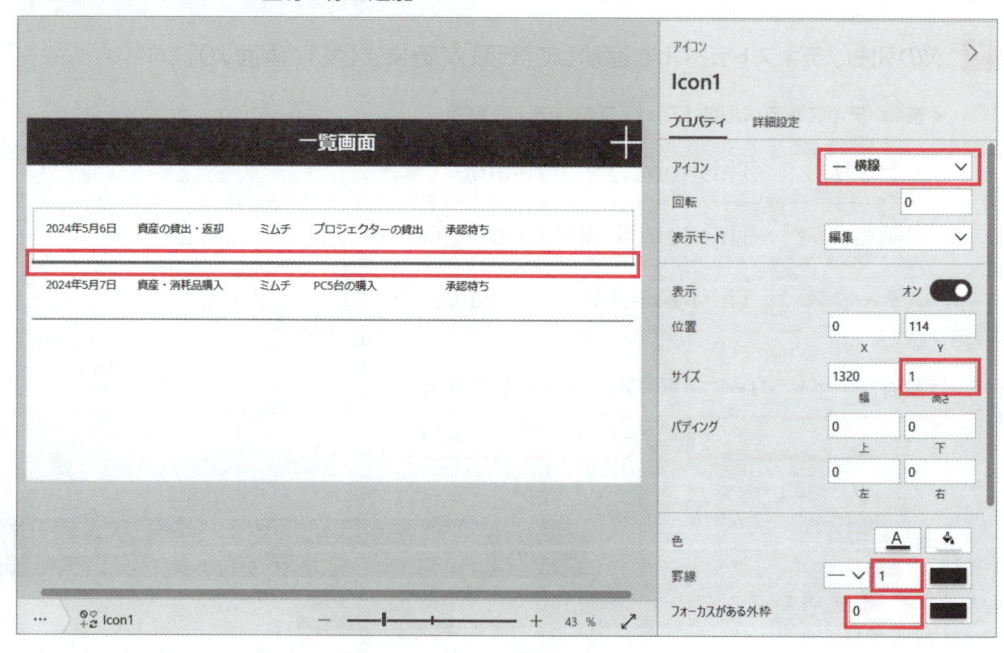

9 ギャラリー内に「＋」タブから「右」と検索し、「＞右」アイコンを追加します（画面72）。

※「＞右」アイコンは、ギャラリーで選択したレコードの詳細を表示する「詳細画面」に遷移するアイコンとなります。

▼**画面72** ギャラリーに「＞右」アイコンを追加

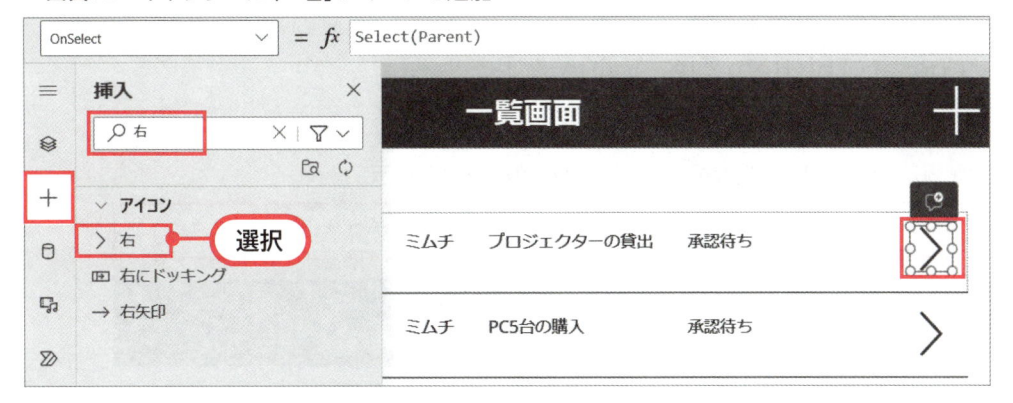

これで、一覧画面で登録データを表示することができました！

コラム **ギャラリーで複数選択肢のデータを表示する**

「ギャラリー」コントロールでは、データソースに登録したデータを一覧で表示することができます。

複数選択を許可している選択肢列の場合、データは「テーブル」型で格納されています（画面1）。

▼**画面1** SharePointリストの複数選択可の選択肢列

RequestList ☆

ID	申請日	申請者	申請件名	申請内容	カテゴリ
1	2024/05/06	ミムチ	プロジェクターの貸出	プロジェクター1台の貸出を申請します。プロジェクターの電源、HDMIケーブルも一緒にお願いします。	資産の貸出・返却 資産・消耗品購入
2	2024/05/07	ミムチ	PC5台の購入	新規メンバー用にPC5台を購入したいです。Surfaceが望ましいです。	資産・消耗品購入 その他

　Power Appsのギャラリーで、テキストラベルにはテーブル型のデータは表示できないため、テキスト型にする必要があります。

　この場合、テキストラベルの「Text」プロパティに、次の関数式を入力することで表示できます（画面2）。

Concat(ThisItem.列名, Value, ",")

▼画面2　ギャラリーで複数選択可の選択肢列のデータを表示

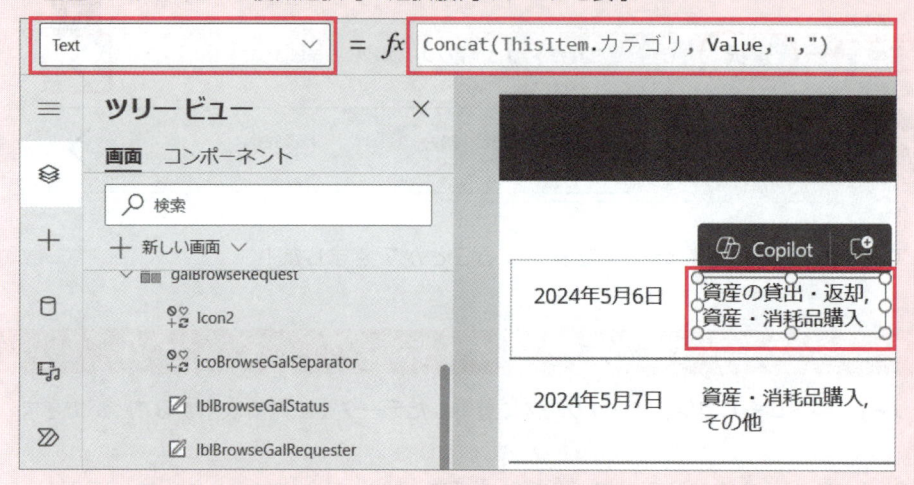

　Concat関数は、テーブルのすべてのレコードを連結して、一つの文字列にします。

Concat関数の使い方

構文　Concat(テーブル, 数式, 区切り文字 (オプション))

動作　テーブルのすべてのレコードにまたがって適用される数式の結果を連結し、単一の文字列を返します

　Power Appsでデータを処理する際は、それぞれのデータが何のデータ型となっているか意識して使用することが重要です。

　複数選択肢列（テーブル型）を、テキストラベル（テキスト型）に表示する際は、「Concat」関数を活用することで、テーブル型のデータを簡単にテキスト型に変換して表示しましょう。

5 （詳細画面）一覧画面で選択したデータの詳細を表示する

次に、一覧画面で選択したデータの詳細を、詳細画面で表示できるようにしましょう（図5）。

▼**図5** 一覧画面で登録した申請データの表示を実装

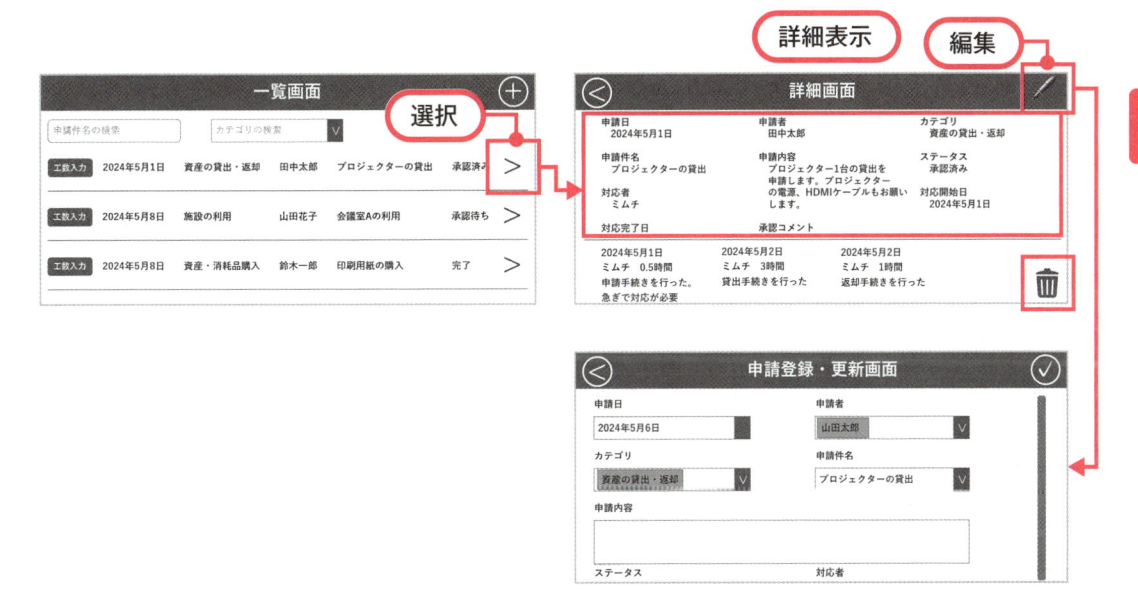

1 「Browse Screen」の「>」アイコンの「OnSelect」プロパティで、次の関数式を設定します（画面73）。

```
Navigate('Detail Screen')
```

▼**画面73** ギャラリー「>」アイコンの「OnSelect」プロパティの実装

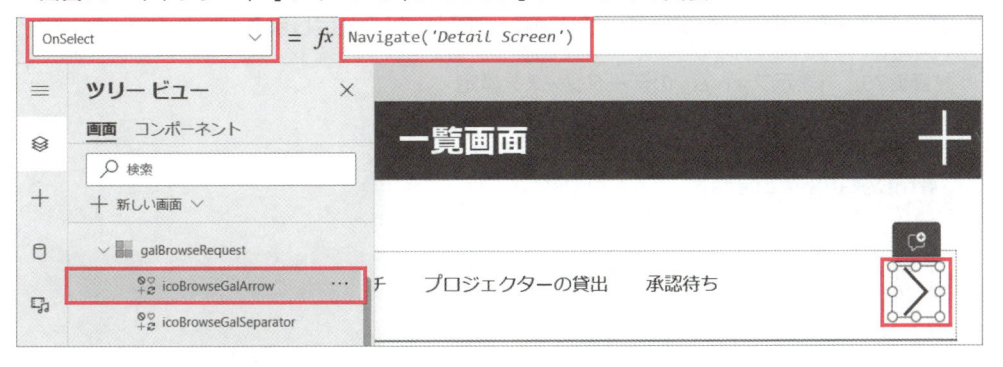

2 「アプリのプレビュー」で「Browse Screen」から、任意のレコードの「>」アイコンをクリックし、「Detail Screen」に遷移します。

3 「Detail Screen」で、「挿入」>「表示フォーム」を選択し、表示フォームを追加します（画面74）。

コントロール名は「frmDetailRequest」に変更します。

▼**画面74** 「表示フォーム」の追加

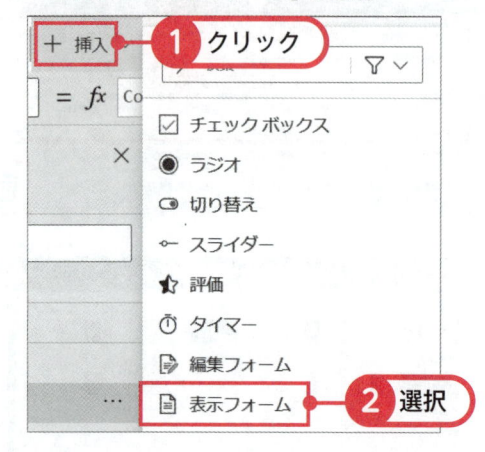

表示フォームとは?

「表示フォーム」コントロールは、特定の1レコードのデータを表示するためのフォームです。

基本的に、ギャラリーで選択したレコードの詳細データを表示する際に使われます。

4 プロパティから「データソース」を「RequestList」に設定します（画面75）。

▼**画面75** 「表示フォーム」のデータソースを設定

5 「表示フォーム」コントロールの「Item」プロパティで、次の関数式を入力すると、ギャラリーで選択したレコードのデータを表示できます（画面76）。

```
galBrowseRequest.Selected
```

▼画面76 「表示フォーム」の「Item」プロパティの実装

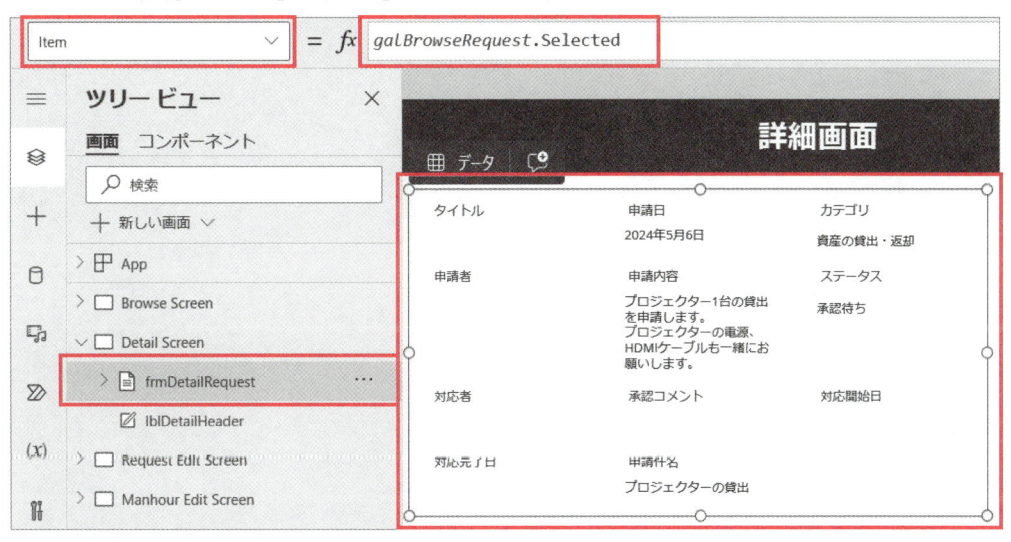

表示フォームの「Item」プロパティ

「表示フォーム」の「Item」プロパティは、データソース（SharePointリスト）のどのレコードのデータを表示するかを指定します。

ギャラリー名.Selectedと入力することで、直前にギャラリーで選択したレコードを表示できます。

6 「編集フォーム」と同様、「表示フォーム」も、プロパティの「フィールド」から、表示する
列を設定できるので、タイトル列は削除し、画面77のように並べ替えます。

▼**画面77**　「表示フォーム」の「フィールド」設定

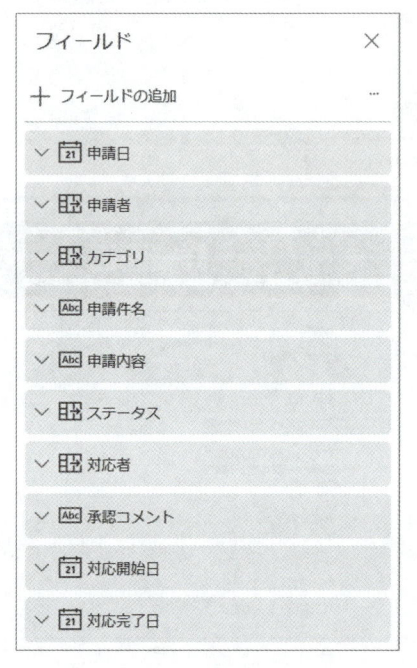

7 申請者列と対応者列の「DataCardValue」の表示は、フィールド>「編集」の「主要なテ
キスト」で「DisplayName」に変更します（画面78）。

▼**画面78**　「表示フォーム」のユーザー列のフィールド設定

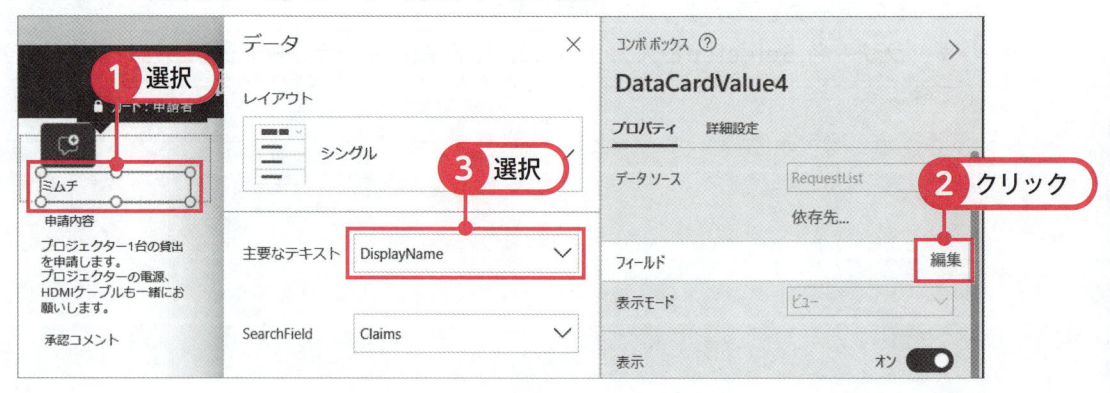

8 表示フォームのサイズや、列の位置、フォントサイズ等も、適宜変更します。

9 「Detail Screen」に、「＋」タブから、「編集」アイコン、「ごみ箱」アイコン、「戻る矢印」
アイコンを追加します（画面79）。

▼**画面79** 「編集」、「ごみ箱」、「戻る矢印」アイコンの追加

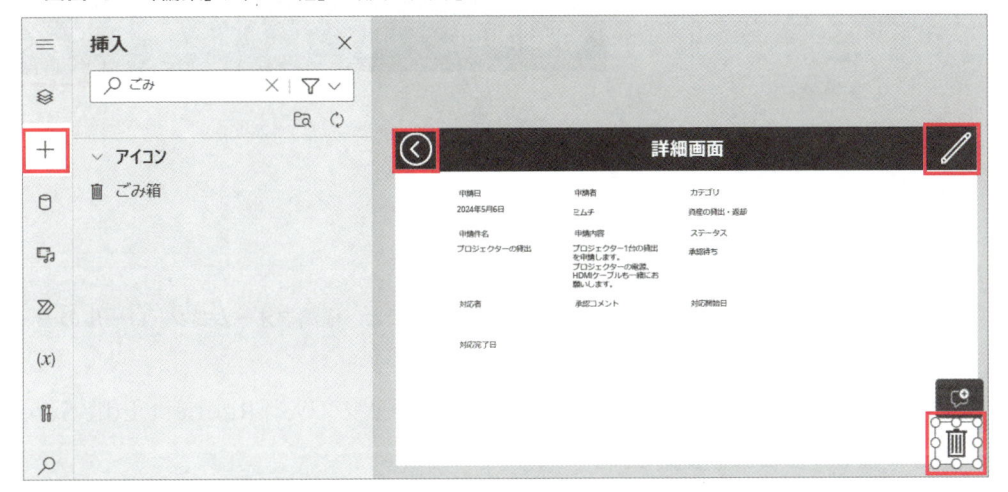

10 「戻る矢印」アイコンの「OnSelect」プロパティには、「Back()」を入力します（画面
80）。

▼**画面80** 「戻る矢印」アイコンの「OnSelect」プロパティの実装

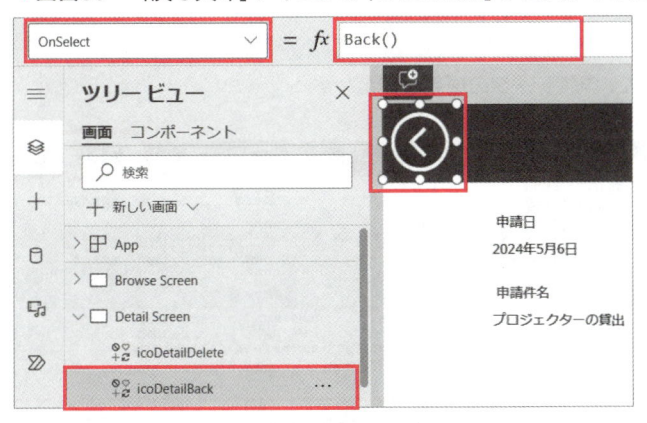

11 「Detail Screen」で「編集」アイコンの「OnSelect」プロパティで、次の関数式を入力
します（画面81）。

```
Navigate('Request Edit Screen'); EditForm(frmRequestList);
```

▼**画面81**　「編集」アイコンの「OnSelect」プロパティの実装

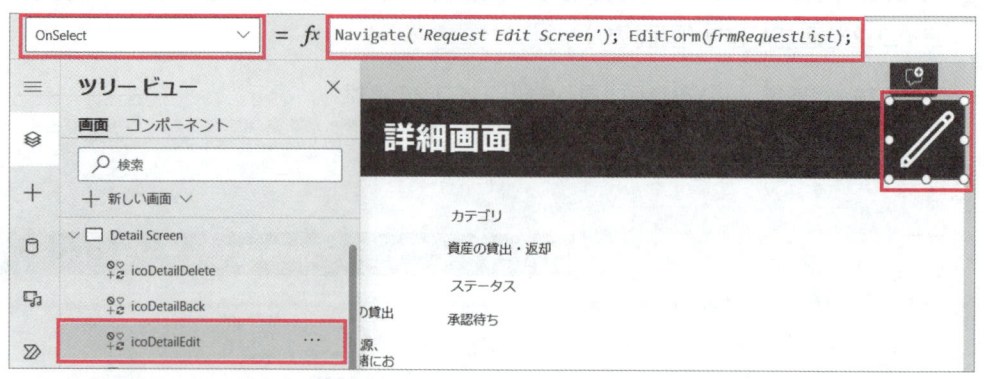

※第3章第2節で解説したように、EditForm関数を使うと、編集フォームコントロールのモードが
　FormMode.Edit（編集）になります。

　「アプリのプレビュー」で、「編集」アイコンをクリックし、「Request Edit Screen」
画面に遷移することを確認します。

6 （申請登録・更新画面）編集フォームでデータを更新する

　次に、詳細画面から申請登録・更新画面に遷移した後、データの更新ができるようにしま
しょう（図6）。

▼**図6**　申請登録・更新画面で編集した、申請データの更新を実装

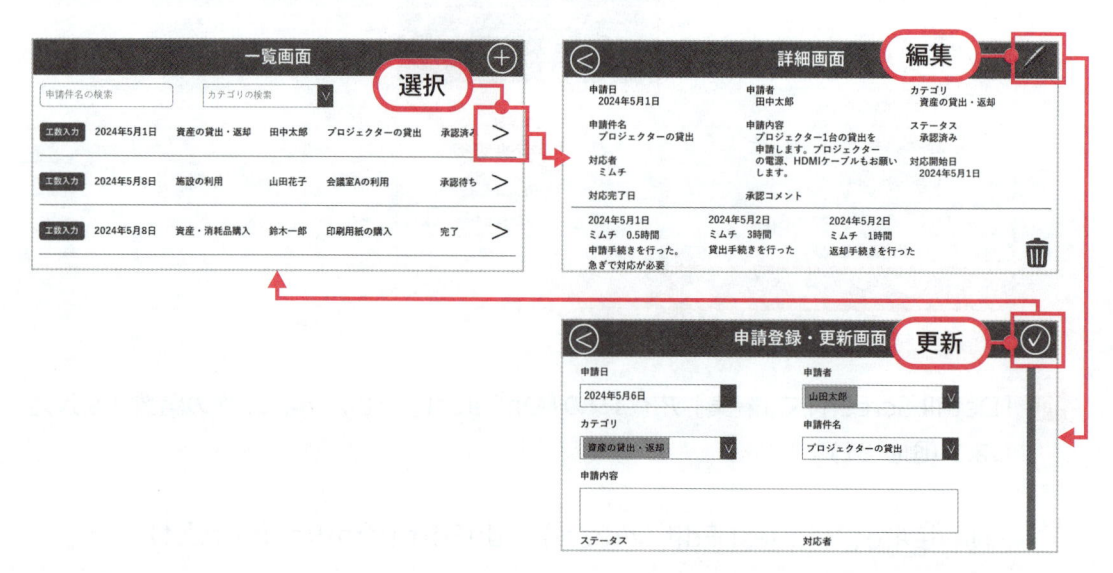

1 「Request Edit Screen」画面で、「frmRequestList」（編集フォーム）の「Item」プロパティで、次の関数式を入力すると、一覧画面のギャラリーで選択したレコードのデータが入力フォームに表示されます（画面82）。

> galBrowseRequest.Selected

▼**画面82** 編集フォームの「Item」プロパティの実装

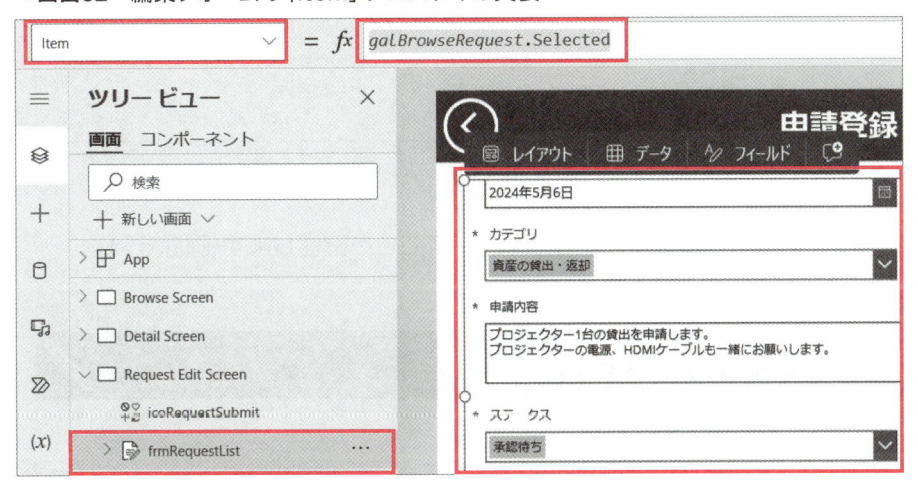

2 「アプリのプレビュー」から、申請内容を更新してみます。
「対応者」や、「対応開始日」等を入力し、「チェック」ボタンで登録します（画面83）。

▼**画面83** 編集フォームでデータを更新

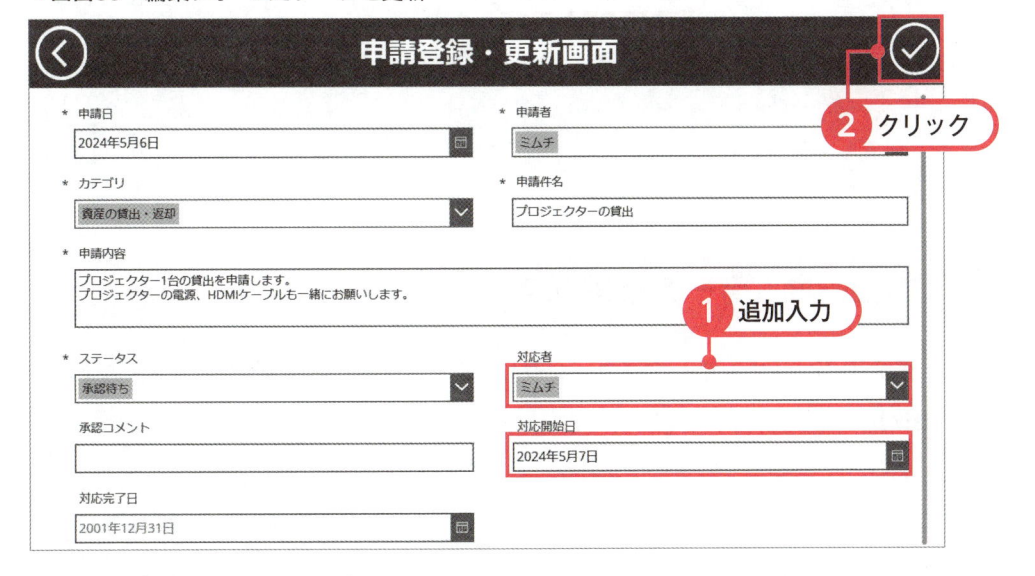

3 一覧画面に遷移した後、更新したレコードの「>」アイコンをクリックし、「詳細画面」に遷移します（画面84）。

▼画面84　一覧画面で、更新したレコードを選択

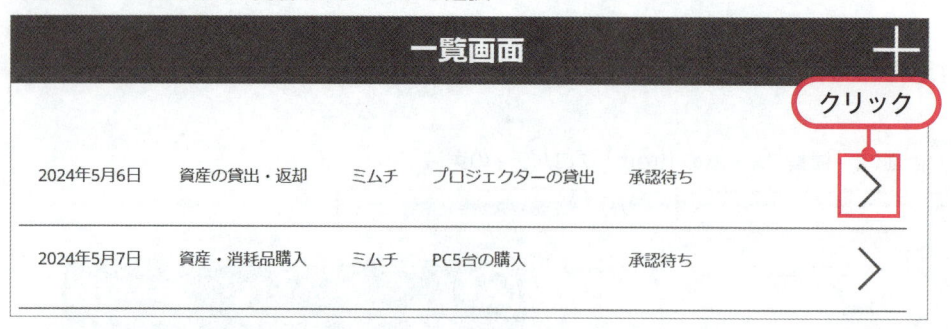

4 詳細画面で、申請内容の更新が反映されていることを確認します（画面85）。

▼画面85　詳細画面で、更新したデータを確認

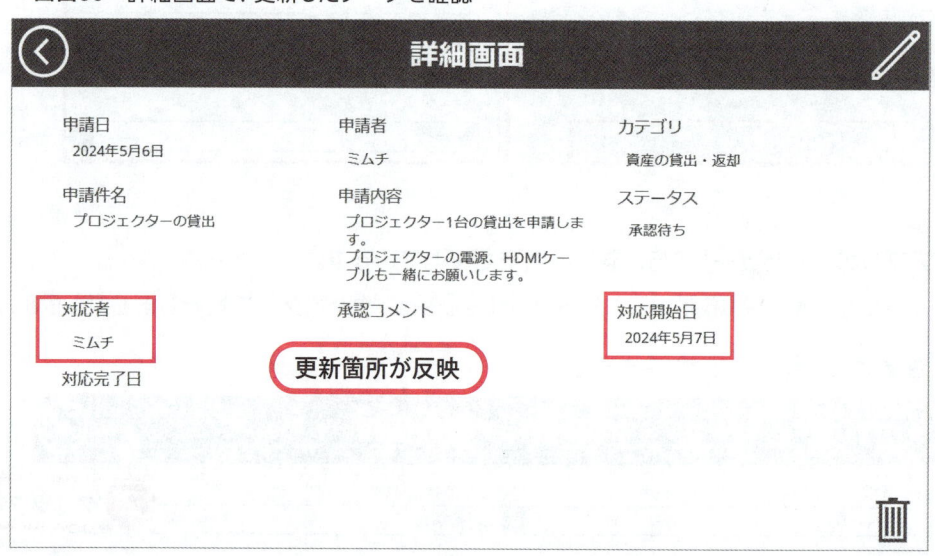

7　（詳細画面）データを削除する

次に、詳細画面で「ごみ箱」アイコンをクリックしたとき、データが削除できるようにしましょう（図7）。

▼**図7** 詳細画面でデータの削除を実装

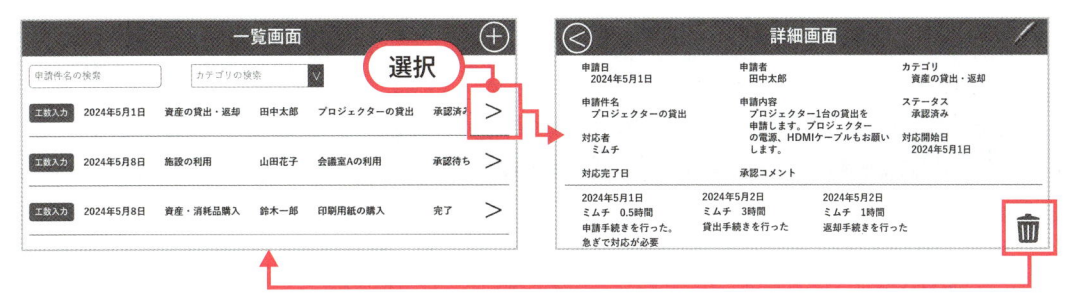

データを削除して、一覧画面に戻る

1 「一覧画面」からアプリのプレビューで「>」アイコンをクリックし、「詳細画面」に遷移し、「ごみ箱」アイコンの「OnSelect」プロパティで、次の関数式を入力します（画面86）。

```
Remove(RequestList, galBrowseRequest.Selected);
Navigate('Browse Screen')
```

※ 第3章第2節で解説したように、Remove関数は、テーブルから指定したレコードを削除します。

▼**画面86** 「ごみ箱」アイコンの「OnSelect」プロパティの実装

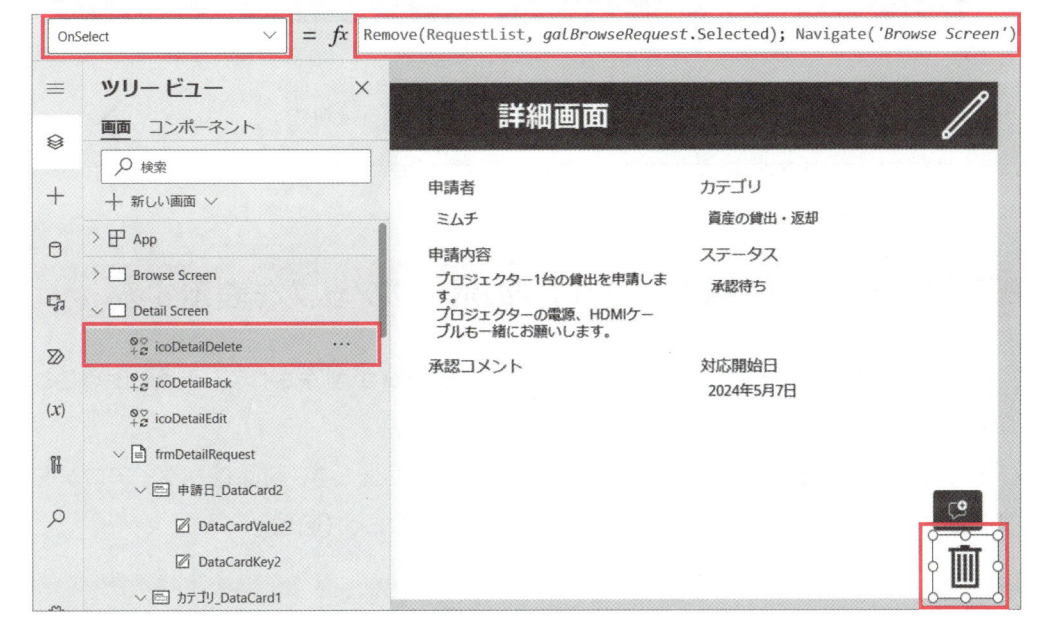

2　「アプリのプレビュー」から、「ごみ箱」アイコンをクリックすると（画面87）、一覧画面に戻り、データが削除されていることを確認します（画面88）。

▼**画面87**　「ごみ箱」アイコンをクリック

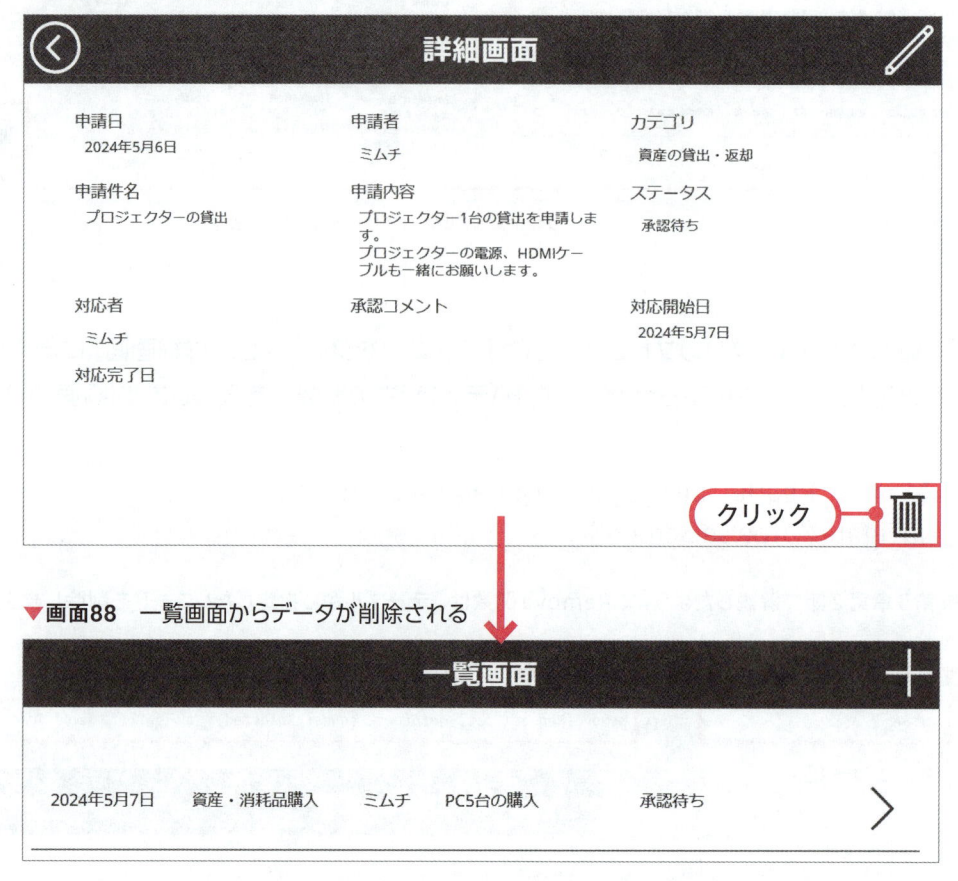

▼**画面88**　一覧画面からデータが削除される

⑧（詳細画面）確認ダイアログのポップアップを表示する

　実際の運用では、誤ってごみ箱アイコンを押してデータが削除されてしまうと困ることがあります。

　そのため、詳細画面で「ごみ箱」アイコンをクリックしたとき、削除確認ダイアログをポップアップ表示してから、データが削除できるようにしましょう（図8）。

▼**図8** 詳細画面で削除確認ダイアログ表示の実装

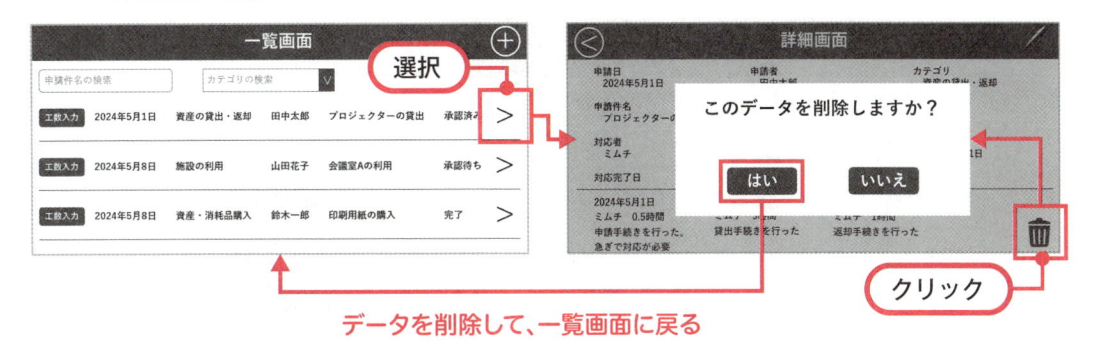

データを削除して、一覧画面に戻る

①確認ダイアログのコントロールを追加

1 再度「一覧画面」からアプリのプレビューで、「>」アイコンをクリックし、「詳細画面」に遷移します。

※ 必要であれば、いくつか追加でデータを登録しておきます。

2 詳細画面で「挿入」>「四角形」を追加し（画面89）、背景色の設定で、色：黒、カスタム：透過度を任意で設定します（画面90）。

これが、確認ダイアログ表示時の、背景になります。

▼**画面89** 詳細画面に「四角形」を追加

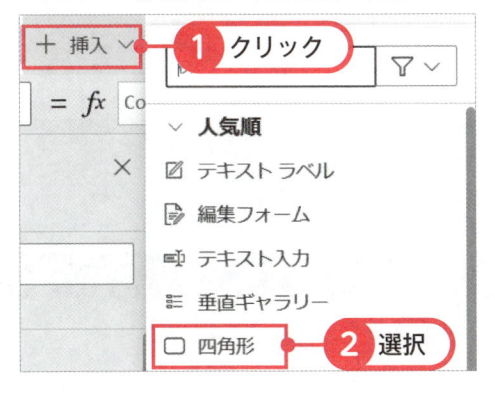

▼**画面90** 四角形の「背景色」の設定

3 「挿入」から次のコントロールを追加し、削除確認ダイアログのポップアップ画面を作ります（画面91）。

コントロール名も適切な名前に変更します。

- ・ 四角形（確認ダイアログのポップアップ、色：白）
- ・ テキストラベル（確認文章、テキスト：このデータを削除しますか？）
- ・ ボタン2つ（はい、いいえのボタン）

▼**画面91** 削除確認ダイアログのポップアップ

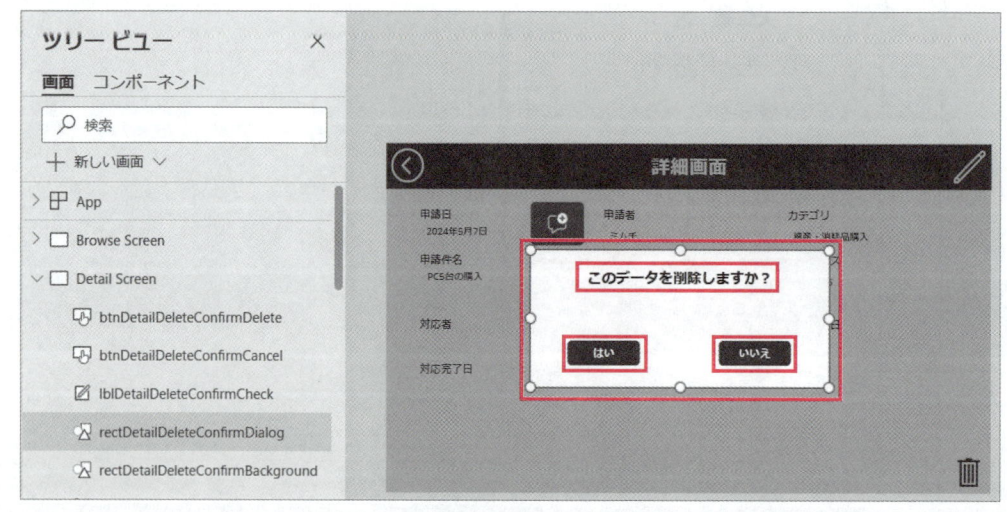

4 ツリービューから、Shift キーを押しながら、削除確認ダイアログのポップアップ表示関連のコントロールをすべて選択し、「右クリック」＞「グループ」をクリックします（画面92）。

▼**画面92** 削除確認ダイアログのコントロールをグループ化

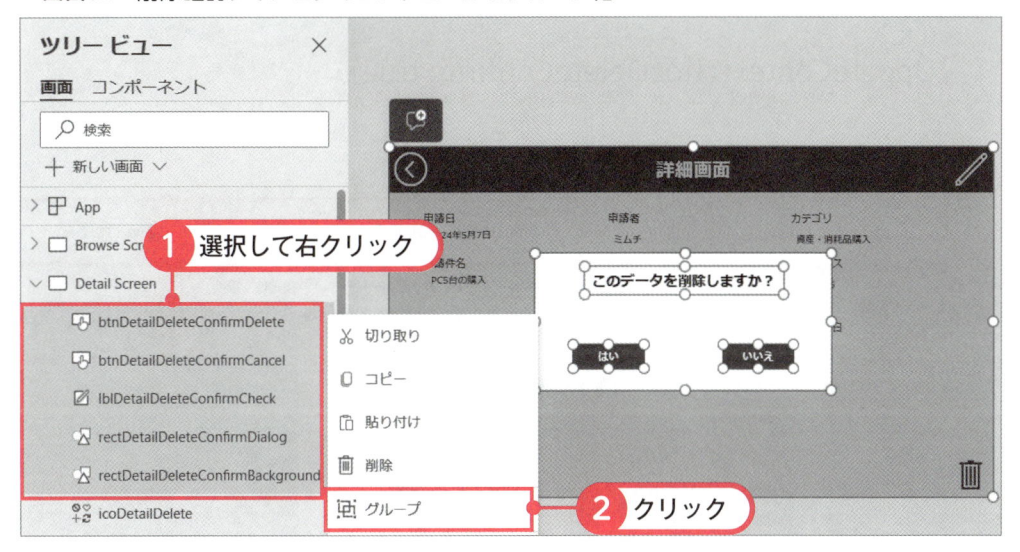

5 削除確認ダイアログのポップアップ表示関連のコントロールを、1つのグループにまとめることができます。

ツリービューからグループ名を「grpDetailDeleteConfirm」に変更します（画面93）。

▼**画面93** 削除確認ダイアログのコントロールをグループ化

②変数を使って、確認ダイアログの表示/非表示を制御

1 ツリービューから「ごみ箱」アイコンを選択し、「OnSelect」プロパティを次の関数式に変更します（画面94）。

UpdateContext({locDeleteConfirm: true})

▼**画面94**　「ごみ箱」アイコンの「OnSelect」プロパティ

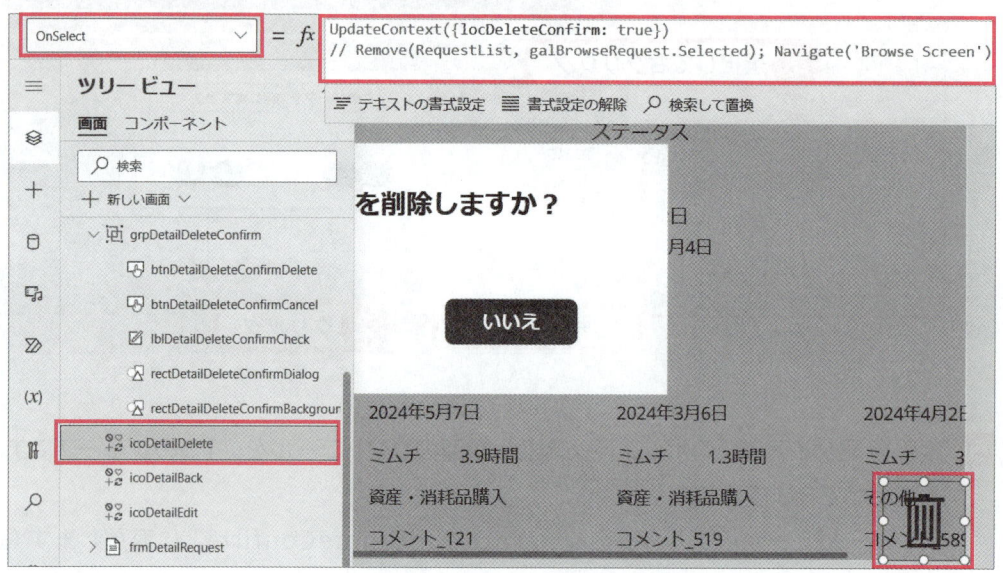

　UpdateContext関数を使うと、その画面内でのみ使えるコンテキスト変数を作成できます。

UpdateContext関数の使い方

構文 UpdateContext({変数名1: 変数の値1 [, 変数名2: 変数の値2 …]})

動作 画面内でのみ使えるコンテキスト変数を作成します。

> 💡 **関数式のコメントアウト**
>
> 　関数式の行の頭に「//」を入力すると、関数式を残したままコメントアウト（無効化）することができます。
>
> 　関数式を修正する際に、デグレード（コードの修正で他に新たな不具合が出ること）等を避けるため、コメントアウト「//」で、変更前の関数式を残しておくことがあります。
>
> 　また長い関数式の場合は、どのような実装をしているのかを記録しておくため、コメントアウトで関数式の説明文を書いておくこともあります。

2 削除確認ダイアログの「いいえ」ボタンの「OnSelect」プロパティに、次の関数式を入力します（画面95）。

> UpdateContext({locDeleteConfirm: false})

▼**画面95**　削除確認ダイアログ「いいえ」ボタンの「OnSelect」プロパティ

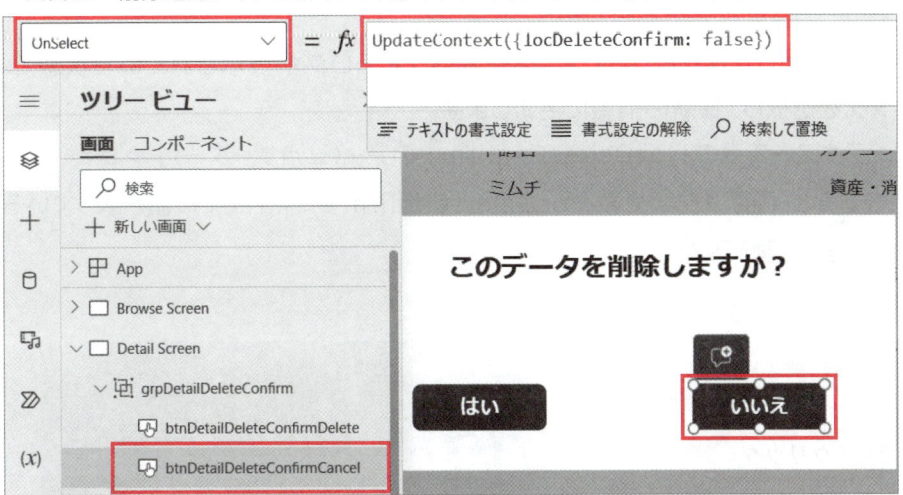

3 「grpDetailDeleteConfirm」の「Visible」プロパティに、変数「locDeleteConfirm」を入力します（画面96）。

　これにより、変数「locDeleteConfirm」の値が「true」になったときのみ、削除確認ダイアログが表示されます。

▼**画面96** 「grpDetailDeleteConfirm」の「Visible」プロパティの実装

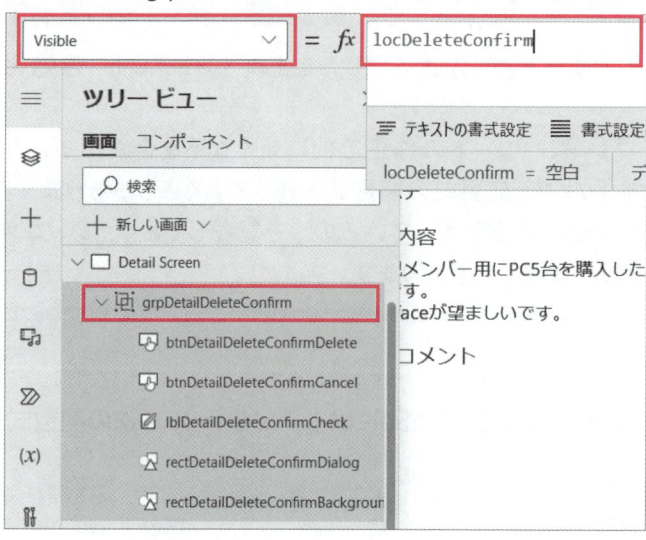

「Alt」キー＋「ごみ箱」アイコンをクリックすると、削除確認ダイアログが表示され、「Alt」キー＋「いいえ」ボタンで非表示になることを確認してみましょう。

4 「ごみ箱」アイコンをクリックして、削除確認ダイアログが表示されている状態で、「変数」タブを選択し、最新の情報に更新します。

コンテキスト変数の「locDeleteConfirm」の「…（三点リーダー）」＞ビューブール値を選択すると（画面97）、変数「locDeleteConfirm」に「true」の値が入っていることが分かります（画面98）。

▼**画面97** 「変数」タブの更新

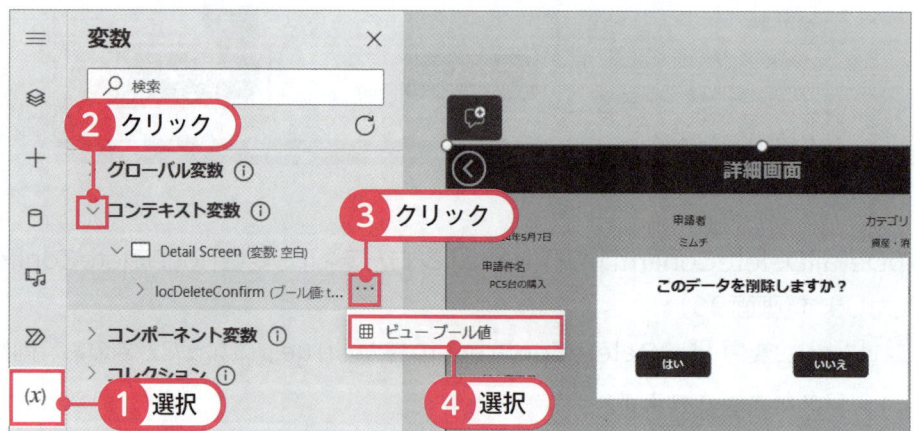

▼**画面98** 変数「locDeleteConfirm」の値

変数

アプリ内のすべての変数 (1)

∨ コンテキスト変数 ⓘ

∨ ☐ Detail Screen (変数: 空白)

locDeleteConfirm
true

locDeleteConfirm
true

5 「いいえ」ボタンをクリックすると、変数「locDeleteConfirm」の値が「false」となり、ポップアップ表示が消えることを確認しましょう。

　このように、「ごみ箱」アイコンや、「いいえ」ボタンのクリックで、変数「locDeleteConfirm」の値を「true」、「false」に切り替えます。

　そして、削除確認ダイアログ「grpDetailDeleteConfirm」の「Visible」プロパティに変数「locDeleteConfirm」を設定することで、表示/非表示を切り替えています。

「Visible」プロパティ

　「Visible」プロパティは、コントロールの表示/非表示を設定します。「true」の場合は表示され、「false」の場合は非表示になります。

　例えば、ユーザーが特定の部署の場合等、ユーザー情報の条件に応じて、表示 (true)、非表示 (false) を切り替えることもできます。

③確認ダイアログで削除機能を実装

1 「ごみ箱」アイコンをクリックし、削除確認ダイアログを表示します。

　「はい」ボタンの「OnSelect」プロパティには、次の関数式を入力します（画面99）。

```
Remove(RequestList, galBrowseRequest.Selected);
Navigate('Browse Screen');
UpdateContext({locDeleteConfirm: false});
```

▼**画面99** 削除確認ダイアログ「はい」ボタンの実装

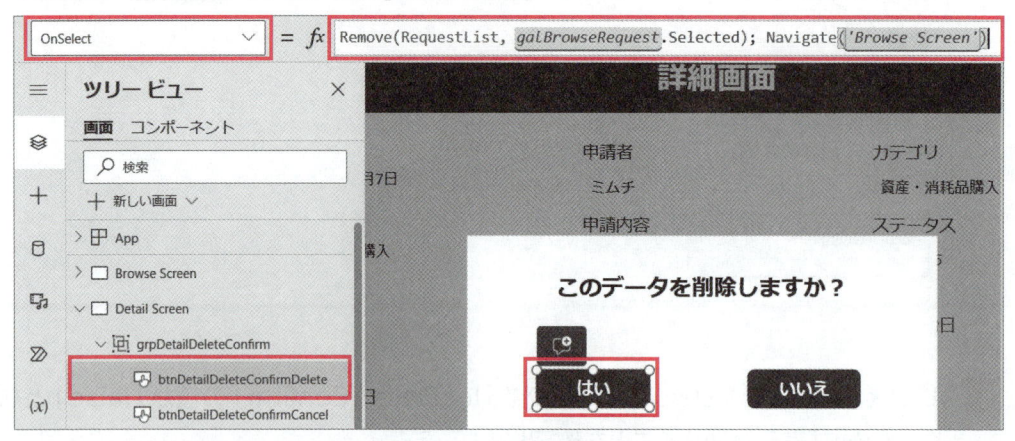

2 「アプリのプレビュー」で、動作確認してみましょう。

「ごみ箱」アイコンをクリックすると、データ削除を確認するポップアップが表示され（画面100）、「はい」をクリックすると（画面101）、一覧画面に遷移し、データが削除されることを確認します（画面102）。

▼**画面100** 「ごみ箱」アイコンをクリック

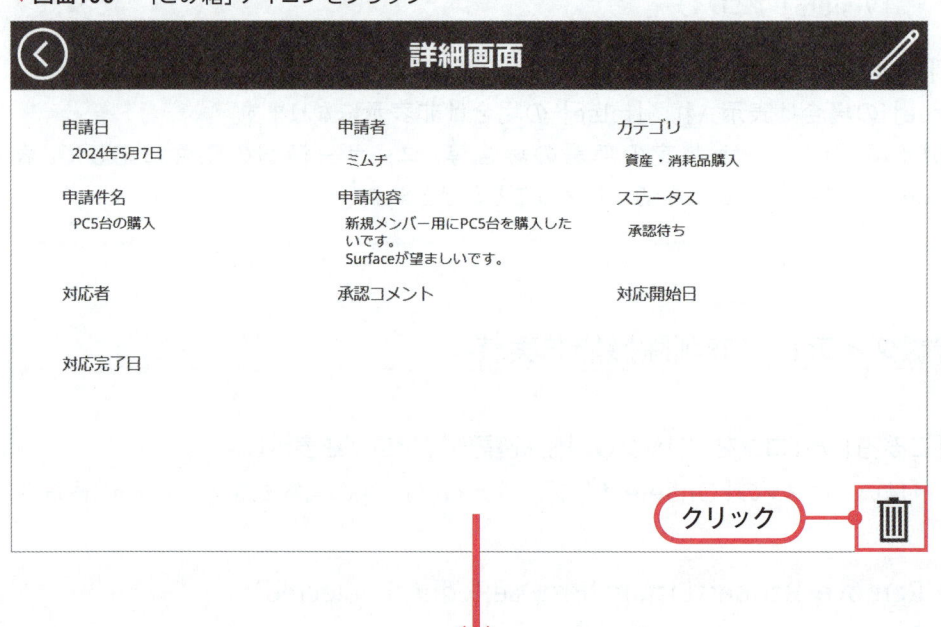

▼**画面101** 「はい」 ボタンをクリック

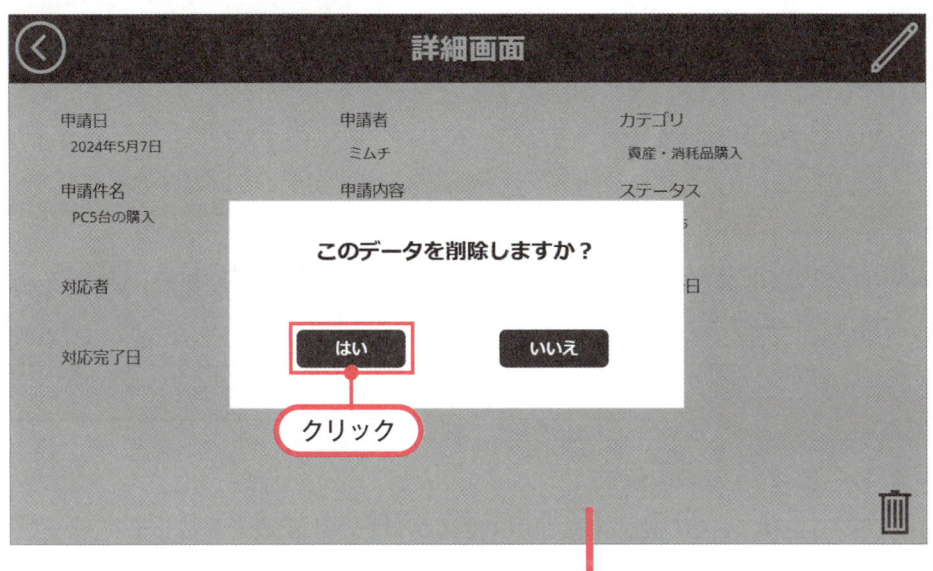

▼**画面102** 一覧画面に遷移し、データが削除されている

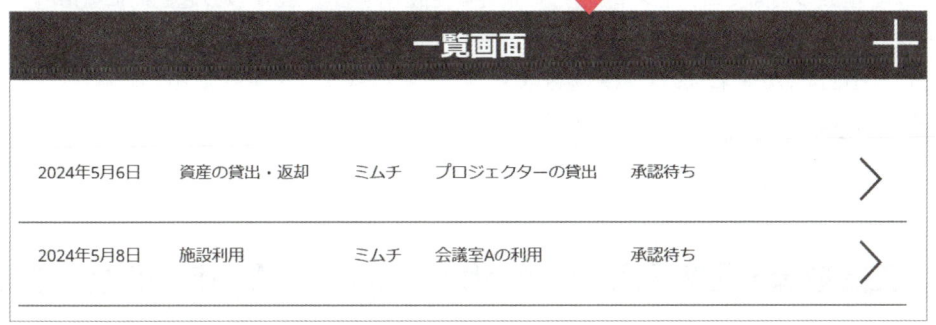

変数は、様々な場面で役立つため、ぜひ使い方を覚えましょう！

コラム　**コンテキスト変数と、グローバル変数とは？**

　Power Appsで使える変数には、主に「コンテキスト変数」と、「グローバル変数」の2種類があります。

　2つの違いは、次のようになります。

1. コンテキスト変数

構文　UpdateContext({変数名1: 変数の値1 [, 変数名2: 変数の値2…]})

動作　画面内でのみ使えるコンテキスト変数を作成します。

2. グローバル変数

構文　Set(変数名, 変数の値)

動作　アプリ全体で、どの画面でも利用できるグローバル変数を作成します。

　例えば、複数の画面でログインユーザーの情報等を使用する場合、アプリ起動時に「Set」関数を使って「グローバル変数」にログインユーザー情報を格納しておくと便利です。

　一方、一画面でしか使わない変数の場合は、「コンテキスト変数」を使いましょう。

　利用ケースに応じて、2種類の変数を使い分けることが大切です。

❾ （工数登録・更新画面）自分で作ったフォームからデータ登録する

　次に、一覧画面から工数登録・更新画面に遷移し、自分で作ったフォームから複数レコード入力した工数を一度にSharePointリストに登録できるようにしましょう（図9）。

▼**図9**　工数登録・更新画面で、複数レコードの工数登録の実装

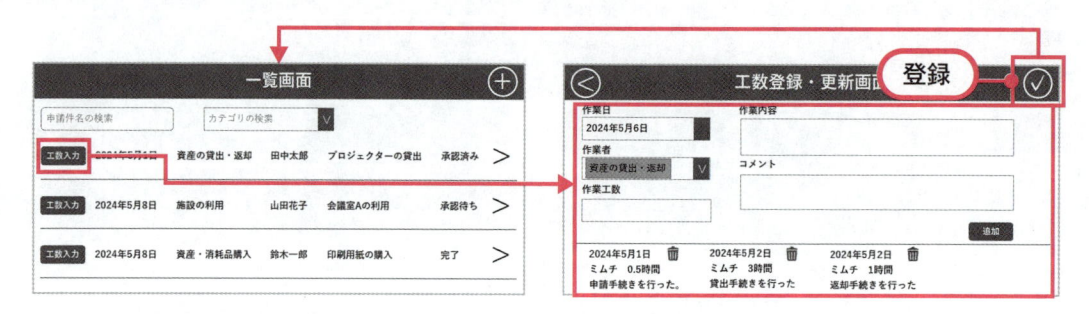

①独自の入力フォームを作成

1 「一覧画面」のギャラリーに、「工数入力」ボタンを挿入し、ボタンの「OnSelect」プロパティに、次の関数式を入力します（画面103）。

Navigate('Manhour Edit Screen')

▼**画面103** 一覧画面ギャラリー「工数入力」ボタンの「OnSelect」プロパティの実装

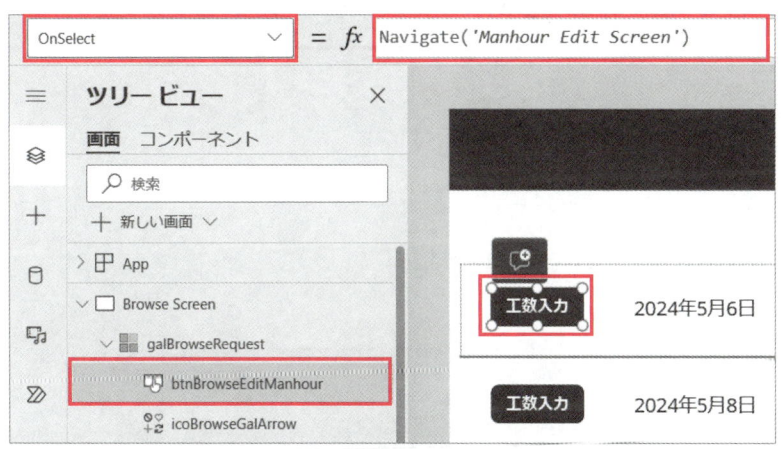

「Alt」キー＋「工数入力」ボタンをクリックし、「工数登録・更新」画面に遷移します。

2 「挿入」から次のコントロールを追加し、工数登録用の入力フォームを作成します（画面104）。

- ● テキストラベル：入力項目名の表示に使用
- ● テキスト入力：
  - ・ 作業工数列（txtManhour）
  - ・ 作業内容列（txtManhourWorkDetail）
  - ・ コメント列（txtManhourComment）
- ● 日付の選択：作業日列の選択に使用（dteManhourDate）
- ● コンボボックス：作業者列の選択に使用（cmbManhourAssignee）

▼画面104　コントロールの追加

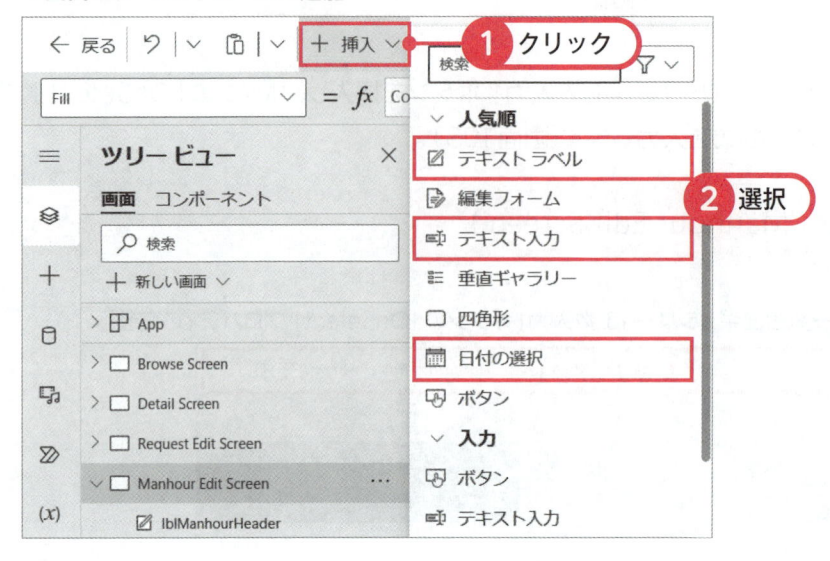

画面105のような入力フォームを作成します。

▼画面105　工数入力フォーム

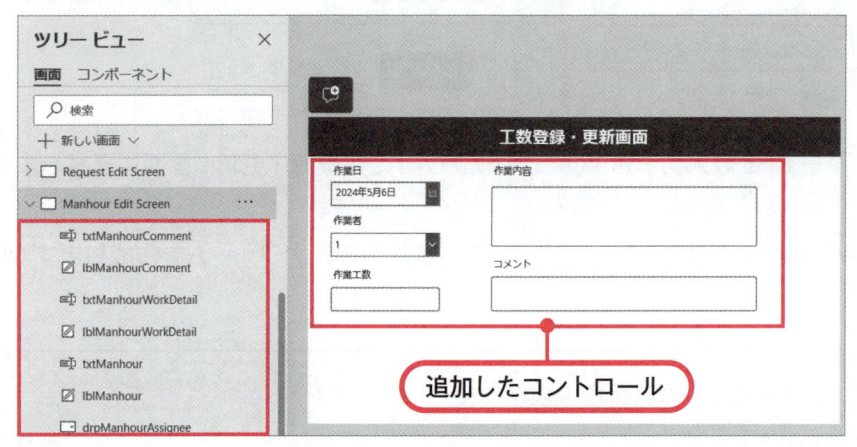

3 「作業者」列への登録用のコンボボックスで、「Items」プロパティに、次の関数式を入力し、「フィールド」の編集で、「主要なテキスト」を「DisplayName」に変更します（画面106）。

```
Choices(ManHourList.作業者)
```

▼画面106 「作業者」コンボボックスの「Items」プロパティの実装

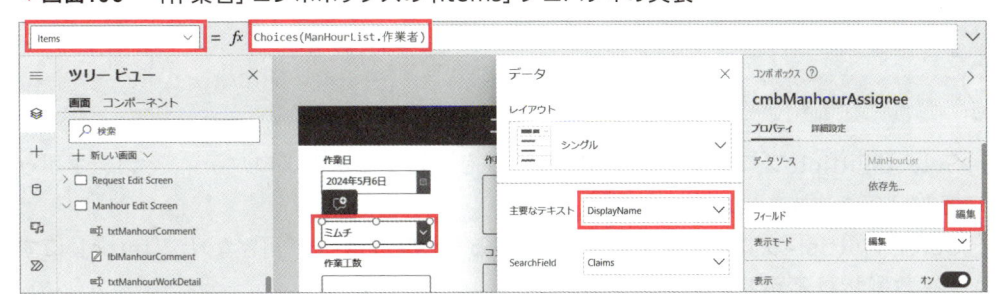

Choices関数は、次のような構文で使うことができ、SharePointリストの選択肢等を取得することができます。

Choices関数の使い方

構文 Choices(データソースの選択肢列等, [テキストフィルタ (オプション)])

動作 ユーザーが選択可能な選択肢の一覧を返す。

4 「作業工数」の「テキスト入力」はプロパティで、書式を「数値」に設定します(画面107)。

▼画面107 「作業工数」テキスト入力の「書式」設定

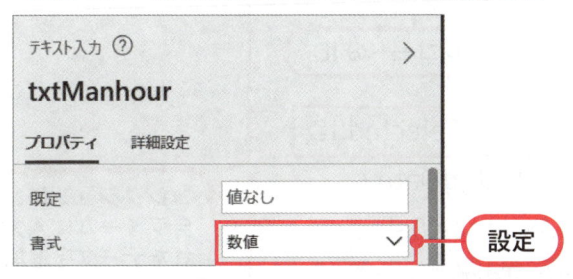

5 「作業内容」と「コメント」の「テキスト入力」はプロパティで、モードを「複数行」に設定します(画面108)。

▼画面108 「作業内容」、「コメント」テキスト入力の「モード」設定

6 「作業者」の「コンボボックス」は「SelectMultiple」プロパティを、「false」に設定します。

> **SelectMultipleプロパティとは？**
>
> SelectMultipleプロパティは、複数選択肢を許可するかのプロパティで、コンボボックスで設定できます。
>
> SelectMultipleプロパティを「true」にすると、複数選択が可となり、「false」にすると、複数選択は不可となります。
>
> 今回「作業者」は、SharePointリスト側で複数選択を不可としているため、SelectMultipleプロパティもfalseに設定します。

②コレクションを作成し、入力データを追加

1 追加ボタンを挿入し（画面109）、「OnSelect」プロパティに次の関数式を入力します（画面110）。

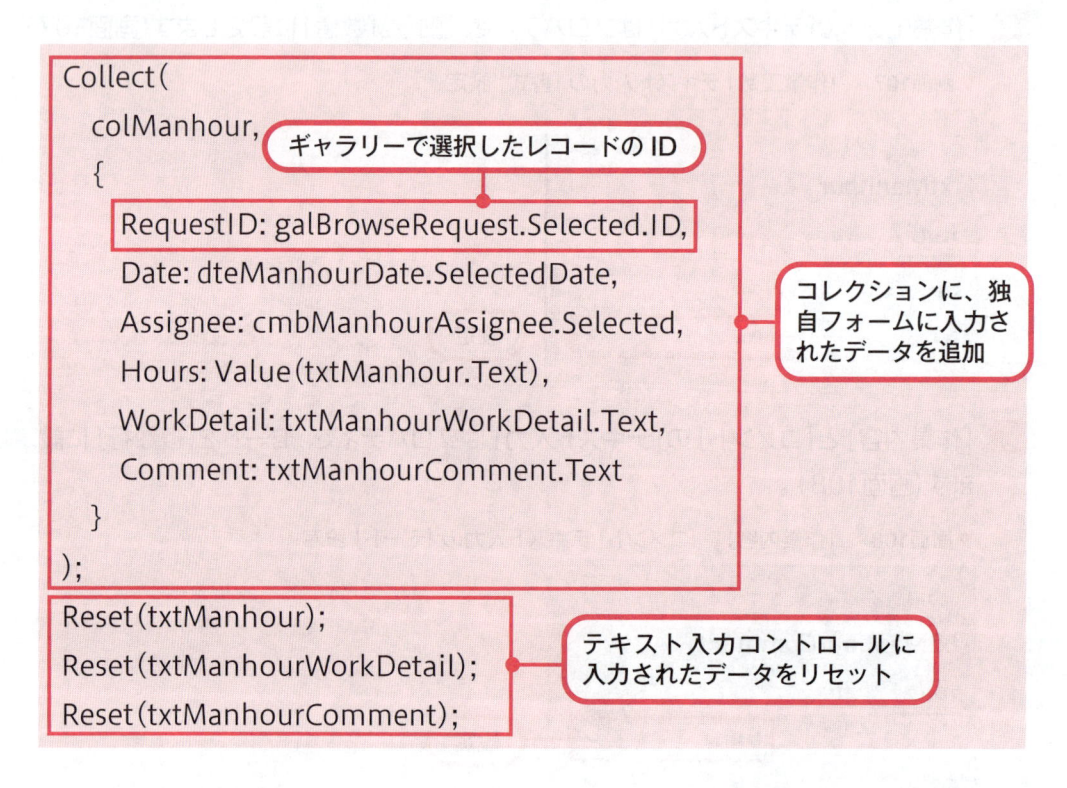

```
Collect(
    colManhour,
    {
        RequestID: galBrowseRequest.Selected.ID,
        Date: dteManhourDate.SelectedDate,
        Assignee: cmbManhourAssignee.Selected,
        Hours: Value(txtManhour.Text),
        WorkDetail: txtManhourWorkDetail.Text,
        Comment: txtManhourComment.Text
    }
);
Reset(txtManhour);
Reset(txtManhourWorkDetail);
Reset(txtManhourComment);
```

ギャラリーで選択したレコードのID

コレクションに、独自フォームに入力されたデータを追加

テキスト入力コントロールに入力されたデータをリセット

▼**画面109**　「追加」ボタン

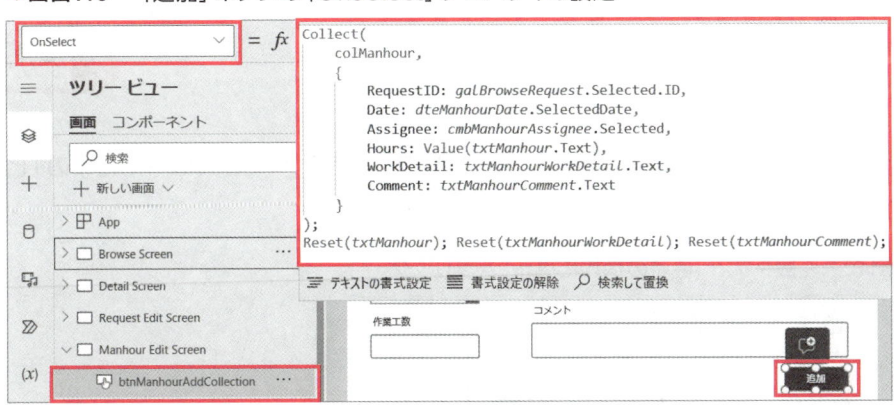

▼**画面110**　「追加」ボタンの「OnSelect」プロパティの設定

```
Collect(
    colManhour,
    {
        RequestID: galBrowseRequest.Selected.ID,
        Date: dteManhourDate.SelectedDate,
        Assignee: cmbManhourAssignee.Selected,
        Hours: Value(txtManhour.Text),
        WorkDetail: txtManhourWorkDetail.Text,
        Comment: txtManhourComment.Text
    }
);
Reset(txtManhour); Reset(txtManhourWorkDetail); Reset(txtManhourComment);
```

　Collect関数を使うことで、コレクション（テーブル型変数）にレコードを追加することができます。

※コレクションの列名は、SharePointリストの列の内部名を指定します。

Collect関数の使い方

構文　Collect(コレクション名, 追加するレコードまたはテーブル)

動作　コレクションにレコードを追加します。コレクションが存在しない場合、新しくコレクションが作成されます。

　また、Reset関数を使うことで、コントロールに入力した値をリセットすることができます。

2　実際に「アプリのプレビュー」から、データを入力し、「追加」ボタンをクリックし、いくつかコレクションにデータを登録してみます（画面111）。

▼画面111　入力フォームに入力し「追加」ボタンをクリック

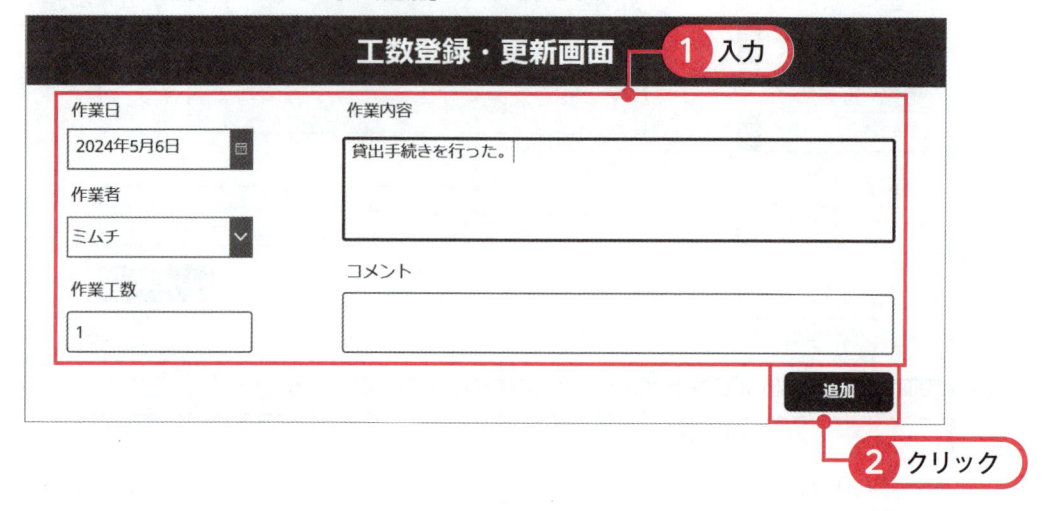

3　「変数」タブで「最新の情報に更新」し、「コレクション」＞「colManhour」の「ビューテーブル」を確認します（画面112）。

▼画面112　変数タブで「最新の情報に更新」をクリック

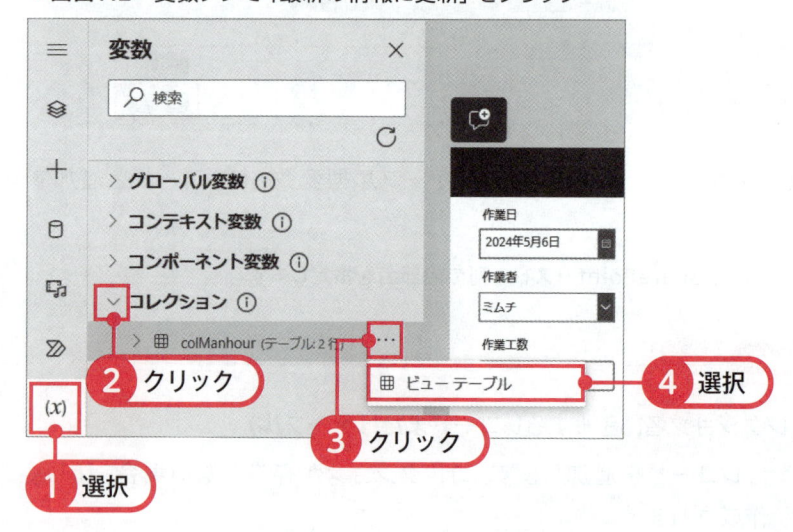

4 コレクション「colManhour」に、入力したデータが入っていることが分かります（画面113）。

▼**画面113**　コレクション「colManhour」のデータ

③コレクションのデータをギャラリーに表示

1 コレクションのデータを表示するため、「挿入」＞「空の水平ギャラリー」を追加し、「Items」プロパティに「colManhour」と入力します（画面114）。

▼**画面114**　水平ギャラリーの「Items」プロパティの実装

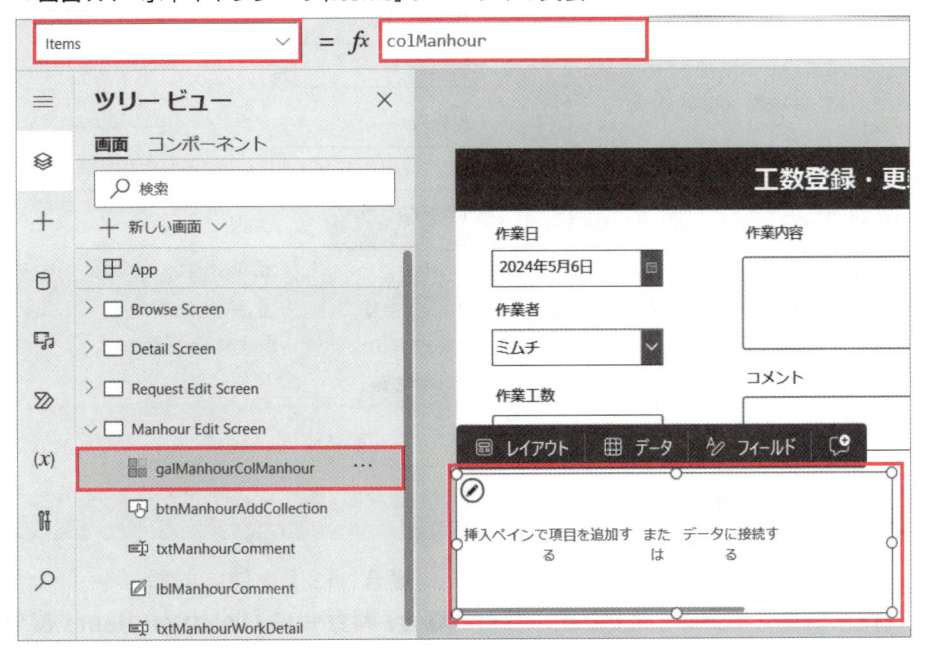

2 通常のギャラリーと同様の方法で、「テキストラベル」を挿入し、次のようにデータを表示してみましょう（表2、画面115）。

▼**表2** ギャラリーに表示するテキストラベルの設定

作業日	ThisItem.Date
作業者	ThisItem.Assignee.DisplayName
作業時間	ThisItem.Hours & "時間"
作業内容	ThisItem.WorkDetail
コメント	ThisItem.Comment

▼**画面115**　水平ギャラリーにテキストラベルを追加

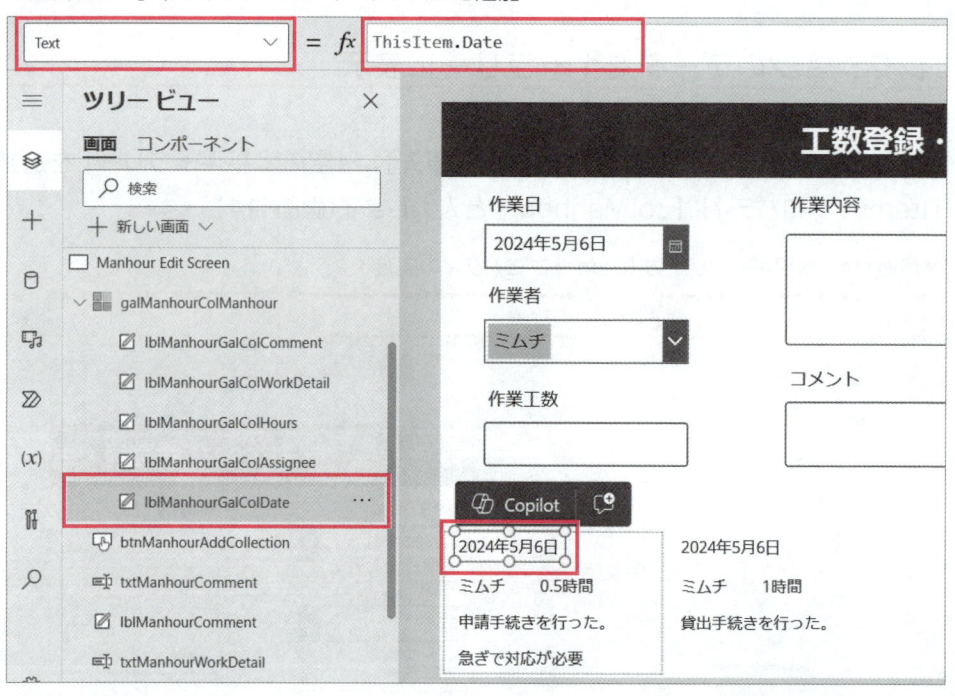

 文字列を連結する

テキストラベルで、文字列を連結して表示したい場合、「&」を使います。

例えば作業時間を「○○時間」と表示したい場合、関数式に「ThisItem.Hours & "時間"」と入力します。

"時間"は文字列なので、「" "」（ダブルコーテーション）で囲う点に注しましょう。

3 画面116のように、コレクションのデータをギャラリーで表示できました。

▼**画面116**　水平ギャラリーでコレクションのデータを表示

④コレクションのデータをSharePointリストに登録

1 ヘッダーの左右に、「＜（戻る）」アイコンと、「✓（チェック）」アイコンを挿入します（画面117）。「＜（戻る）」アイコンの「OnSelect」プロパティには「Back()」を入力しましょう。

▼**画面117**　「＜（戻る）」アイコンと、「✓（チェック）」アイコンを追加

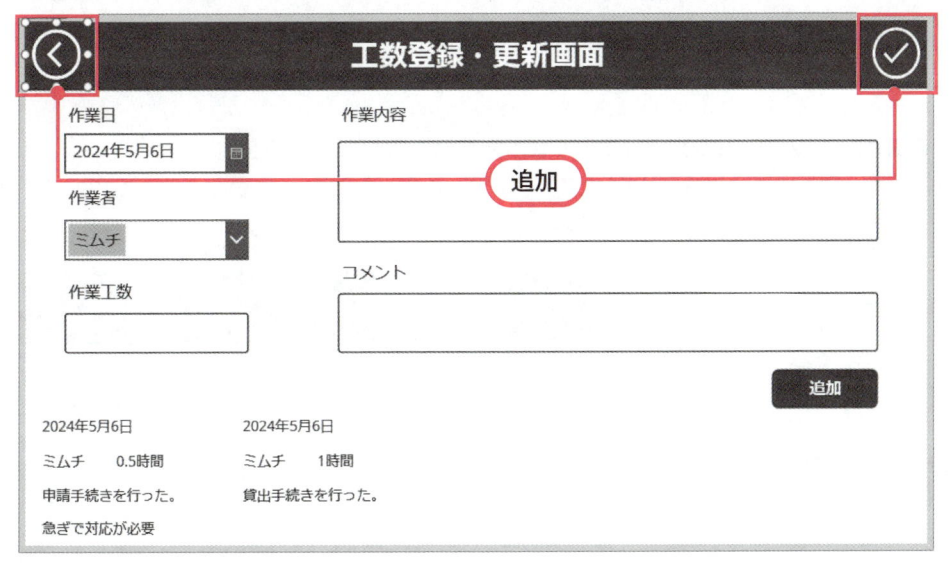

2 「✓（チェック）」アイコンの「OnSelect」プロパティに、次の関数式を入力します（画面118）。

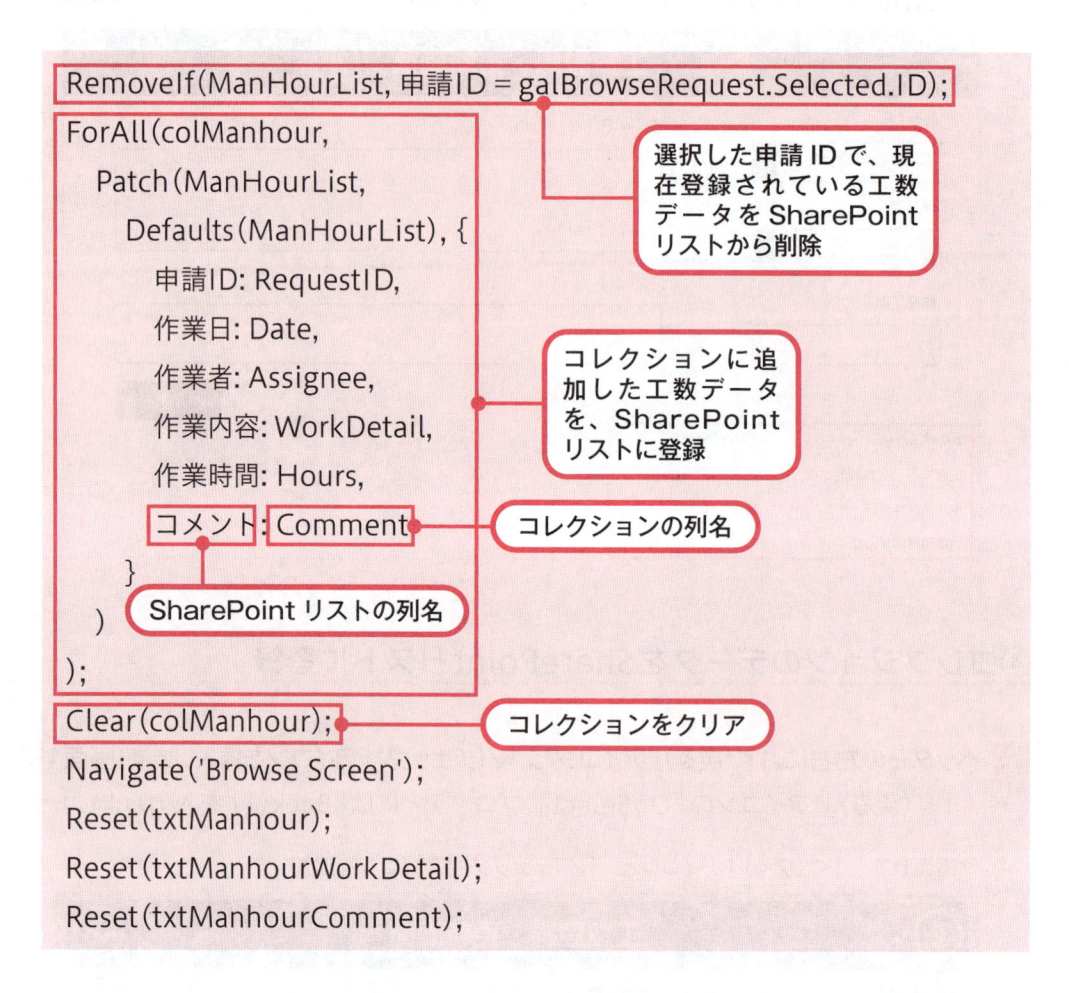

```
RemoveIf(ManHourList, 申請ID = galBrowseRequest.Selected.ID);
ForAll(colManhour,
    Patch(ManHourList,
        Defaults(ManHourList), {
            申請ID: RequestID,
            作業日: Date,
            作業者: Assignee,
            作業内容: WorkDetail,
            作業時間: Hours,
            コメント: Comment
        }
    )
);
Clear(colManhour);
Navigate('Browse Screen');
Reset(txtManhour);
Reset(txtManhourWorkDetail);
Reset(txtManhourComment);
```

選択した申請IDで、現在登録されている工数データをSharePointリストから削除

コレクションに追加した工数データを、SharePointリストに登録

コレクションの列名

SharePointリストの列名

コレクションをクリア

▼**画面118**　「✓（チェック）」アイコンの「OnSelect」プロパティの実装

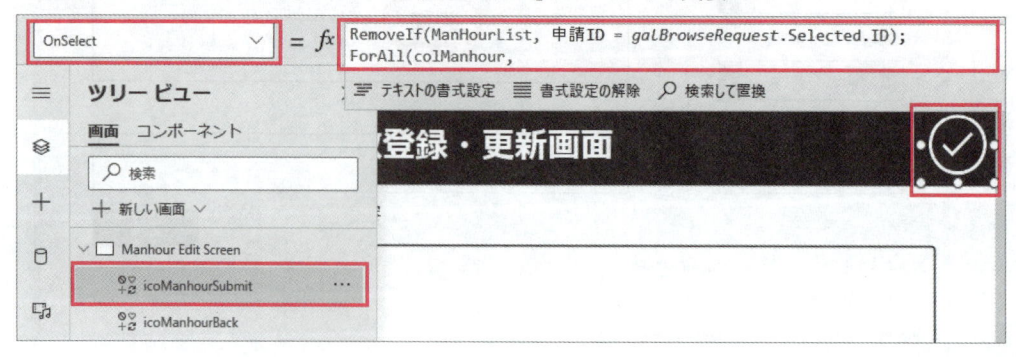

3 いくつかデータを「追加」ボタンでコレクションに追加し、「✓」アイコンでSharePoint
リストに登録してみます。

ForAll()関数とPatch関数を使うと、複数のレコードを一度に登録することができます。

ForAll、Patch関数の使い方

構文 ForAll(コレクション, Patch(データソース, Defaults(データソース),
{列名1: 値1, 列名2: 値2…}))

Patch(データソース, コレクション)

動作 複数のレコードを一度にデータソースに登録する

コレクションを登録する際、ForAll関数は不要？

コレクションとデータソースの構造が一致する場合、ForAll関数を使わなくても、
Patch(SharePointリスト名, コレクション名)で、複数データを登録することができま
す。

今回の場合もForAll関数を使わなくても登録できますが、実装でよく使うForAll関数
を使った登録方法を練習しました。

⑤ SharePointリストのデータから、コレクションを作成

1 「工数登録・更新画面」で、「Manhour Edit Screen」をクリックし、「OnVisible」プ
ロパティに、次の関数式を入力します（画面119）。

```
ClearCollect(colManhour,
    Filter(ManHourList, 申請ID = galBrowseRequest.Selected.ID)
)
```

ここでは、Filter関数を使って、ManHourList（SharePointリスト）で、申請ID列
が、一覧画面のギャラリーで選択したIDと一致するデータに絞り込んでいます。

▼**画面119**　「工数登録・更新画面」の「OnVisible」プロパティの実装

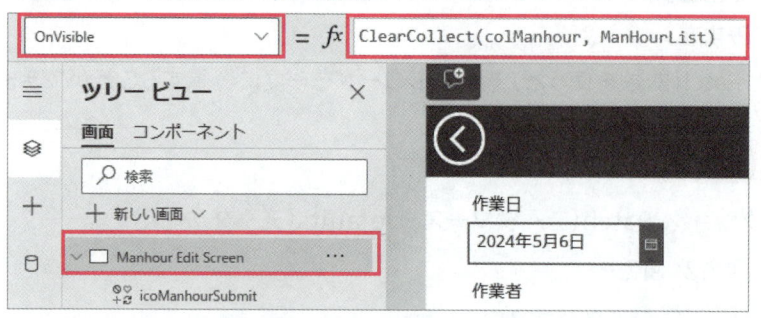

　「OnVisible」プロパティは、画面が表示されたときに関数式が実行されます。

　「ClearCollect」関数は、コレクションをクリアした後、新規に作成する関数で、次のような構文で使います。

ClearCollect関数の使い方

構文　ClearCollect(コレクション名, コレクションに追加するレコードまたはテーブル)
動作　コレクションをクリアした後、新規にコレクションを作成する

　これらの関数式で、工数登録・更新画面を起動したとき、既に登録されている工数データがあった場合、コレクション「colManhour」にデータを格納し、ギャラリーに表示させるようにします。

2　「アプリのプレビュー」で「一覧画面」から、工数登録したレコードの「工数入力」ボタンをクリックし（画面120）、「工数登録・更新画面」に遷移します。

　すると、ギャラリーに、SharePointリストに登録済のデータの内、申請IDが一覧画面で選択したレコードのIDと一致するデータが表示されます（画面121）。

▼画面120　「一覧画面」の「工数入力」ボタンをクリック

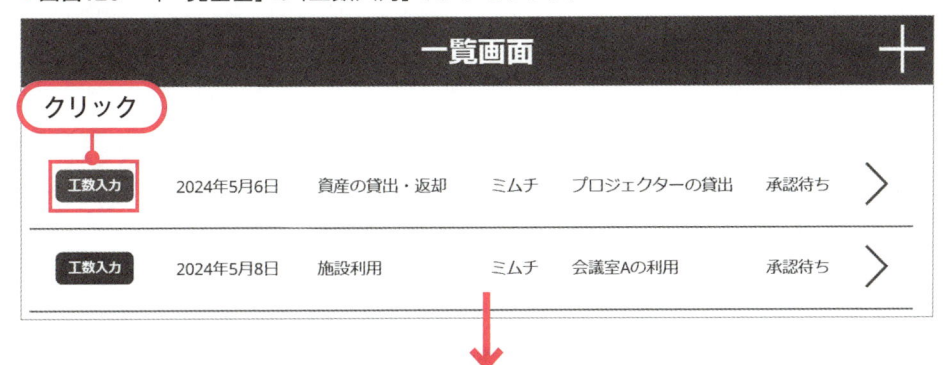

▼画面121　「工数登録・更新画面」で登録済みの工数が表示

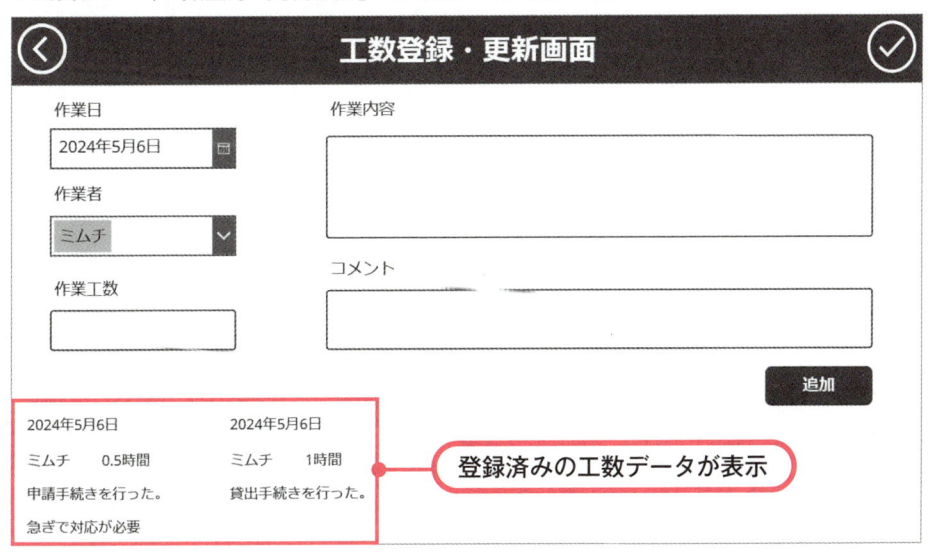

3　「変数」タブからコレクション「colManhour」を選択すると（画面122）、SharePoint
リストに登録されている、同じ申請IDのデータがコレクションに格納されていることが
分かります（画面123）。

※「追加」ボタンでCollect関数式を使う際も、このコレクションと同じ列名（列の内部名）で、デー
タを追加する必要があります。

▼**画面122**　「変数」タブのコレクションを確認

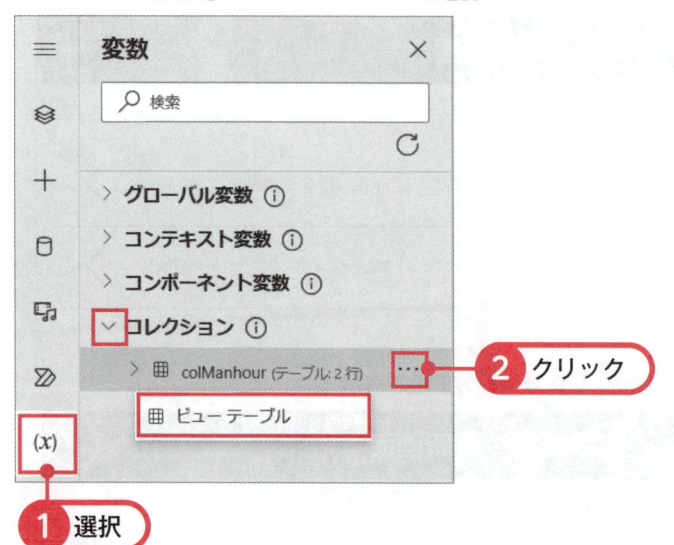

▼**画面123**　コレクション「colManhour」のデータを表示

4　「アプリのプレビュー」で、データを入力し、「追加」ボタンをクリック後、「√」アイコンをクリックし、追加で工数を登録できることも確認します。

⑥詳細画面で工数データを表示

1　一覧画面から、工数を登録したデータの「＞（右）」アイコンをクリックし、詳細画面に遷移します。

2　詳細画面で、「工数登録・編集画面」のギャラリーをコピーして、貼り付けます（画面124）。
※新規にギャラリーを作成してもよいです。

▼画面124　水平ギャラリーを「詳細画面」にコピー

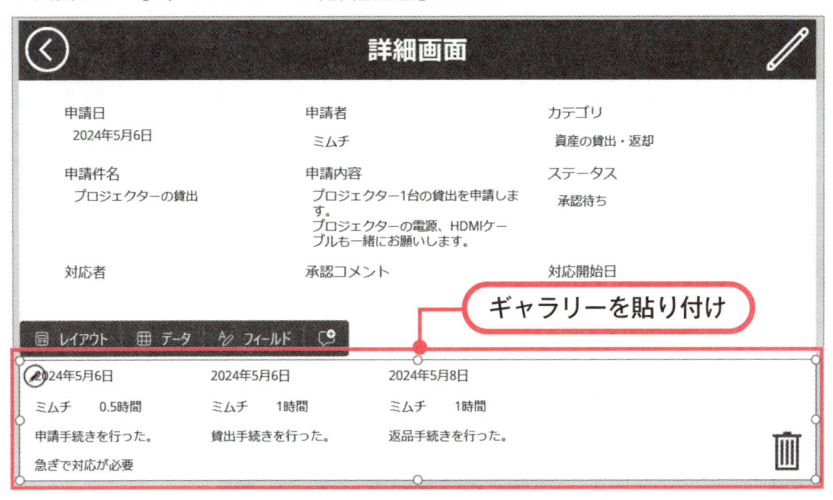

3　水平ギャラリーの「Items」プロパティを次の関数式に書き換えると（画面125）、登録された工数データが詳細画面に表示されます。

$$\text{Filter}(\text{ManHourList}, 申請ID = \text{galBrowseRequest.Selected.ID})$$

▼画面125　水平ギャラリーの「Items」プロパティの実装

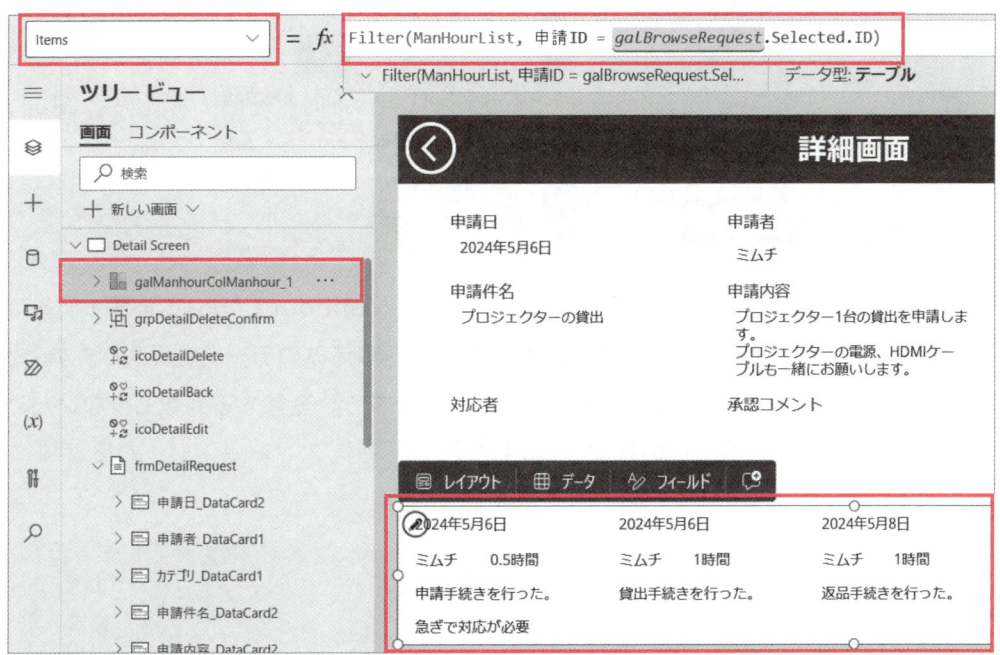

⑦コレクションからデータを削除

1 一覧画面から、「工数入力」ボタンをクリックし、「工数登録・更新画面」に遷移します。
　登録済のデータを削除できるようにするため、ギャラリーのレコード内に「ごみ箱」アイコンを挿入し、「OnSelect」プロパティに、次の関数式を入力します（画面126）。

Remove(colManhour, ThisItem)

▼**画面126**　「ごみ箱」アイコンの「OnSelect」プロパティの実装

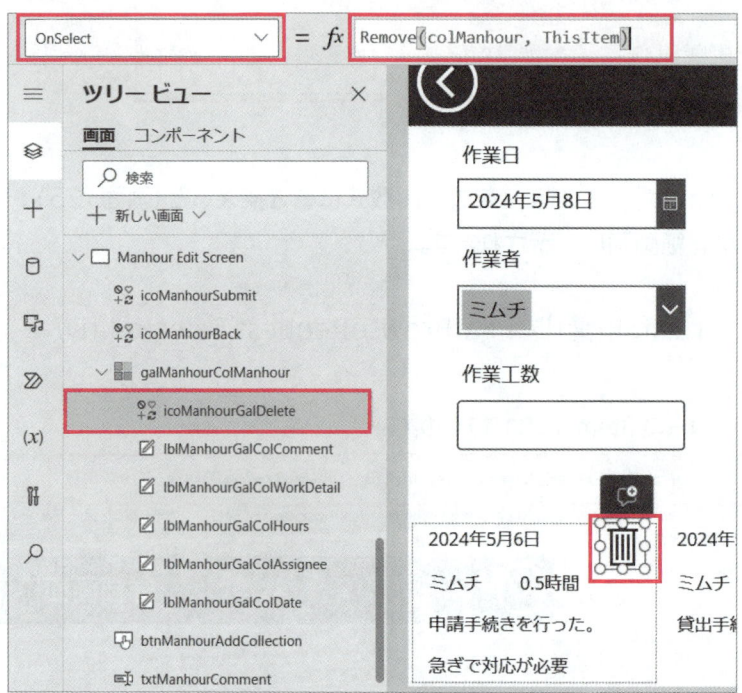

　Remove関数を使うことで、コレクション「colManhour」から「ごみ箱」アイコンをクリックしてデータを削除し、「✓」アイコンで、削除済みのデータを反映します。

　ギャラリー内で編集機能をつけることもできますが、登録する列数も少ないため、今回はシンプルに削除機能のみ実装しました。

2 アプリのプレビューで、工数登録・更新画面の「ごみ箱」アイコンで、いくつかの工数データを削除した後（画面127）、「✓」アイコンで登録し（画面128）、一覧画面に遷移します。
　一覧画面で、工数データを削除したデータの「＞（右）」アイコンをクリックして（画面129）詳細画面に遷移し、工数データの変更が反映されていることを確認します（画面130）。

▼**画面127**　「ごみ箱」アイコンをクリックし、コレクションから工数データを削除

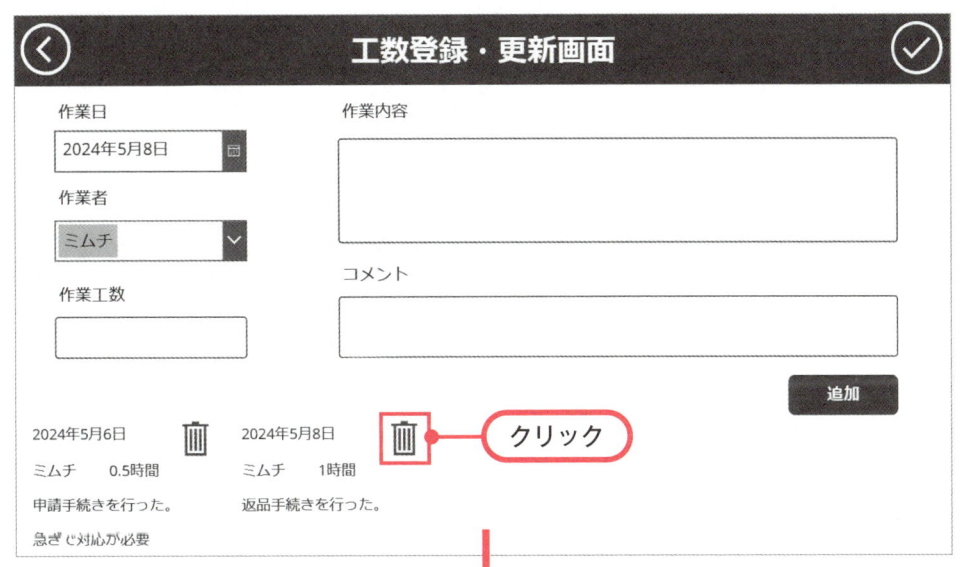

▼**画面128**　「✓」アイコンをクリックし、工数データをSharePointリストに登録

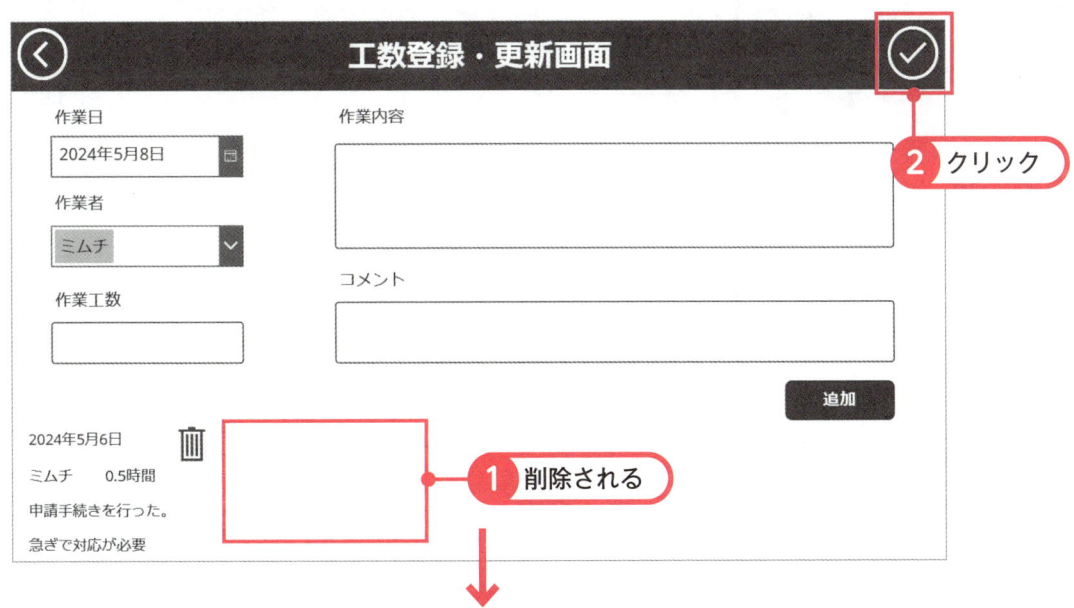

▼画面129　一覧画面で工数データを変更したデータを選択

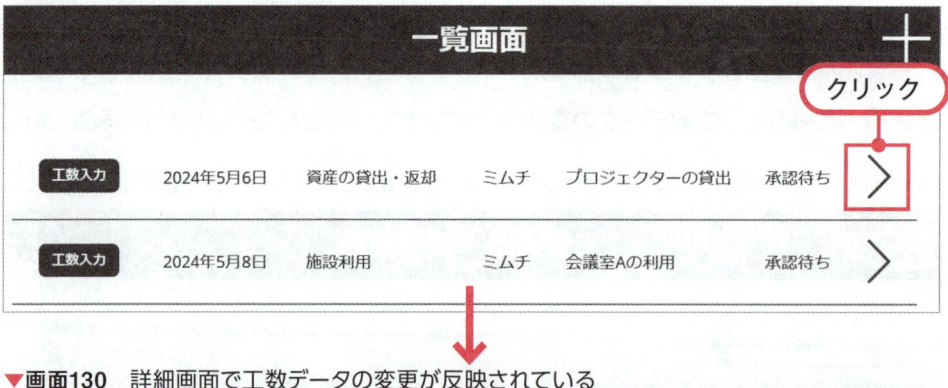

▼画面130　詳細画面で工数データの変更が反映されている

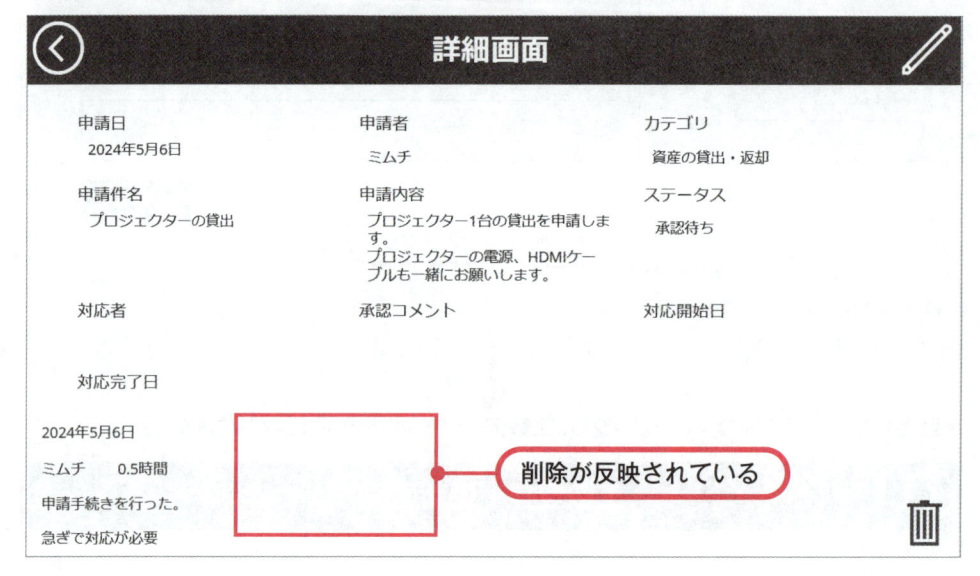

これで、コレクションを使った「工数登録・更新」機能も実装できました。

❿（一覧画面）データの検索やフィルターをする

　最後に、「一覧画面」の「ギャラリー」に表示している「RequestList」を、申請件名や、カテゴリ、ステータスで検索やフィルターをかけられるようにします（図10）。

▼図10　一覧画面で、検索やフィルターの実装

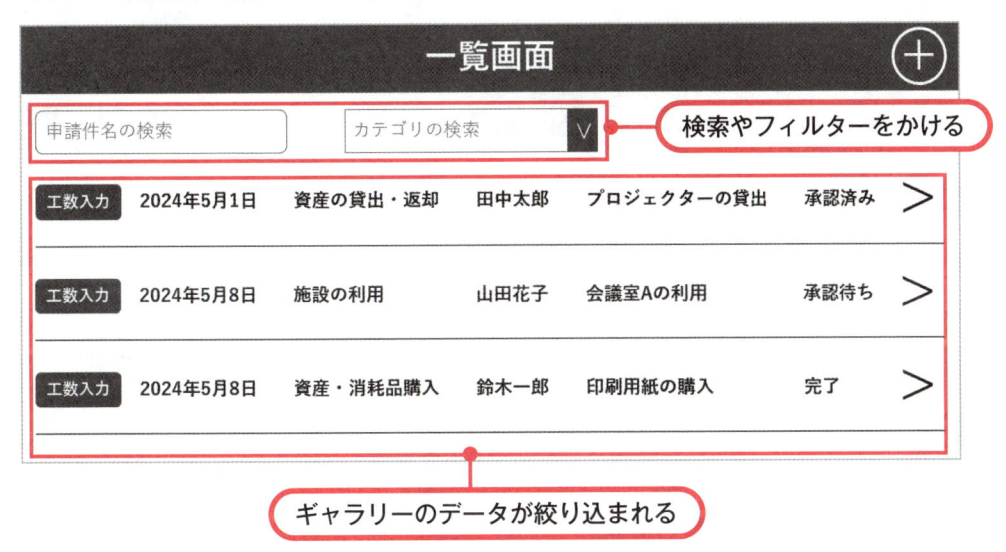

①1つの選択肢でフィルターする

1　「一覧画面」で、「ドロップダウン」コントロールを挿入し、コントロール名を「drpBrowseCategoryFilter」に変更します。

　ドロップダウンのItemsプロパティに、次の関数式を入力します（画面131）。

```
Choices(RequestList.Category)
```

▼**画面131**　ドロップダウンの「OnSelect」プロパティの実装

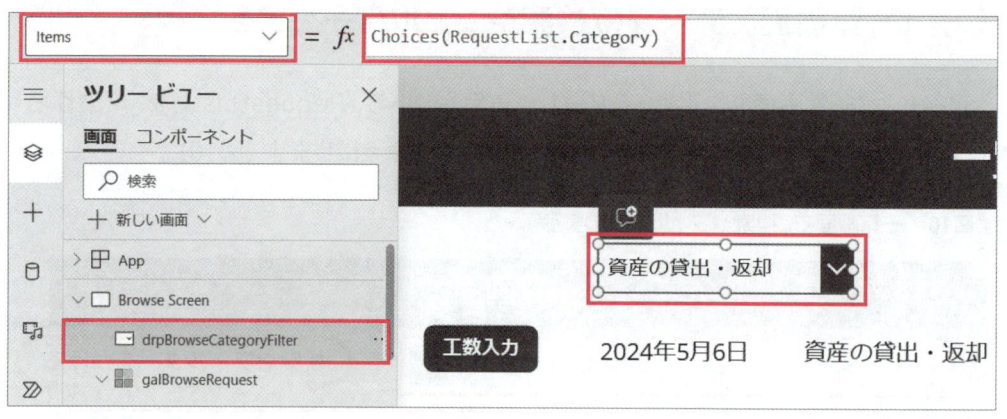

2 ギャラリーの「Items」プロパティに次の関数式に書き換えます（画面132）。

> Filter（RequestList, カテゴリ.Value = drpBrowseCategoryFilter.
> Selected.Value）

「アプリのプレビュー」から、ドロップダウンで選択したカテゴリで、ギャラリーのレコードが絞られることを確認します。

▼**画面132**　ギャラリーの「Items」プロパティの実装

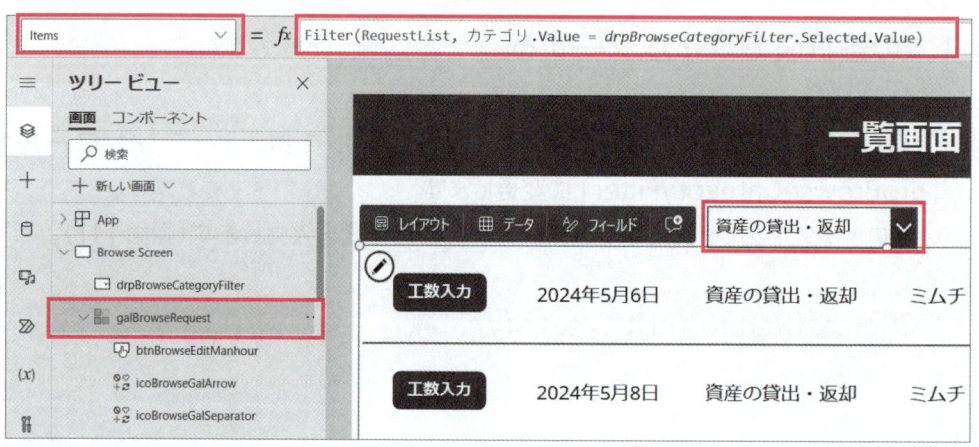

3 ドロップダウンで、何も選択しない状態を許可するには、ドロップダウンコントロールの「AllowEmptySelection」プロパティを「true」にします。

一度選択したドロップダウンを空に戻すときは、選択されている項目を再度選択します。

4 ドロップダウンで、何も選択しない状態にすると、ギャラリーに何も表示されなくなるため、ギャラリーの「Items」プロパティを次のように書き換えます（画面133）。

If(IsBlank(drpBrowseCategoryFilter.Selected.Value),
RequestList,
Filter(RequestList, カテゴリ.Value = drpBrowseCategoryFilter.Selected.Value)
)

▼画面133 ギャラリーの「Items」プロパティの実装

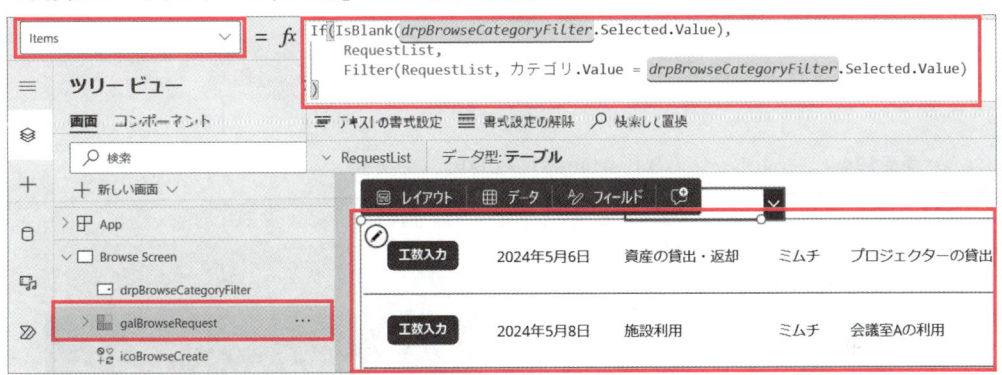

If関数は、次のような構文で使うことができ、条件に当てはまるかどうかで返す値を変えられます。

If関数の使い方

構文 If（条件式, trueの場合に返す値 [, falseの場合に返す値（オプション）]）

If（条件式1, trueの場合に返す値1 [, 条件式2, trueの場合に返す値2 …[, falseの場合に返す値（オプション）]]）

動作 1つ以上の条件をテストし、結果がtrueの場合とfalseの場合で返す値を設定できます

　またIsBlank関数は、値が空白の場合は「true」、空白でない場合は「false」を返す関数です。

　すなわちこの関数式で、ドロップダウンの値が空白の場合（true）、RequestList（全件）を表示し、そうでない場合（false）は、RequestListでドロップダウンで選択したカテゴリに絞ったデータを表示しています。

　これにより、ドロップダウンの選択肢が空の場合は、「RequestList」の全データを表示するように実装できました。

②複数の選択肢でフィルターする

1 ドロップダウンコントロールを削除し、新しく「コンボボックス」を追加して、コントロール名を「cmbBrowseCategoryFilter」に変更します。
　コンボボックスの「Items」プロパティに次の関数式を入力します（画面134）。

Choices(RequestList.Category)

▼**画面134**　コンボボックスの「Choices」プロパティの実装

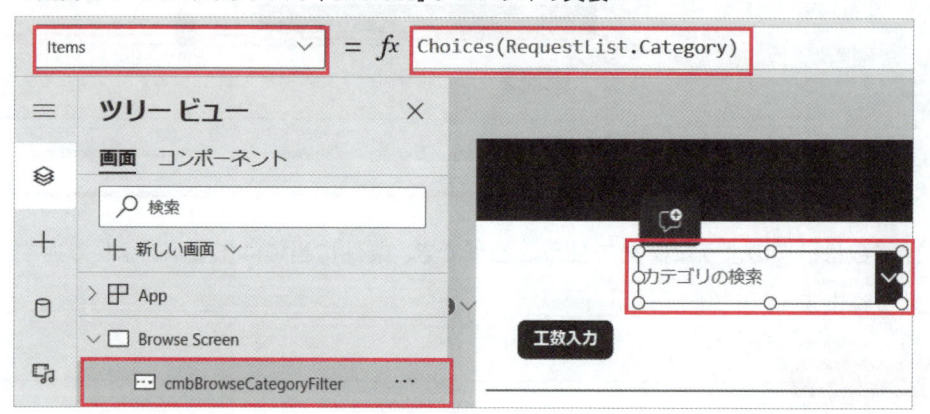

コンボボックスと、ドロップダウンの違い

　コンボボックスを使うと、選択肢の検索や、選択肢の複数選択をすることができます。

　ドロップダウンではこれらの機能はサポートされていないため、複数選択をしたい場合や、ユーザー列等で検索したい場合は、コンボボックスを使いましょう。

2　ギャラリーの「Items」プロパティに次の関数式を入力します（画面135）。

Filter(RequestList, **カテゴリ in cmbBrowseCategoryFilter.SelectedItems**)

▼**画面135**　ギャラリーの「Items」プロパティの実装

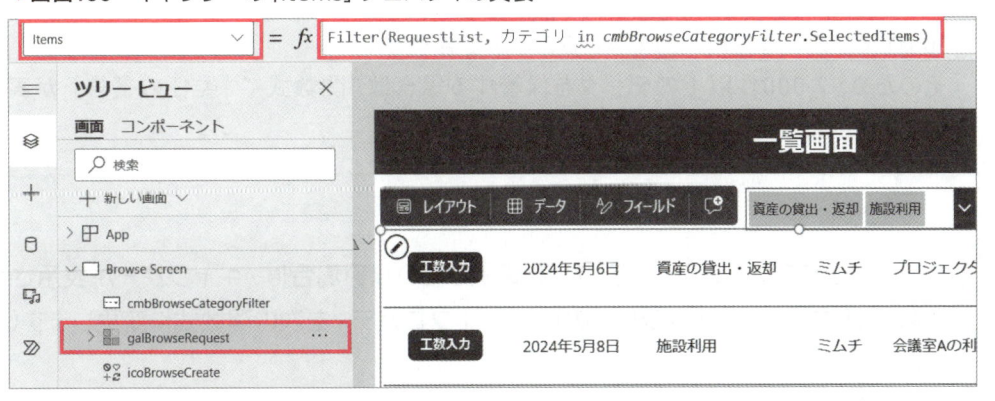

in演算子とは？

in演算子は、テーブルやコレクション等に文字列が含まれているかを検索できます

3　「アプリのプレビュー」から、コンボボックスでいくつかのカテゴリを選択し、ギャラリー
のレコードが絞られることを確認します。

> **委任の警告**
>
> ギャラリーの「Items」プロパティの関数式で「in」の部分に波線が表示されます。
> 　関数式を選択し、「in」の部分にカーソルを当てると、画面のように「委任の警告」が
> 表示されます。
>
> **▼画面　関数式の委任の警告**
>
>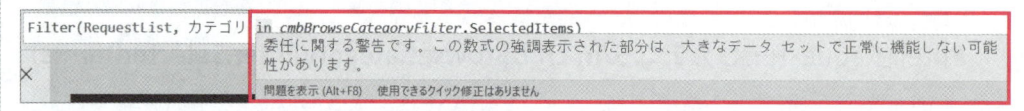
>
> 　委任の警告が出る関数は、第4章第1節で解説したように、データソースから、最大で
> 2,000件までのレコードしか取得することができません。
> 　そのため、2,000件以上のデータを保管する場合は、関数式で「委任の警告」が表示
> されないように注意してください。

4　コンボボックスでも、何もカテゴリを選択していない場合は、ギャラリーが表示されな
くなってしまうため、ギャラリーの「Items」プロパティを次の関数式に変更します（画面
136）。

```
If(
    IsBlank(cmbBrowseCategoryFilter.SelectedItems)||
    IsEmpty(cmbBrowseCategoryFilter.SelectedItems),     ← 条件式
    RequestList,     ← 条件が True だった場合
    Filter(RequestList, カテゴリ in cmbBrowseCategoryFilter.
    SelectedItems)
)
        ↑ 条件が False だった場合
```

▼画面136 ギャラリーの「Items」プロパティの実装

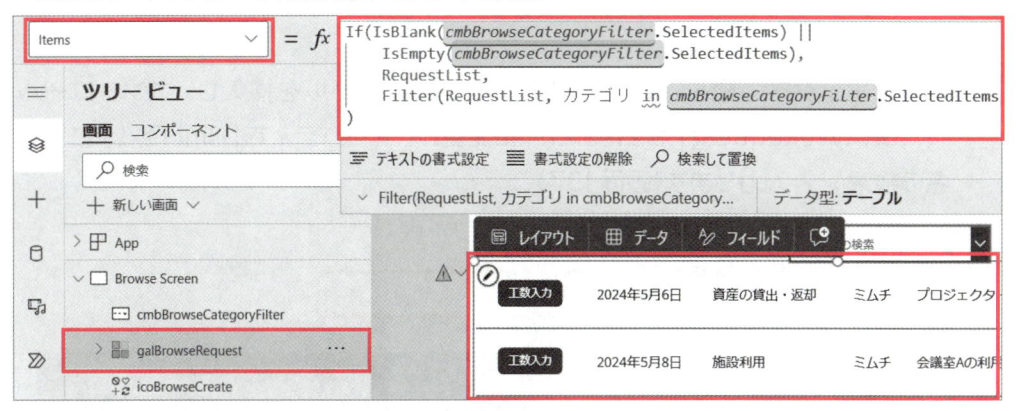

IsEmpty関数は、データに何も入っていない場合は「true」、データが入っている場合は「false」を返す関数です。

また、「||」はOR（または）の条件で使うことができます。

すなわち、コンボボックスに何もデータが入ってない場合か、空白の場合は「RequestList」の全データを表示し、そうでない場合はコンボボックスで選んだカテゴリのデータを表示します。

コンボボックスで何も選択していない場合も、ギャラリーにデータが表示されることを確認します。

IsEmpty関数と、IsBlank関数

最初に画面を起動した際、コンボボックスに何も入っていない状態は、「空白」と判定されるため、IsBlank関数式の結果が「true」となります。

しかし、一旦コンボボックスで何か選択した後、再び選択肢を削除して何も選択しない状態にすると、IsBlank関数式の結果は「false」になります。

この時、IsEmpty関数式の結果は「true」になるため、2つの関数式を「||」（OR）条件で使っています。

因みに、IsBlankはデータが「空白」かを判定し、IsEmptyはデータが「何も入っていない」かを判定するものです。

③検索ボックスに入力して検索する

1 コンボボックスの隣に、「テキスト入力」コントロールを挿入し、コントロール名を「txtBrowseRequestTitleSearch」に変更し、プロパティで「HintText」に「"申請件名の検索"」と入力します（画面137）。

▼**画面137** テキスト入力コントロールの追加

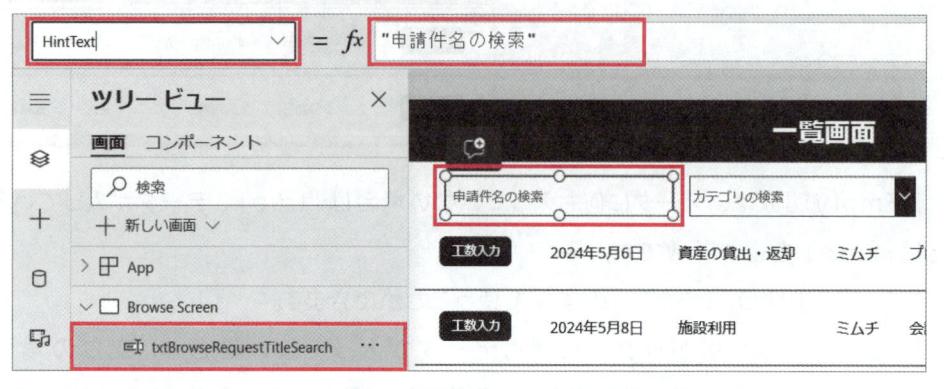

2 ギャラリーの「Items」プロパティに次の関数式を入力します（画面138）。

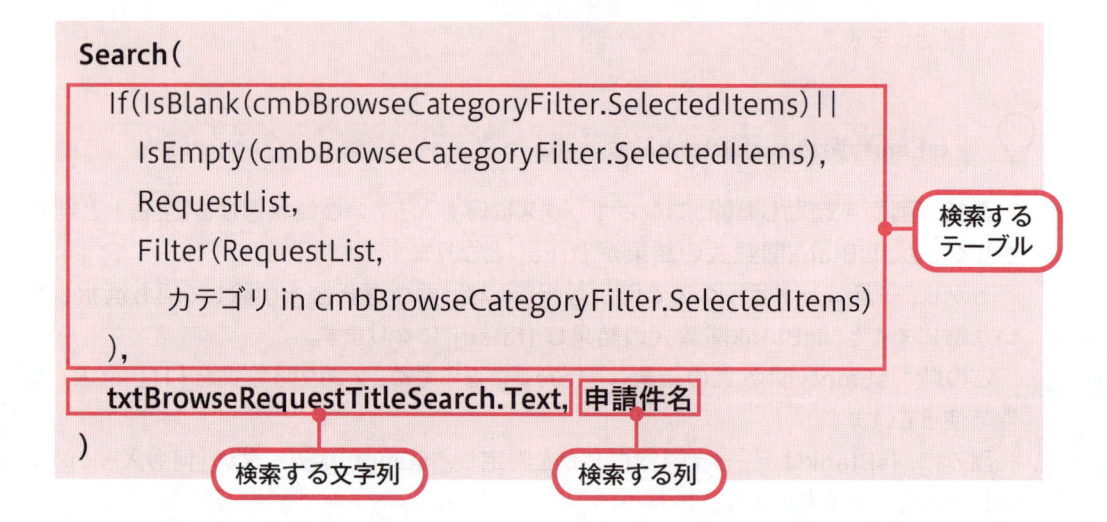

```
Search(
    If(IsBlank(cmbBrowseCategoryFilter.SelectedItems)||
       IsEmpty(cmbBrowseCategoryFilter.SelectedItems),
       RequestList,
       Filter(RequestList,
          カテゴリ in cmbBrowseCategoryFilter.SelectedItems)
    ),
    txtBrowseRequestTitleSearch.Text, 申請件名
)
```

検索するテーブル

検索する文字列　　検索する列

▼**画面138**　ギャラリーの「Items」プロパティの実装

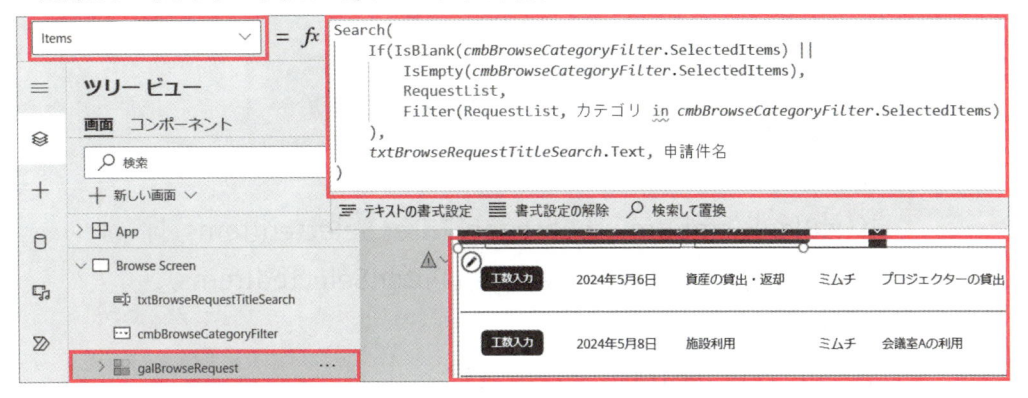

Search関数の使い方

構文　Search(テーブル, 検索文字列, 列1 [, 列2…])
動作　いずれかの列に文字列を含むテーブルのレコードを検索します。

　この関数式では、前のステップで作成したIF文の関数式を対象に、「申請件名」列に、テキスト入力コントロールに入力した値が入っているレコードを検索しています。

　ちなみに、Search関数もSharePointリストでは委任できない関数なので、注意しましょう。

3 コンボボックスでの絞り込みと、テキスト入力による検索で、ギャラリーのレコードが絞り込みできることを確認します（画面139）。

▼**画面139**　コンボボックスと検索ボックスで、ギャラリーの絞り込み

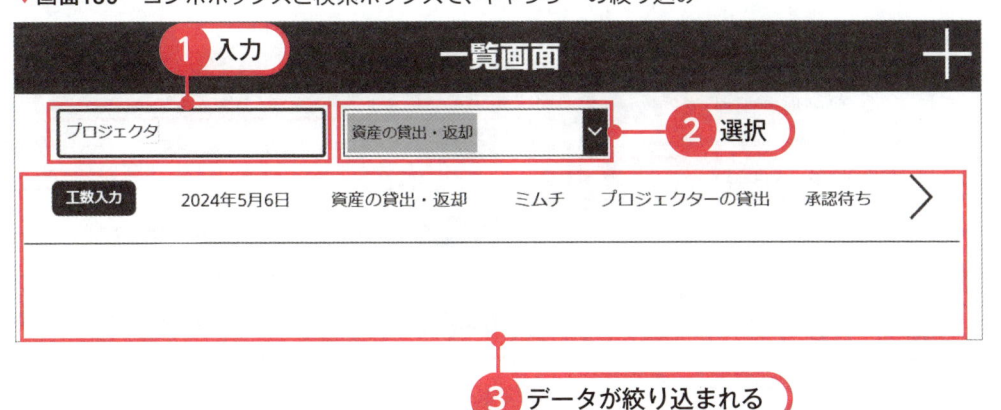

4 また、例えばギャラリーを申請日に日付順に、降順で表示したい場合は、画面140のように SortByColumns 関数を使います。

ソートするテーブル

```
SortByColumns(
  Search(
    If(IsBlank(cmbBrowseCategoryFilter.SelectedItems)||
      IsEmpty(cmbBrowseCategoryFilter.SelectedItems),
      RequestList,
      Filter(RequestList,
        カテゴリ in cmbBrowseCategoryFilter.SelectedItems)
    ),
    txtBrowseRequestTitleSearch.Text, 申請件名
  ),
  "RequestDate", SortOrder.Descending
)
```

ソートする列   ソート順（降順）

▼**画面140** ギャラリーを特定の列で降順/昇順に並べ替え

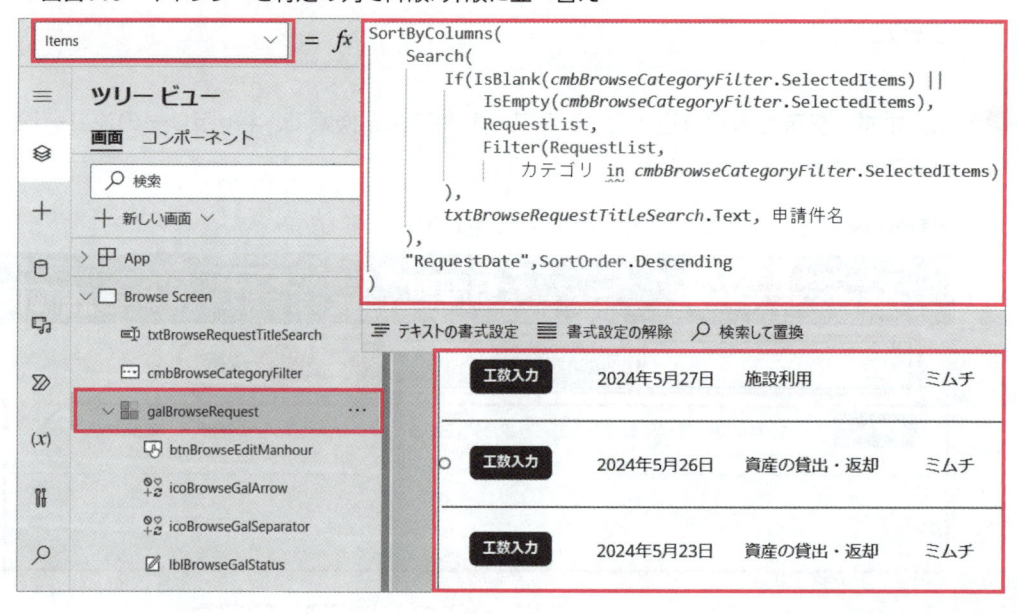

SortByColumns関数の使い方

構文　SortByColumns(テーブル, 列1 [, ソート順1, 列2, ソート順2, …])

動作　1つ以上の列で、テーブルを並べ替えることができます。

　　ここでは、前のステップで作成したSearch関数式全体を、さらにSortByColumns
で囲い、RequestDate列で、降順（Descending）に並べ替えています。

※昇順に並べ替えたい場合は、「SortOrder.Ascending」と書きます。

お疲れ様でした！

これでPower Appsの「申請アプリ」は、一通りの機能の実装が完了しました。

4 テスト アプリの動作を確認する

　総務部のミムチは、ついにPower Appsで「申請アプリ」を完成させることができました。

　アプリをリリースしてメンバーに共有する前に、最終動作確認のテストを行うことにしました。

　「…う〜む。要件通りの機能は実装できていますが、もう少し改善したいところもありますな…」

アプリの設計通りには動くのですが、何だか色々と改善点が出てきましたぞ…

アプリの改善要望は、後からどんどん出てくると思うので、テスト段階ではクリティカルな内容でなければ、一旦リリースして後でまた改修してもOKです。

テストフェーズでは、アプリが仕様通り動くかと、アプリが本来の目的を達成しているかの2つの観点で確認することが大事です！

　Power Appsでアプリを作成する際、最も重要なステップの1つが「テストフェーズ」です。

　テストフェーズでは、主に次の内容を確認していきます。

テストフェーズで確認すること

1. アプリの要件と設計に沿っているか確認する
2. アプリが業務改善の目的を達成するか確認する
3. 急ぎでない改善点は次の改修に回す

1 アプリの要件と設計に沿っているか確認する

　この段階では、開発したアプリが第5章第1節〜2節で検討した「要件」と「設計」に沿って正しく動作するかを確認します。

　テストフェーズでは、要件と設計を元に、アプリの各機能が正しく動作するかを確認していきます。

　具体的には、次のような点をチェックします。

チェックのポイント

・各画面が設計通りのレイアウトで表示されているか

・ボタンやアイコンのクリックが正しく動作するか

・入力フォームでデータが適切に入力・保存されるか

・条件に応じて正しい処理が行われるか

・エラーが発生しないか、発生した場合は適切に処理されるか

　これらの確認を行うために、簡単なテストケースを作成すると効果的です。

　テストケースとは、テストする内容と手順、期待される結果を記載したドキュメントです。

　テストケースに沿ってテストを行うことで、網羅的かつ効率的にアプリの動作を確認できます。

　動作確認の結果、要件や設計との差異が見つかった場合は、修正を行います。

　修正後、再度テストを行い、問題がないことを確認します。

　このように、要件と設計に沿った動作確認は、アプリの品質を保証するために欠かせないプロセスです。

　みなさんもテストの重要性を理解し、テストケースも活用しながら、リリース前に必ずテストを行うことを心がけましょう。

コラム　Power Appsのテストを自動化しよう！

　Power Appsでアプリ開発をする際、テストは欠かせないプロセスです。

　しかし手動でのテストは時間がかかり、特にアジャイル開発で、短い周期でアプリ改修を行う場合、テストに時間がかかってリリース時期が遅れてしまえば本末転倒ですし、2～3週間ごとに手動でのテストを繰り返し行うのも大変です。

　Power Appsの「テストスタジオ」というツールを使うと、アプリのテストを自動化することができきます。

　「テストスタジオ」でアプリの画面遷移や、入力、ボタンクリック等の操作を記録し、再生することで、テストの実行が可能です。

　「テストスタジオ」は、Power Apps編集画面の「高度なツール」＞「テスト」から開くことができます（画面1）。

▼画面1　テストスタジオの起動

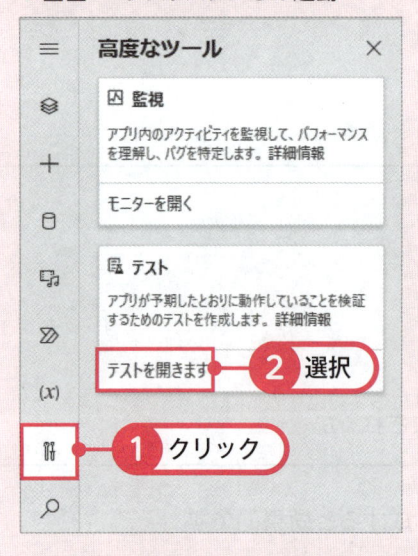

　「テストスタジオ」の編集画面で、アプリの操作を記録し、記録した操作を実行できます（画面2）。

▼画面2　テストの記録と実行

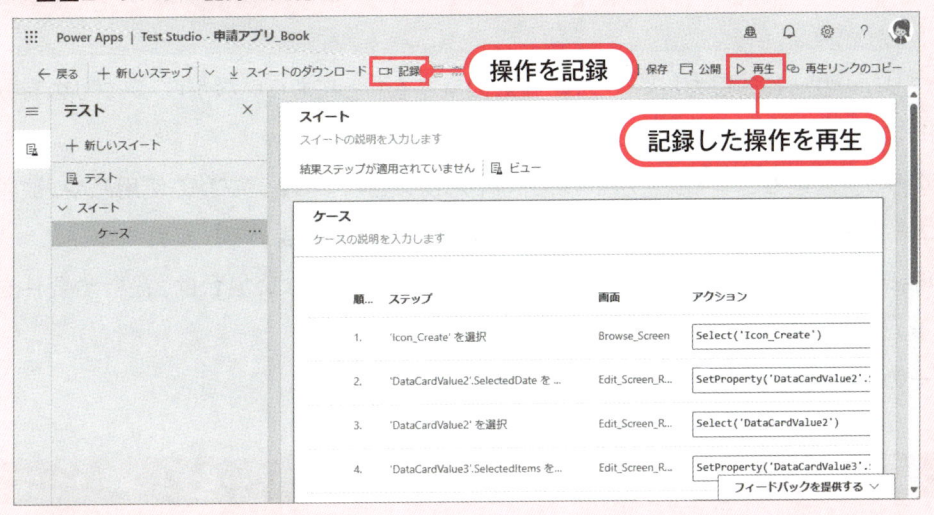

　Power Appsの「テストスタジオ」を活用することで、テストの効率を上げ、アプリの品質を高めることができます。

　特に、CI/CD（継続的インテグレーション / 継続的デリバリー＆デプロイ：テストを自動実行し、テストが成功したらリリースする）の仕組みを構築する際は、「テストスタジオ」の活用は必須です。

　手動テストとうまく組み合わせながら、テスト自動化を進め、Power Appsアプリ開発を効率的に進めましょう！

❷　アプリが業務改善の目的を達成するか確認する

Power Appsでアプリを開発する目的は、多くの場合、業務の効率化や問題解決です。
テストフェーズでは、アプリが当初の目的を達成できるかどうかを確認することが重要です。
まず、アプリ開発の目的を明確にしておく必要があります。
例えば、次のような目的が考えられます。

アプリ開発の目的の例

・手作業で行っていた処理を自動化し、時間を節約する
・複数のシステムに散在していたデータを一元管理し、情報の見通しを良くする
・紙の帳票をデジタル化し、入力ミスを防ぐ
・モバイルデバイスでの業務を可能にし、場所の制約を解消する

テストフェーズでは、これらの目的に沿って、アプリが期待通りの効果を発揮するかを検証します。

他のアプリユーザーにも協力してもらい、実際の業務を行ってもらいながら、アプリの有効性を評価します。

アプリのリリース後も、ユーザーからのフィードバックを収集し、アプリの使用感や、改善点など、ユーザーの意見を聞きながら、アプリを改善していくのもよいでしょう。

検証の結果、もしアプリが業務改善の目的を十分に達成できない場合は、設計や要件を見直す必要があるかもしれません。

ユーザーの意見を参考にしながら、アプリの改善を図りましょう。

コラム　「正しくアプリを作っているか」と「正しいアプリを作っているか」の違い

上述した「アプリが要件と設計に沿っているか？（正しくアプリを作っているか）」と、「アプリが業務改善の目的を達成するか？（正しいアプリを作っているか）」は、どちらがより重要でしょうか？

答えは「アプリが業務改善の目的を達成するか？（正しいアプリをつくっているか）」です。

これらは、Verification（正しくアプリを作っているか）と、Validation（正しいアプリをつくっているか）と呼ばれ、テストフェーズでは、この2つの観点で確認することが重要です。

Verification（正しくアプリを作っているか）は、アプリが仕様通りに動作するかを確認するプロセスです。

つまり、開発者が設計した通りにアプリが機能するかどうかを検証します。

一方、Validation（正しいアプリを作っているか）は、アプリが利用者のニーズを満たしているかを確認するプロセスです。

開発者が意図した通りではなく、利用者が求める機能や性能を提供できているかを検証します。

両者は密接に関連していますが、アプリ開発の最終的な目的は、業務改善や問題解決です。

そのため、Validationの観点、つまり「正しいアプリを作っているか」により重点を置く必要があります。

たとえ要件や設計に沿ったアプリを開発できたとしても、それが本来の業務改善の目的を達成できなければ、アプリ開発の意義は薄れてしまいます。

利用者のニーズを満たし、業務の効率化や問題解決に寄与するアプリを提供することが肝要です。

したがって、アプリ開発のテストフェーズでは、「正しいアプリを作っているか」ということを常に意識し、利用者の視点に立ってアプリの有効性を評価していくことが重要です。

3 急ぎでない改善点は次の改修に回す

Power Appsでアプリを開発し、テストを行う際、様々な改善点が見つかることがあります。

しかし、すべての改善点を一度に対応することは、時間的にも労力的にも現実的ではありません。

そこで重要なのが、改善点の優先順位付けです。

優先度の判断基準は、次のようなポイントが考えられます。

優先度を判断するポイント

・アプリの基本的な機能に影響するか

・ユーザーの業務に大きな影響を与えるか

・セキュリティ上のリスクがあるか

・改修に要する時間と労力の大きさ

これらの観点から、改善点を「優先度高」「優先度中」「優先度低」などのカテゴリに分類します。

優先度の高い改善点は、アプリのリリースまでに対応します。

アプリの根幹に関わる問題や、ユーザーの業務に大きな支障をきたす問題は「優先度高」として、早急に解決する必要があります。

一方、優先度の低い改善点は、次回以降の改修で対応することを検討します。

例えば、次のような改善点が該当します。

優先度の低い改善点の例

・UI (ユーザーインターフェイス) の細かな調整 (色やフォントの変更など)

・ヘルプ画面の充実化

・パフォーマンスのわずかな改善

・将来的に必要になる可能性のある機能の追加

これらの改善点は、アプリの基本的な機能には影響しないため、リリース後に対応しても問題ありません。

　ただし、ユーザーから強い要望があった場合は、優先度を上げて対応することも考えましょう。

　改善点の優先順位付けに際しては、開発チームだけでなく、アプリユーザーの意見も取り入れることが大切です。

　ユーザーの視点から見た優先度を把握することで、より効果的なアプリ改修が可能になります。

　テストフェーズで見つかった改善点をすべて一度に対応するのではなく、優先度の高くないものは後の改修に回すことで、段階的にアプリ改善していきましょう！

コラム　**Azure DevOpsを活用したアジャイル開発**

　Power Appsのアジャイル開発を進める際、要件や実装する機能を管理し、スケジュールを立てて進めていく場合もあります。

　この時便利なツールが、Azure DevOpsや、Jira等のツールです。

　例えばAzure DevOpsのBoards機能を活用すると、バックログ（アプリの機能や改善が必要なタスクの一覧）の管理とスプリント（仕様設計や開発、リリースを行う1～2週間の単位）の効果的な運用が可能になります。

　Azure DevOpsのBoardsでは、ユーザーストーリーやタスクを作成し、優先順位付けや詳細な説明を記録することができます。

　これにより、開発チームは常に全体像を把握しながら、適切な作業の優先順位を決定できます。

　スプリントは、一定期間に完了させるタスクを選択し、集中的に開発を行う期間です。

　Azure DevOpsのBoardsでは、スプリントの管理機能が提供されており、バックログからタスクを選択してスプリントに割り当てることができます。

　これにより、開発チームは明確な目標を持って作業に取り組み、進捗状況を可視化することができます。

　また、CI/CD（継続的インテグレーション/継続的デリバリー＆デプロイ：テストを自動実行し、テストが成功したらリリースする）の仕組みを構築する際は、第4章第1節のコラムで紹介した「テストスタジオ」の活用と合わせて、Azure DevOpsの「パイプライン」機能を使うことができます。

　本書では、Azure DevOpsについての詳細な解説はしませんが、特に社内の重要なシステム等をPower Appsで構築する際は、CI/CDの仕組みが重要になります。

　Power Appsの開発においても、Azure DevOpsを活用することで、より効果的にアジャイル開発を実現することができるので、ぜひ活用しましょう！

5 アプリを公開し、メンバーに共有する

リリース

　Power Appsで「申請アプリ」のテストを完了させたミムチは、いよいよアプリを公開し、メンバーに共有することになりました。

　ミムチは、思い切って、アプリの編集画面で「公開」を押してみました。

　「…おや？アプリ公開後は、何をすればよいのですかな？」

これでもう、アプリはメンバーに共有されたのですかな？

アプリの公開後は、アプリとデータソースを、メンバーに共有する必要があります。

　Power Appsアプリが完成したら、いよいよリリースです。

　Power Appsアプリのリリース手順は、次のように行います。

アプリのリリース手順

1. アプリを公開する
2. アプリをメンバーに共有する
3. SharePointリストをメンバーに共有する

　特に、アプリユーザーにアプリと、データソース（今回の場合SharePointリスト）を共有することを忘れないようにしましょう。

① アプリを公開する

まずは、完成したPower Appsアプリを公開しましょう！

1 アプリの編集画面で、右上の「▽」＞「バージョンメモで保存する」をクリックします（画面1）。

▼**画面1** アプリをバージョンメモで保存する

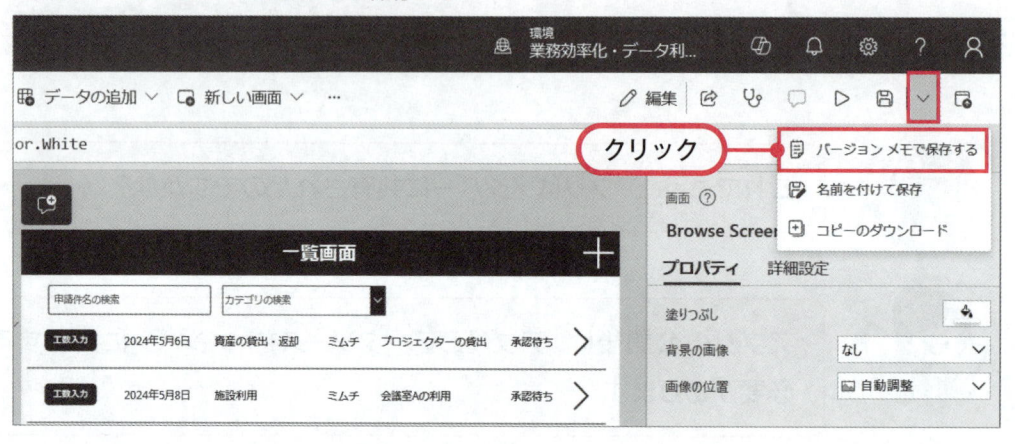

2 バージョンメモを書いて、「保存」をクリックします（画面2）。

▼**画面2** バージョンメモを書いて保存する

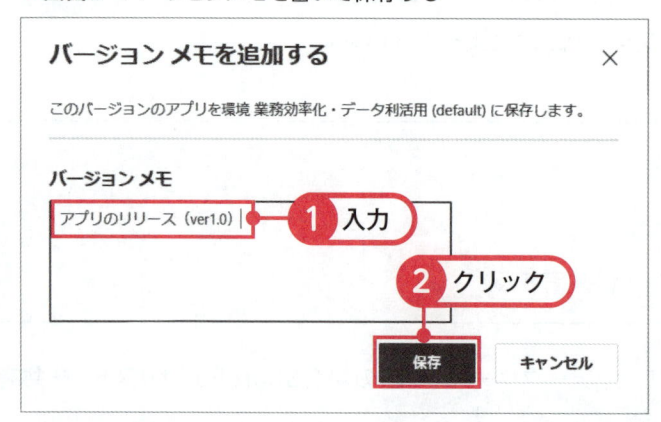

3 バージョンメモで保存すると、「公開」のポップアップ画面が表示されるため、必要に応じて説明欄を入力して「このバージョンの公開」をクリックします（画面3）。

▼画面3　アプリを公開する

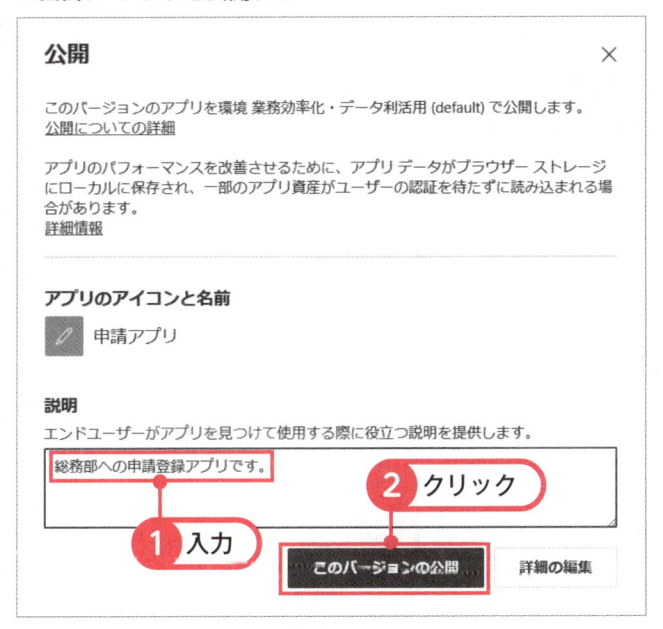

4 「公開」のポップアップ画面が出表示されない場合、アプリ編集画面の右上にある「公開」をクリックして公開できます（画面4）。

▼画面4　アプリ編集画面の「公開」アイコン

これで、アプリを公開することができました。

バージョンメモで保存する

アプリをバージョンメモで保存しておくと、アプリのバージョン管理画面で、保存したメモが確認できます。

Power Appsの「アプリ」タブから、アプリの「…（コマンド）」＞「詳細」をクリックし（画面1）、「バージョン」を選択すると、これまで保存されたアプリのバージョンや、バージョンメモを確認することができます（画面2）。

▼画面1　アプリの詳細

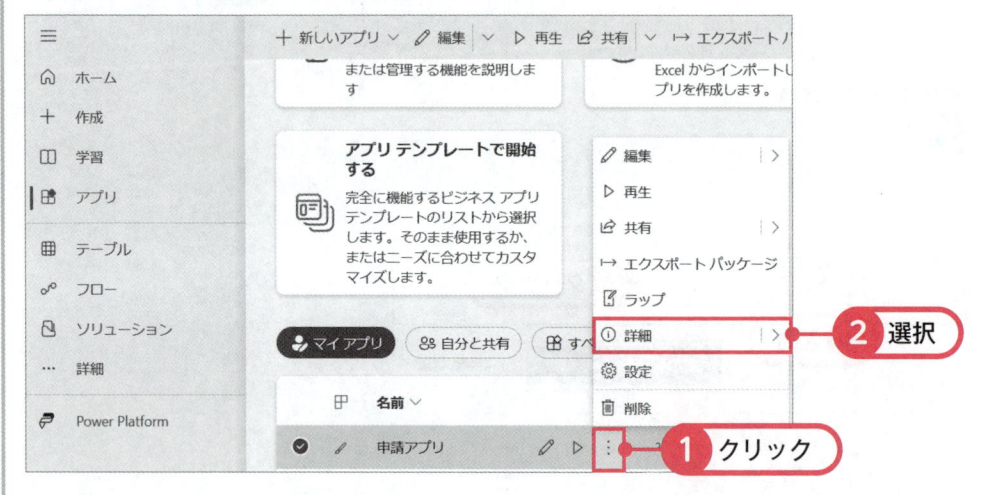

▼画面2　アプリのバージョン管理

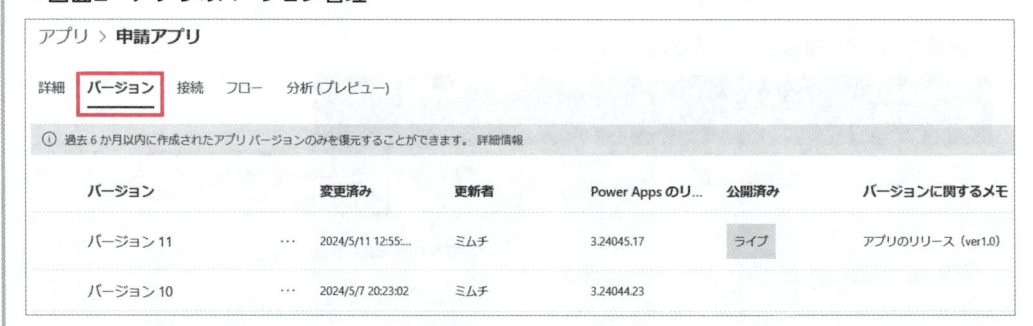

このバージョン管理画面で、以前のバージョンを復元したり、削除したりすることも可能です。

アプリのバージョンアップによる不具合（デグレード）が発生した場合、バージョン管理画面から、以前のバージョンに復元します。

2 アプリをメンバーに共有する

アプリを公開しても、まだ他のメンバーはアプリを使うことができません。

アプリのユーザーに、アプリを共有する手順を解説します。

1 Power Appsの「アプリ」タブから、アプリの「…（コマンド）」＞「共有」をクリックします（画面5）。

▼**画面5** アプリの共有

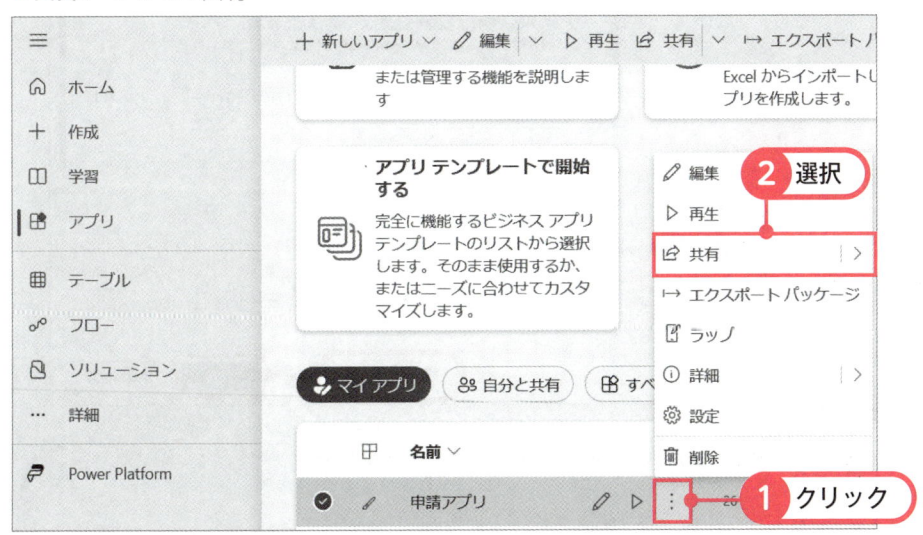

2 共有のポップアップ画面が表示されるので、Microsoft Entra IDに登録されているユーザーや、セキュリティグループを指定することができます（画面6）。

▼**画面6** アプリの共有対象を選択

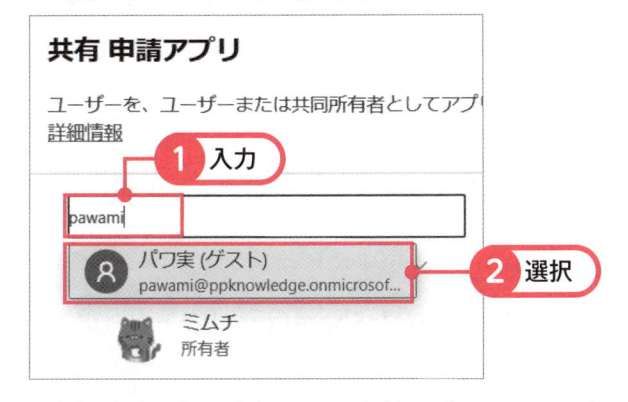

3 共有相手に、アプリの編集権限を付与したい場合は、「共同所有者」にチェックを入れて、「共有」をクリックします（画面7）。

▼**画面7** アプリの共有をクリック

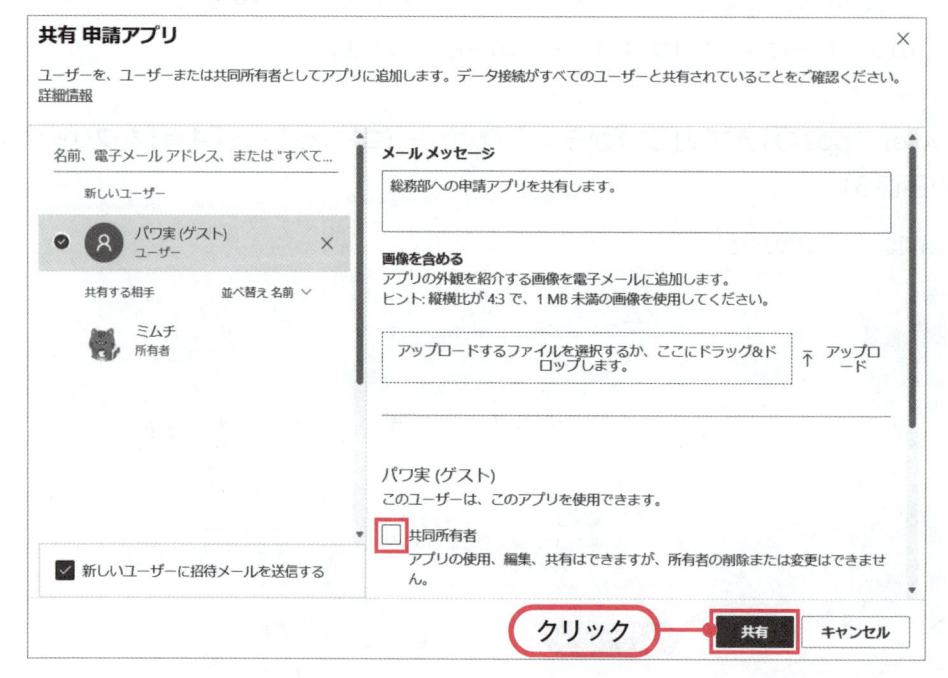

これでアプリを、メンバーに共有することができました。

3 SharePointリストをメンバーに共有する

アプリをメンバーに使ってもらうには、アプリの共有以外に、データソース（SharePointリスト等）の共有も必要です。

ここでは、SharePointサイトや、SharePointリストを共有する手順を解説します。

SharePointサイトと、SharePointリストを共有する場合で、次の点が異なります。

---

① SharePointサイトを共有する場合

SharePointサイト全体を共有するため、SharePointリスト以外も、ドキュメント等すべてのコンテンツが見られる。

② SharePointリストを共有する場合

SharePointリストのみが共有されるため、共有したSharePointリスト以外のコンテンツは見られない。

---

① SharePoint サイトを共有する場合

1 SharePointリストがあるSharePointサイトを開き、右上の「ギア」アイコン>「サイトの
アクセス許可」を選択します（画面8）。

▼**画面8** SharePointサイトのアクセス許可

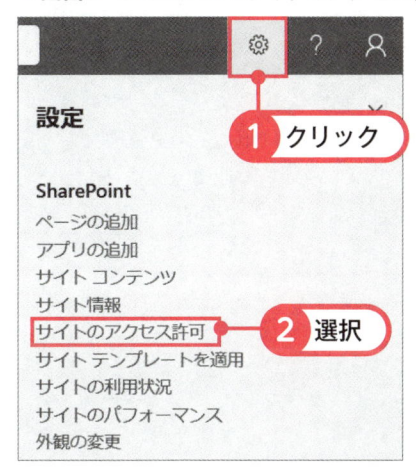

2 「メンバーの追加」から、メンバーをグループに追加するか、サイトの共有のみかを選択
します。

※ グループに追加すると、グループの予定表や会話等も共有されます。

今回は「サイトの共有のみ」を選択します（画面9）。

▼**画面9** SharePointサイトの共有のみする

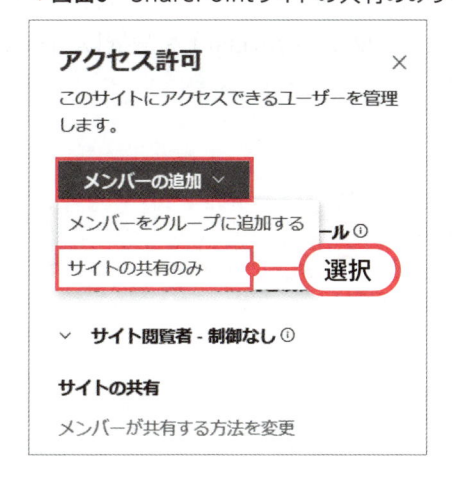

3 サイトの共有で、Microsoft Entra IDに登録されているユーザーや、セキュリティグループを指定し、「追加」をクリックすることで、SharePointサイトを共有できます（画面10）。

▼**画面10** SharePointサイトを共有する

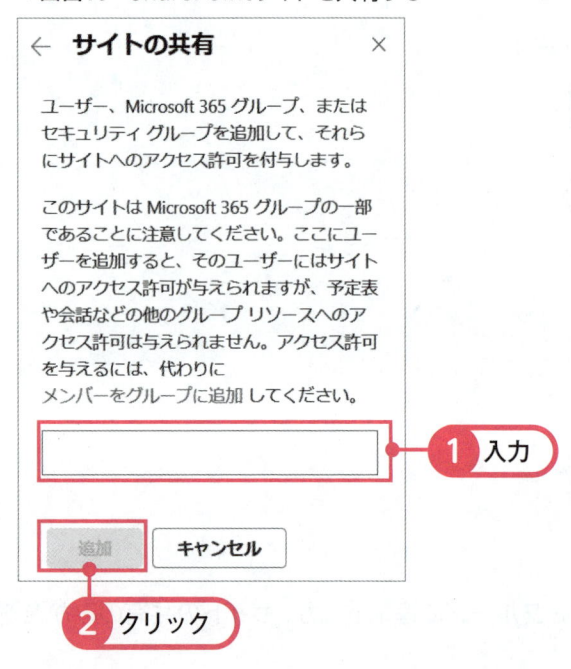

②SharePointリストを共有する場合

1 SharePointサイトではなく、SharePointリストのみを共有したい場合、対象のSharePointリスト（今回の場合、RequestListと、ManHourList）を選択し、「…（三点リーダー）」＞「共有」を選択します（画面11）。

▼**画面11** SharePointリストの共有を選択

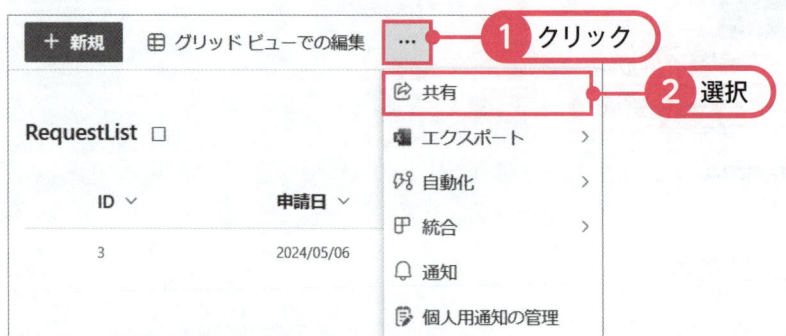

2 共有する際の、アクセス権限の範囲を選択します。

今回は「アイテムを編集できます」を選択します（画面12）。

▼**画面12** SharePointリストのアクセス権限の範囲を選択

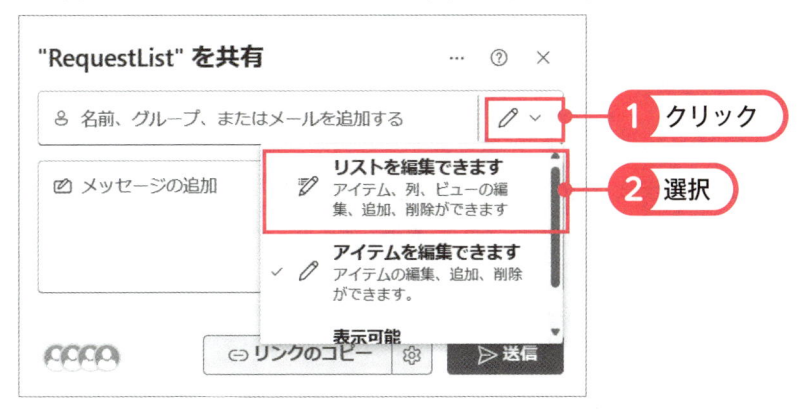

3 Microsoft Entra IDに登録されているユーザーや、セキュリティグループを指定し、「送信」をクリックすることで、SharePointリストを共有できます（画面13）。

▼**画面13** SharePointリストを共有

第5章のまとめ

　本章では、社内の申請業務で使う「申請アプリ」を題材に、実践的なアプリ開発の要件定義〜リリースまで一通りの流れを体験しました。

基本的なアプリ開発は、次の流れで進めていきます。

1. 要件定義

- 現状と課題を分析し、システムでどのように改善したいか検討する。
- 改善内容をもとに、アプリでどのようなことを実現したいのかを検討し、必要な機能を洗い出す。

2. 設計

- アプリに登録する必要なデータを洗い出し、データベースの設計をする。
- アプリに必要な画面、画面の遷移、画面イメージ等を検討する。

3. 開発

- 設計の内容を元に、実際にアプリの実装を行う。

4. テスト

- 開発したアプリを動かし、要件定義や設計の内容に沿っているか確認する。
- アプリが業務の目的を達成するかを確認する
- 必要に応じてアプリを修正し、急ぎでない改善点は次の改修に回す。

5. リリース

- アプリ及びデータベースを、必要なメンバーに共有する。
- アプリを共有するメンバーが変更された時などに、スムーズに設定変更できるように運用マニュアル等を作成しておく。

　今回作成した申請アプリにおける申請テーブルと対応工数テーブルの関係のように、2つのテーブル間で一対多のリレーションシップを作成するような実装は非常によくある例です。

　今回の開発した申請アプリの知識は、別のアプリ開発にも応用できると思いますので、ぜひ別のPower Apps開発にもチャレンジしてみてください!

Power Automate との連携

第6章のゴール

　本章では、Power Appsと、Power Automateとの簡単な連携を、「申請承認フロー」を例に、実際に一通りのフローを作成しながら体験します。

　この章を完了すると、Power Automateでどのようなことができるのかの概要を理解し、Power Appsとの連携についてイメージを持つことができます。

1 Power Automateとの連携を考える

ついにPower Appsで「申請アプリ」をリリースしたミムチは、Power Automateとの連携機能も追加したくなってきました。

「要件定義で書いたように、新しい申請がきたら、総務部のメンバーに通知したいですな。」

Power Automateで自動通知ができるようですが、具体的にどうするのですかな？

では実際に、Power Automateで自動通知させるフローを実装してみましょう！

本書では、Power Automateについての詳しい解説は省略しますが、Power Automateを使うと、トリガー（SharePointリストの新規登録等）でフローを開始し、その後のアクション（Outlookメール通知等）を自動で実行することができます。

今回は簡単なフローの作成を通して、Power AppsとPower Automateの連携を体験してみましょう！

第5章第1節で検討した要件定義を思い出してみましょう（図1）。

▼**図1**　今回Power Automateで実装する箇所

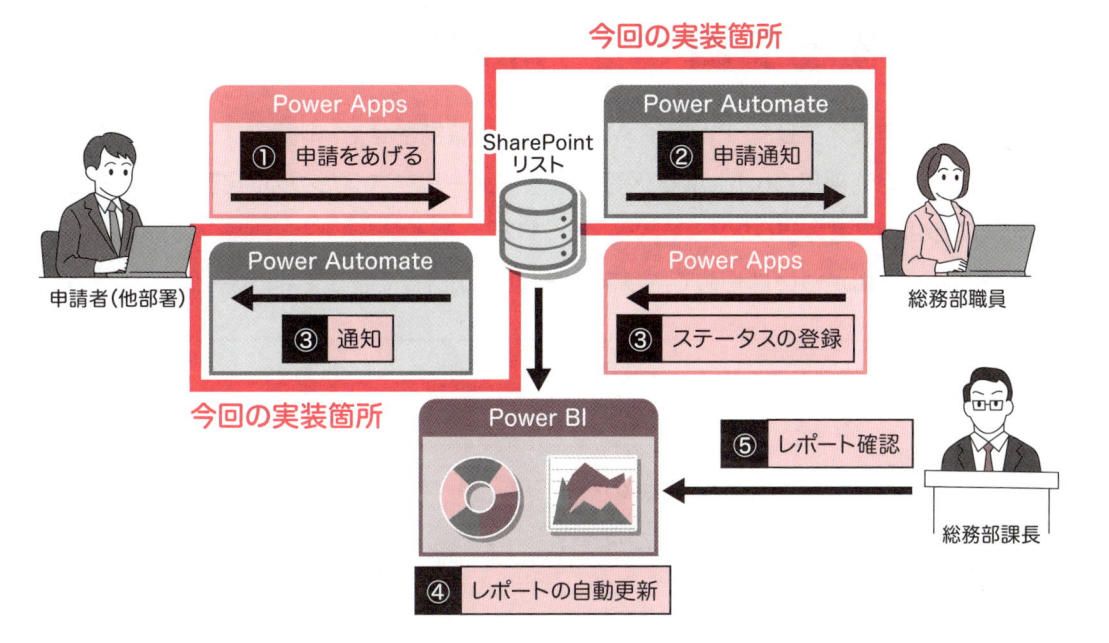

Power Automateで実装したい機能について、次の内容を洗い出しました。

Power Automateで実装したい機能

1. 他部署からの新規申請があった際に、総務部の職員に自動通知する。

2. 総務部の職員がアプリを開かなくても、申請の承認・否認を選択できる。

3. 申請の承認状況やステータスが変更された際に、申請者に自動で通知する。

　今回はこの中で、1. と2. の自動化を考えて、Power Automateフローを作成していきます。

2　新規申請の登録時にメール通知するフローを作成する

　ミムチは、申請アプリと、Power Automateを連携させて、申請アプリで新規の申請がきたら、総務部にOutlookで承認依頼通知メールを送るための、自動化フローを作成してみようと考えました。

　「Power Automateは初めて触りますが、何だか難しそうですな…」

Power Automateのページを開いてみましたが、まず何から操作すればよいのですかな…?

Power Automateのフローを作成する前に、まずはどのような操作の自動化をするか、一旦整理してみましょう!

1　どのような操作の自動化をするか整理する

　Power Automateフローを作成する前に、簡単にどのような操作の自動化をするか、次のように箇条書きで書きだしておくとよいでしょう。

自動化する操作の流れ

1. トリガー：SharePointリストに新規データが追加されたらフローを実行
2. アクション：総務部メンバーにOutlookメールを通知し、承認/否認を選択
3. アクション：SharePointリストのステータス列を、承認/否認に変更
4. アクション：申請者に、承認/否認の結果をOutlookメールで通知

　それでは、一つ一つ実装していきましょう。

2 Power Automate フローを作成する

① SharePoint リストに新規データが追加されたらフローを実行

1 Power Automate（https://make.powerautomate.com/）を開き、「作成」タブから「自動化したクラウドフロー」を選択します（画面1）。

▼画面1 Power Automateで新規フローを作成

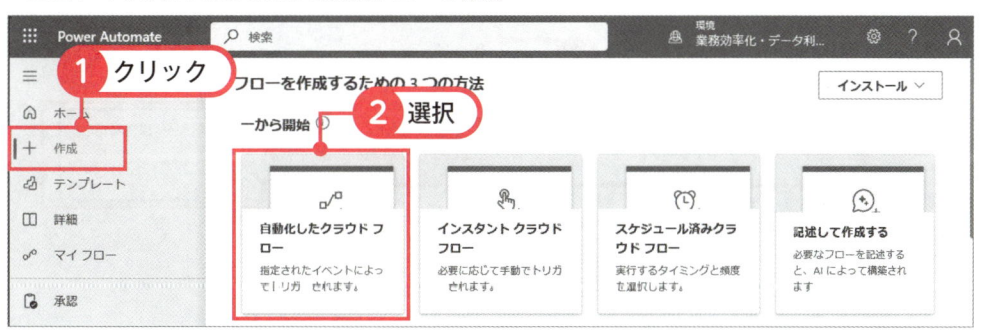

2 フロー名（今回は「新規申請作成時に、Outlook 承認依頼メールを送付」）を入力し、フローのトリガーは「SharePoint」の「項目が作成されたとき」を選択し、「作成」をクリックします（画面2）。

▼画面2 フロー名、トリガーを選択して作成

255

3 トリガー「項目が作成されたとき」を選択すると、左側にパラメータの設定が表示されるので、次のように設定します（画面3）。

サイトのアドレス	SharePointリストを作成したSharePointサイトを選択
リスト名	「RequestList」を選択

▼**画面3**　トリガー「項目が作成されたとき」の設定

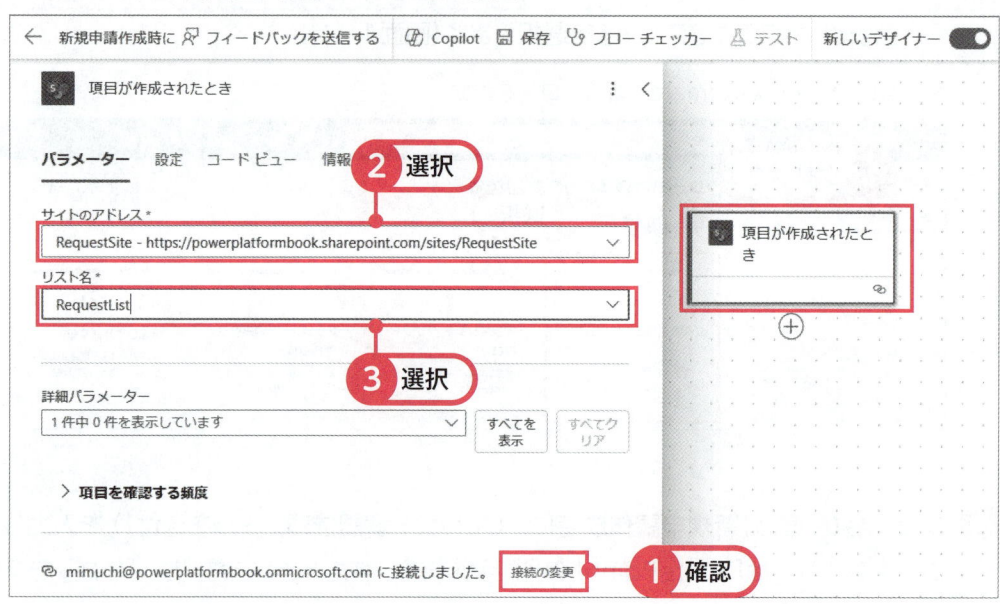

※ サイトのアドレスの候補が表示されない場合、「接続の変更」で正しい接続が設定されているか確認します。

②総務部メンバーにOutlookメールを通知し、承認／否認を選択

1 トリガー「項目が作成されたとき」の下の「＋」アイコンから、「アクション」の追加をクリックします（画面4）。

▼**画面4**　アクションの追加

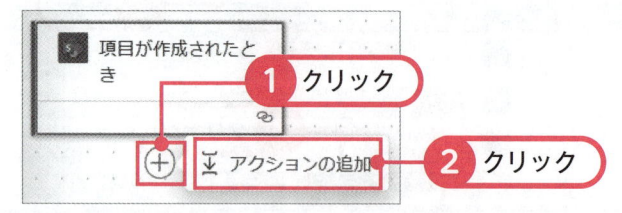

2 「Outlook」で検索し、「Office 365 Outlook」の「さらに表示」をクリックして、（画面5）、「オプションを指定してメールを送信します」を選択します（画面6）。

▼**画面5** アクション「Office 365 Outlook」を検索

▼**画面6** アクション「オプションを指定してメールを送信します」を選択

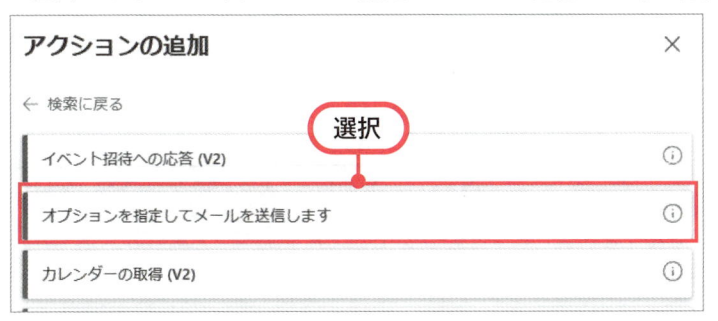

3 接続の確認画面が出てきたら、新しい接続からサインインします（画面7）。

▼**画面7** Outlookへの接続

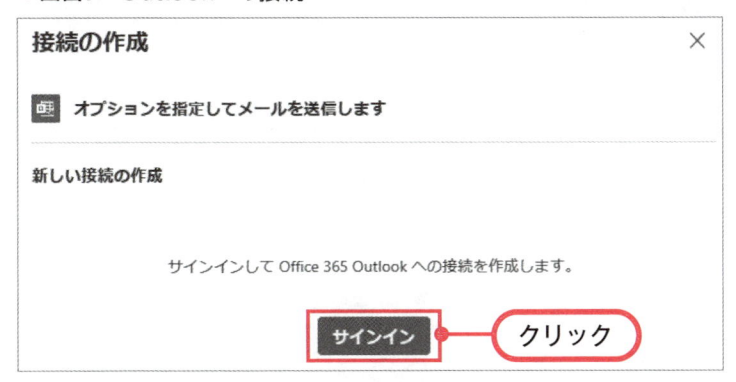

※ もし接続が上手くいかない場合、「Google Chrome」等、別のブラウザで試してみましょう。

4 「宛先」には、「カスタム値の入力」から自分のアドレスを入力します。

　「詳細パラメーター」で「本文、件名、ユーザーオプション」にチェックを入れます（画面8）。

▼**画面8　詳細パラメーターの選択**

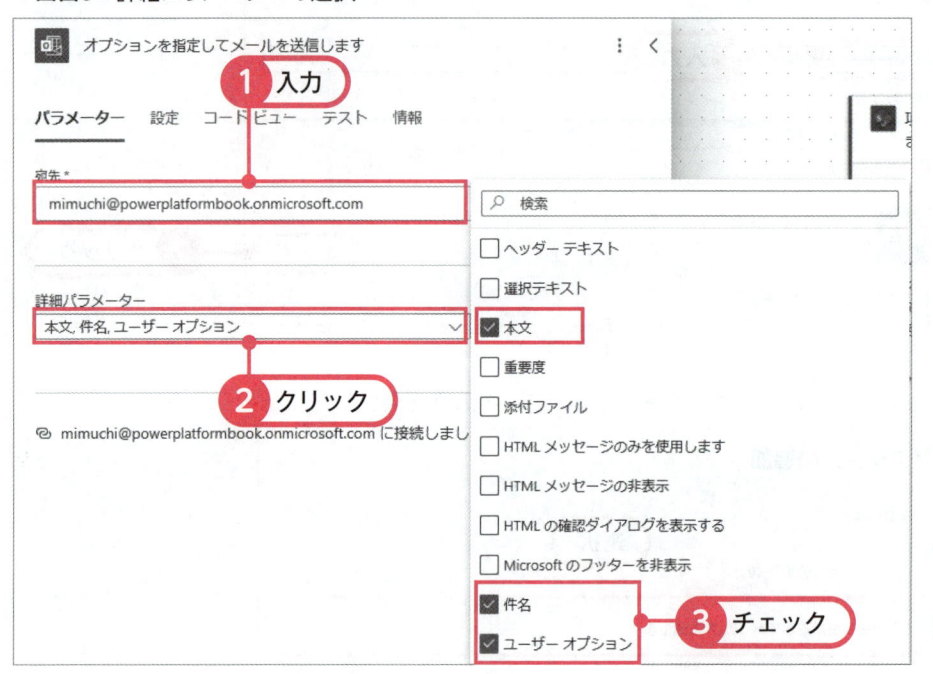

5 本文、件名、ユーザーオプションに、次のように入力します。

本文	「申請者：　カテゴリ：　申請件名：　申請内容：」
件名	「新規申請の承認依頼」
ユーザーオプション	「承認,否認」

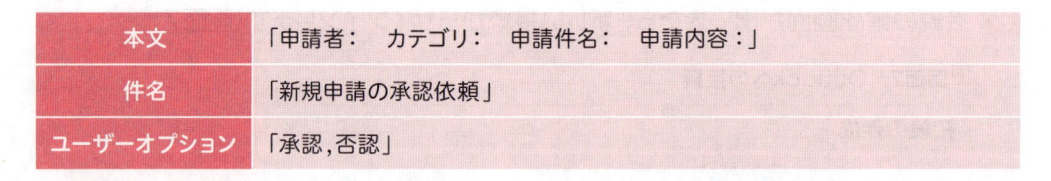

　本文の「申請者：」の右をクリックし、「雷のようなアイコン」（動的なコンテンツ）を選択します（画面9）。

▼**画面9** 本文、件名、ユーザーオプションの設定

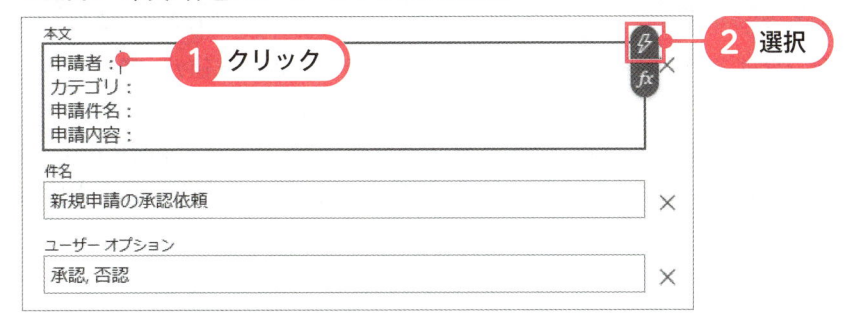

6 「動的なコンテンツ」から、トリガー「項目が作成されたとき」の「申請者 DisplayName」を選択すると（画面10）、本文の「申請者：」の右に動的なコンテンツが設定されます（画面11）。

▼**画面10** 動的なコンテンツの選択

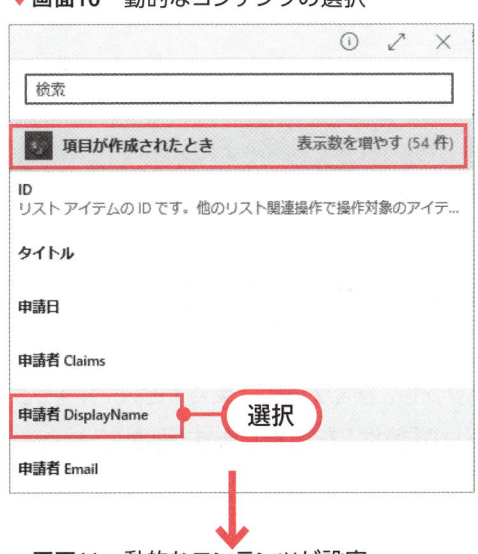

▼**画面11** 動的なコンテンツが設定

1

2

3

4

5

7

8

> 💡 **動的なコンテンツとは？**
>
> 　動的なコンテンツは、トリガーや、アクションの実行で取得された値が、変数として自動的に保存されたものです。
>
> 　例えば、トリガー「項目が作成されたとき」が実行されると、その時SharePointリストに登録されたデータが、動的なコンテンツとして保存されて、後のアクションで指定して使うことができます。

7 同様の手順で、カテゴリ（カテゴリ Value）、申請件名（申請件名）、申請内容（申請内容）についても、動的なコンテンツで設定します（画面12）。

※対象の動的なコンテンツが表示されない場合、「表示数を増やす」を選択したり、検索したりして設定します。

▼**画面12**　本文の動的なコンテンツを設定

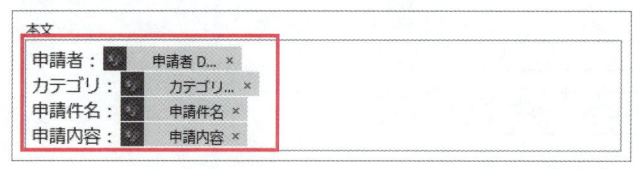

③SharePointリストのステータス列を、承認／否認に変更

1 「＋」アイコン＞「アクションの追加」をクリックし、検索バーに「条件」と入力、「ランタイム」は「組み込み」に変更し、「コントロール」の「条件」を選択します（画面13）。

▼**画面13**　「条件」アクションの追加

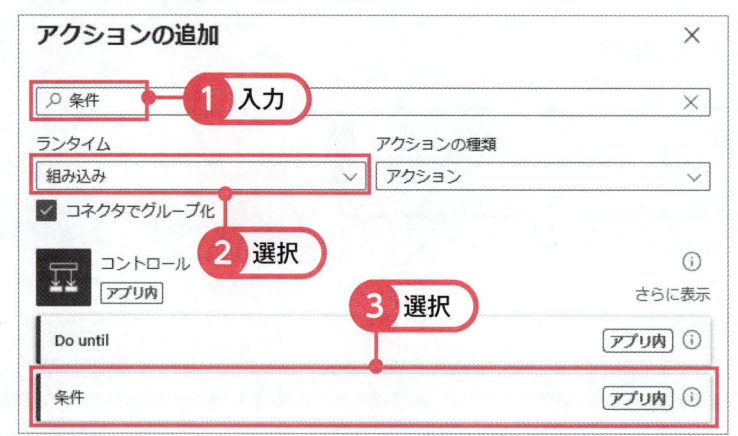

2 「条件」のパラメーターで、左側には、動的なコンテンツから「オプションを指定してメールを送信します」の「body/SelectedOption」を設定します（画面14）。

▼**画面14**　「条件」パラメーターの設定（左）

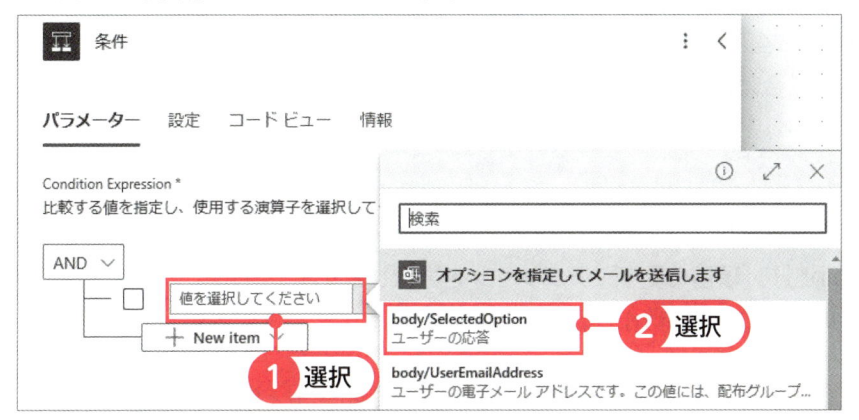

　これは、前のアクションで設定したユーザーオプション（承認,否認）の内、メールを受け取ったユーザーが回答した方のオプションが入ります。

3 中央の選択は「is equal to」（等しい）のままで、右側には「承認」と入力します（画面15）。

▼**画面15**　「条件」パラメーターの設定（右）

条件アクション

　「条件」アクションでは、設定した条件に当てはまる場合と、当てはまらない場合で、後続のアクションを切り替えることができます。

　設定した条件に当てはまった場合、「True」内のアクションが実行され、条件に当てはまらなかった場合は、「False」内のアクションが実行されます。

4 「条件」アクションの「True」の中で、「＋」アイコン＞「アクションの追加」を行い、「SharePoint」の「項目の更新」アクションを選択します。

　パラメーターでは、画面16のように設定します。

サイトアドレス	SharePoint リストを作成した SharePoint サイトを選択
リスト名	「RequestList」を選択
ID	動的なコンテンツから、SharePoint の「項目が作成されたとき」の ID を選択
申請日、申請名、申請内容	動的なコンテンツから、SharePoint の「項目が作成されたとき」の各列を選択
詳細パラメーター「ステータス Value」	ドロップダウンで「承認済み」を選択

▼**画面16**　「項目の更新」パラメーターの設定

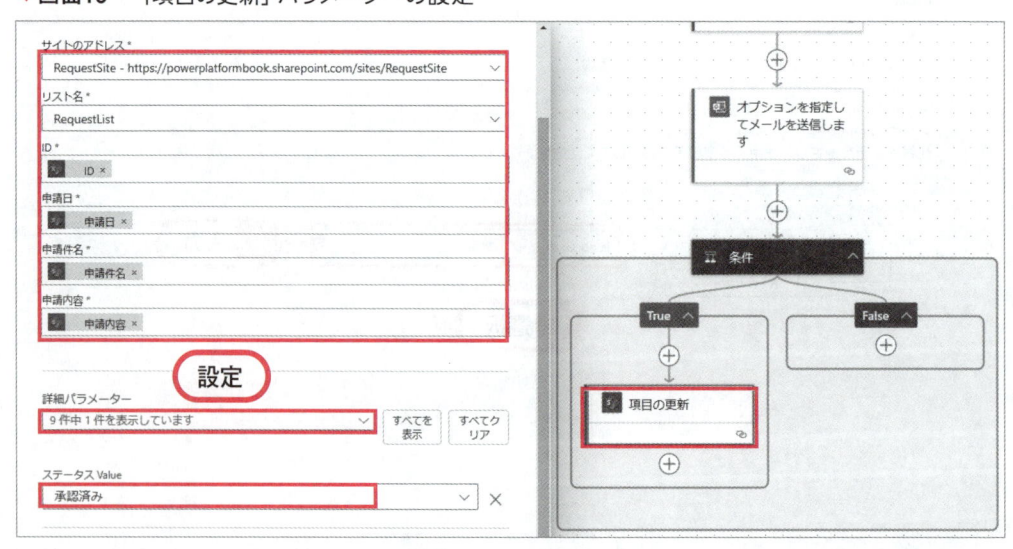

④申請者に、承認 / 否認の結果を Outlook メールで通知

1 「項目の更新」の下で「＋」アイコン＞「アクションの追加」から、「Office 365 Outlook」の「メールの送信（V2）」アクションを選択します。

　パラメーターでは、画面17のように設定します。

※ 動的なコンテンツは、SharePointの「項目の更新」の各列を選択します。
※ 宛先を選択したとき、動的なコンテンツが表示されない場合、「詳細モード」にチェックを入れて、動的なコンテンツから、申請者Emailを選択します。

▼**画面17**　　「メールの送信 (V2)」パラメーターの設定

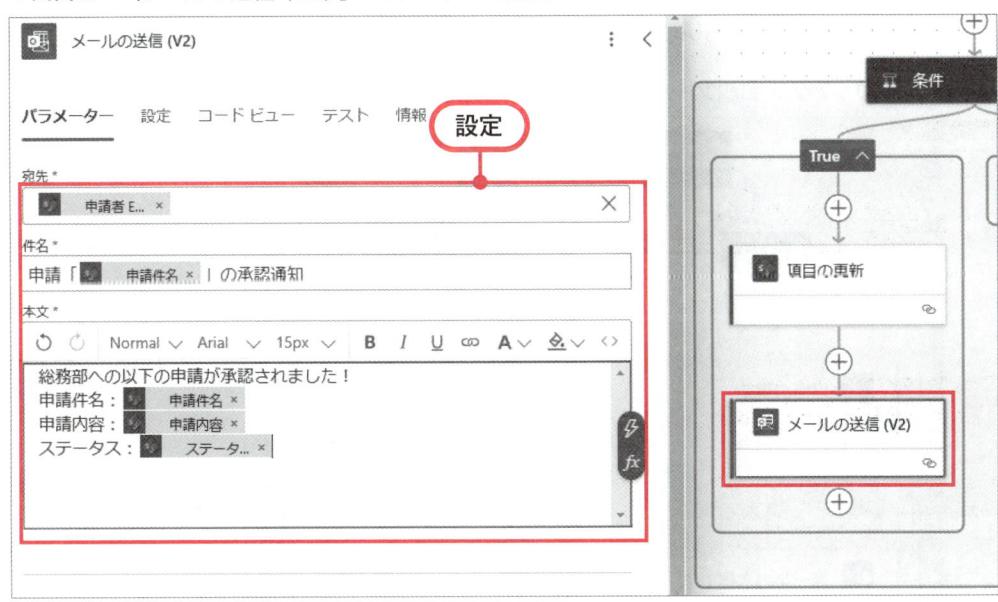

2 「項目の更新」アクションを右クリック＞「アクションのコピー」をクリックします（画面18）。

▼**画面18**　　「メールの送信 (V2)」パラメーターの設定

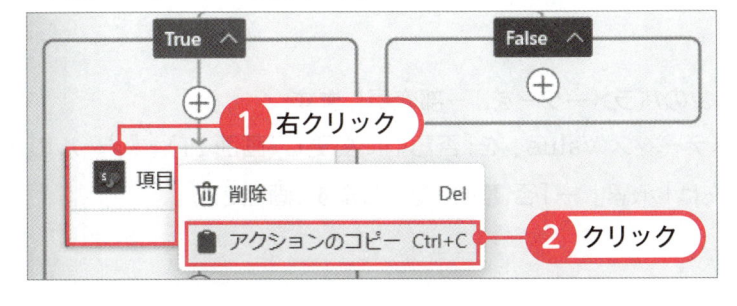

3 条件の「False」内の「+」アイコン>「アクションの貼り付け」を選択し、コピーしたアクションを貼り付けます（画面19）。

▼**画面19**　アクションの貼り付け

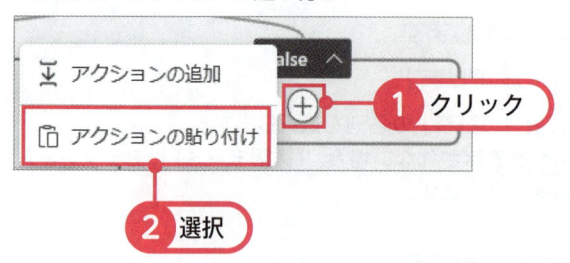

4 同様の操作で、「メールの送信（V2）」アクションもコピーし、貼り付けます（画面20）。

▼**画面20**　アクション「メールの送信 (V2)」の貼り付け

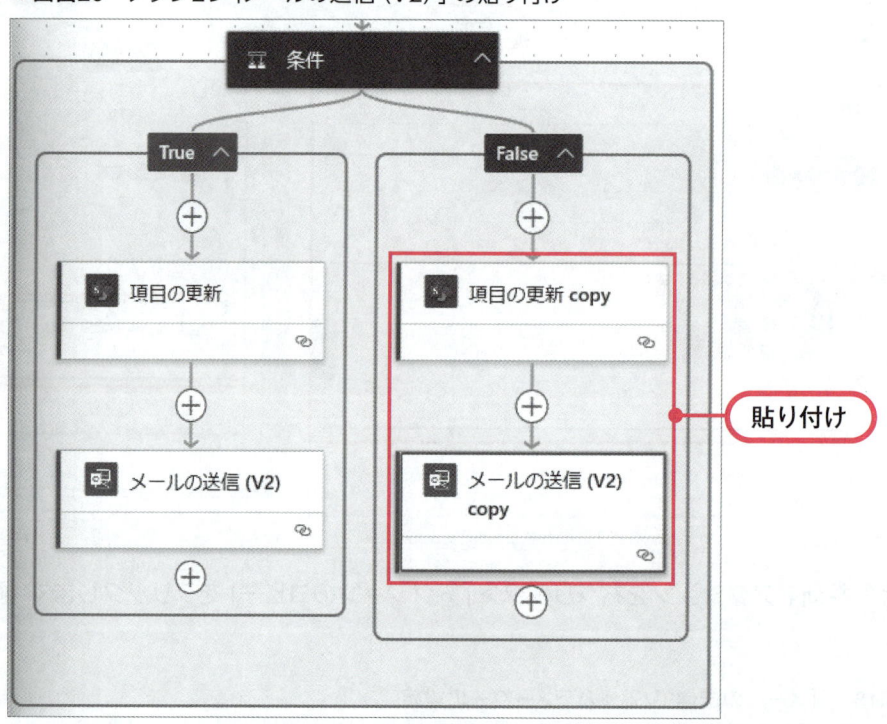

5 「False」内のアクションのパラメーターを、一部変更します。
　　「項目の更新」は「ステータス Value」を「否認」に変更し（画面21）、「メールの送信（V2）」の件名と、本文は「承認」→「否認」に変更します（画面22）。

　また、メールの送信（V2）-copyで選択する動的なコンテンツは、「項目の更新-copy」の値に置き換えます。

▼**画面21**　「False」内の「項目の更新」のパラメーター変更

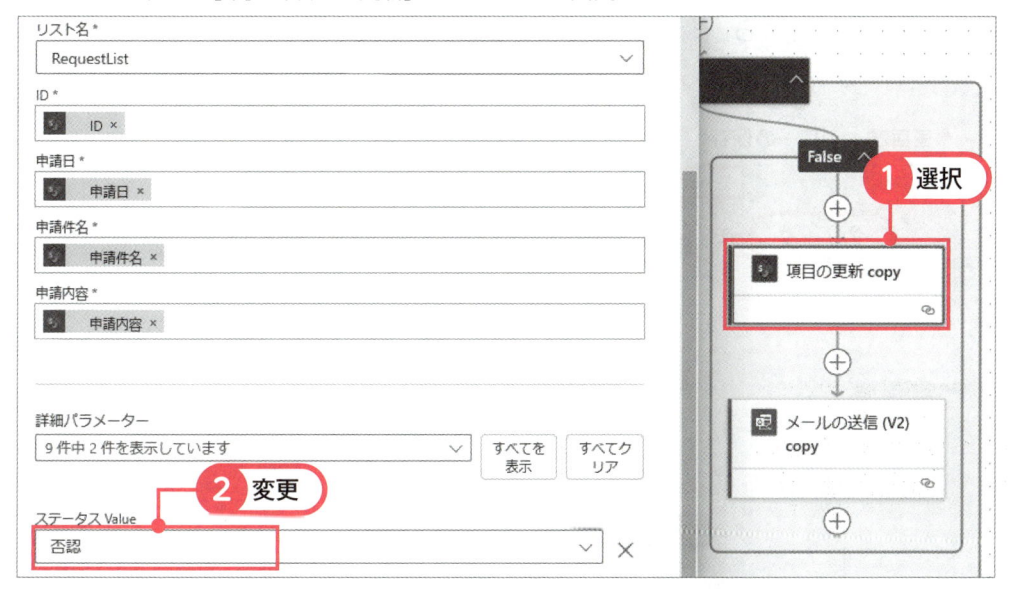

▼**画面22**　「False」内の「メールの送信 (V2)」のパラメーター変更

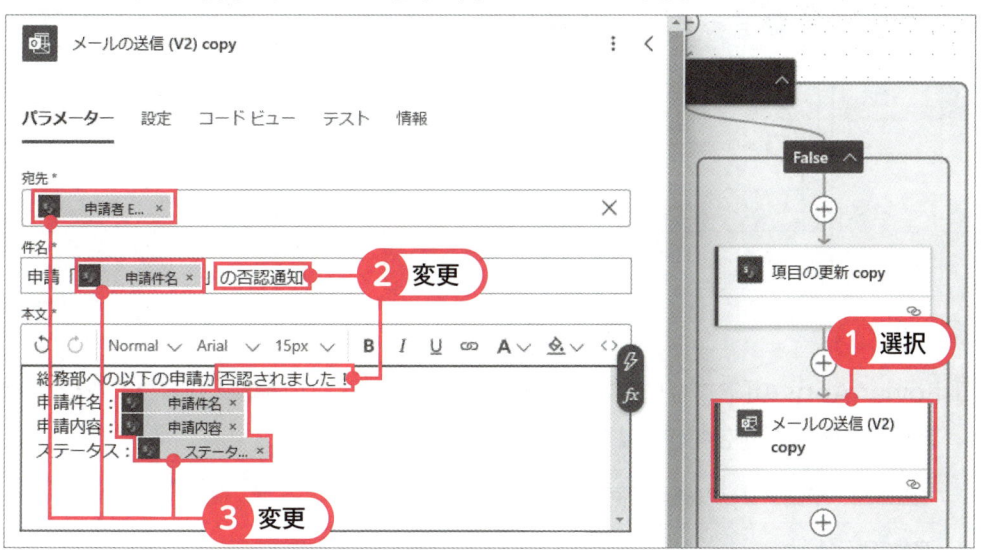

　これで、Power Automateフローは完成です。

③ Power Automate フローの動作確認をする

1 フローが完成したら、「保存」をクリックします（画面23）。

フローが保存されたら、左上の「←」（前のページに戻る）をクリックします。

▼**画面23**　フローの保存

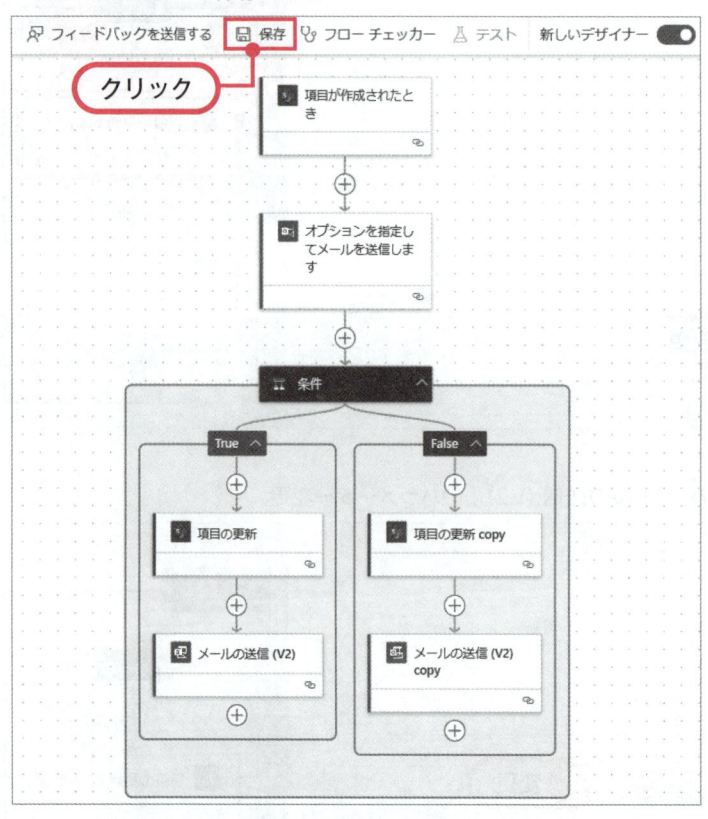

2 Power Appsの「アプリ」タブで、「申請アプリ」の「ペン」（編集）アイコンをクリックし、アプリの編集画面を開きます（画面24）。

▼**画面24**　申請アプリの編集画面

3 「アプリのプレビュー」で「＋」アイコンを選択し（画面25）、新しく申請を登録します（画面26）。

▼**画面25** 申請アプリで、＋アイコンをクリック

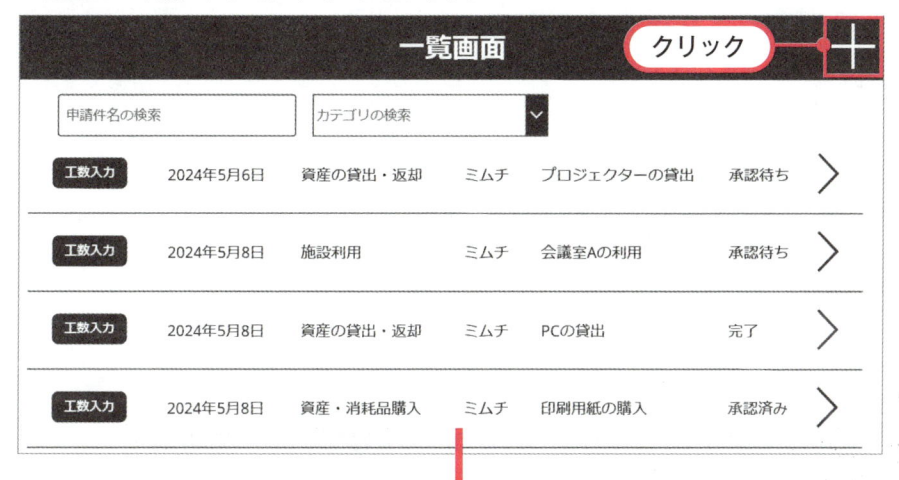

▼**画面26** 申請アプリで、新規申請を登録

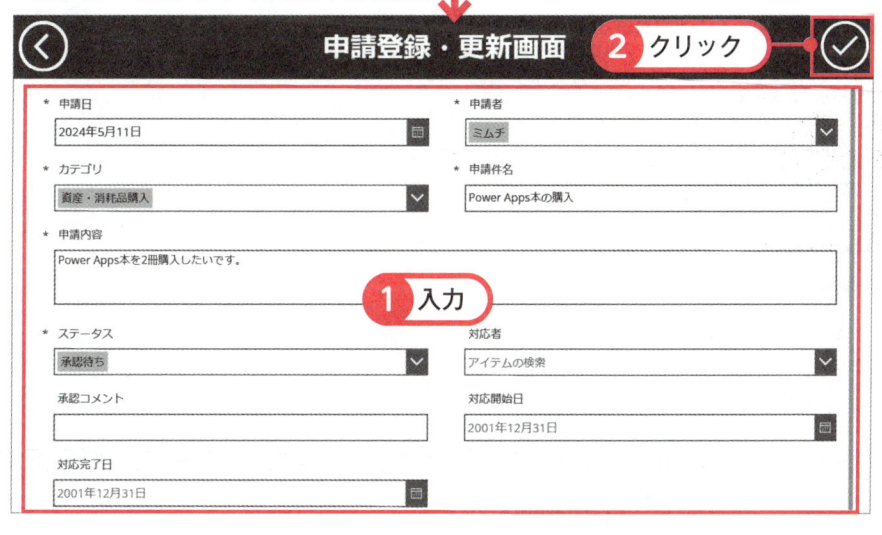

4 Outlookメールを開き、新規申請の承認依頼メールが届いたら、「承認」をクリックしてみます（画面27）。

※Outlookメールが届くまで、5分程度かかることがあります。

▼**画面27**　新規申請の承認依頼メール

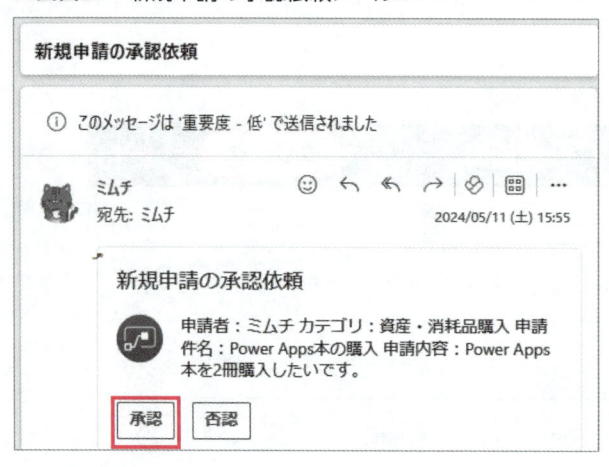

5 するとすぐに、「申請の承認通知」メールが届くのを確認します（画面28）。

▼**画面28**　新規申請の承認通知メール

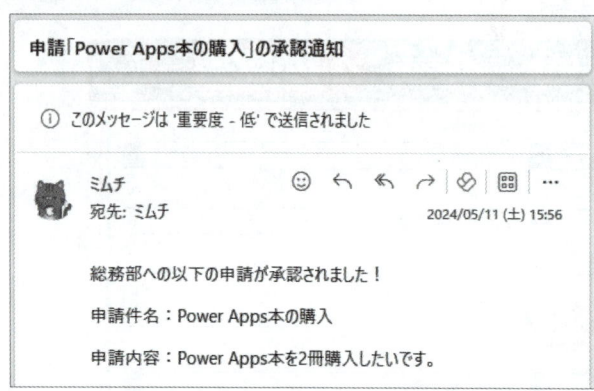

6 SharePointリスト「RequestList」でも、「承認」をした申請のステータスが「承認済み」になっていることを確認できます（画面29）。

▼**画面29**　RequestListのステータス

7 Power Automateフローの「実行履歴」で、実行されたフローの「状態」が「成功」になっていることも確認できます（画面30）。

▼**画面30** Power Automateフローの実行履歴

今回はPower Automateについて詳細までは解説しませんでしたが、このようにPower Appsと連携させることで、さらに業務改善効果を高めることができるので、ぜひ活用してみてください。

第６章のまとめ

　本章では、Power Appsと、Power Automateとの簡単な連携について学び、実際に「申請承認フロー」の作成を体験しました。

　Power Automateは、何等かのトリガーでフローの実行を開始し、後続のアクションを上から順に自動実行することで、業務フローを自動化することができます。

　フローを作る前に、簡単に自動化したい操作の流れを箇条書きで整理するとよいでしょう。

　例えば今回の場合は、次のようなフローを実装しました。

実装したフローの流れ

1. トリガー：SharePointリストに新規データが追加されたらフローを実行
2. アクション：総務部メンバーにOutlookメールを通知し、承認/否認を選択
3. アクション：SharePointリストのステータス列を、承認/否認に変更
4. アクション：申請者に、承認/否認の結果をOutlookメールで通知

　今回は簡単なPower Automateフローの例でしたが、その他にも色々なコネクタのトリガーやアクションを使うことができます。

　例えば、Power Appsのボタンクリック時に、Power Automateフローを実行することもできます。

　Power Automateは、クラウド上で、ルールが決まった作業を行う場合は、簡単に自動化できるので、ぜひ皆さんもチャレンジしてみてください！

Power BIとの連携

第7章のゴール

　本章では、Power Appsと、Power BIとの簡単な連携を、「申請実績レポート」を例に、実際にPower BIレポート作成の一連の流れを体験します。

　この章を完了すると、Power BIでどのようなことができるのかの概要を理解し、SharePointリストをデータソースとした簡単なレポート作成ができるようになります。

1 Power BIとの連携を考える

Power Automateで申請承認依頼フローを実装したミムチは、次に申請アプリとPower BIの連携もやりたくなってきました。

申請アプリのデータソースをPower BIでレポート化し、月次で行う課長への報告を効率化しようと考えています。

「まずは、Power BIデスクトップアプリをインストールするのですな！」

Power BIデスクトップをインストールした後は、どうやってSharePointリストをレポート化するのですかな…？

Power BIも実際にレポートを作成する前に、どんなレポートを作りたいか検討してみましょう！

本書では、Power BIについての詳しい解説は省略しますが、Power BIは様々なデータソース（Excel、SharePoint、SQL Server等）のデータを、グラフ等で可視化し、メンバーとレポートを共有することができます。

今回はPower Appsで登録されたデータをPower BIで読み込み、簡単なレポート作成を体験してみましょう！

第5章第1節で検討した要件定義を思い出してみましょう（図1）。

▼図1　今回Power BIで実装する箇所

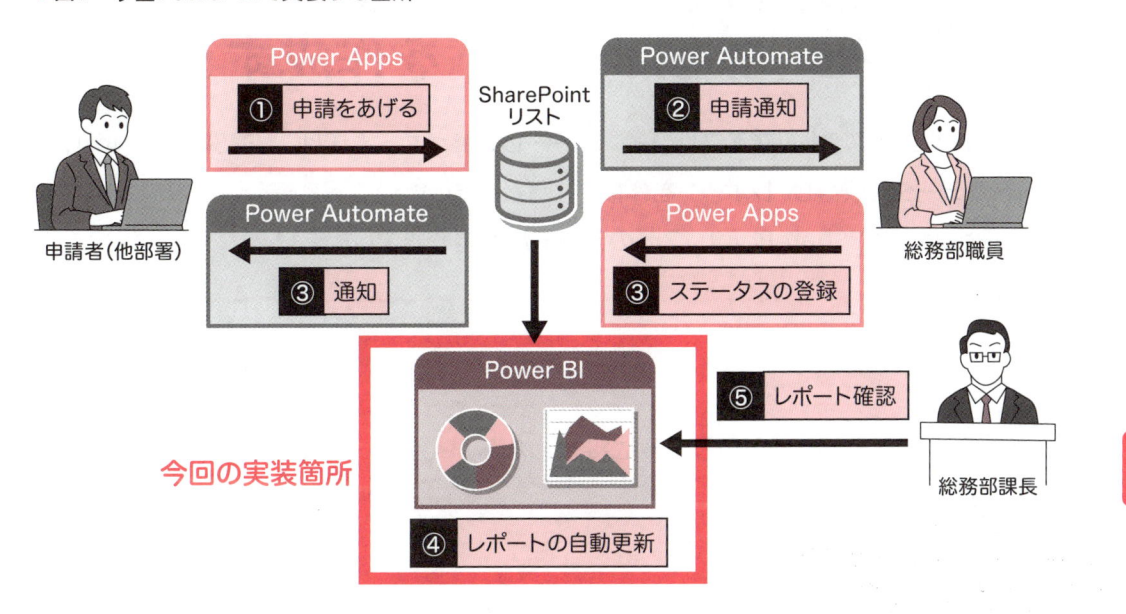

Power BIで実装したい機能について、次の内容を洗い出しました。

Power BIで実装したい機能

1. SharePointリストのデータを自動で読み込み、レポートを毎日更新する。

2. 総務部の課長が、申請対応にかかる、カテゴリごとの工数を把握できるようにする。

今回は上述した要件を満たす、Power BIレポートを作成していきます。

Power BIデスクトップアプリがインストールされていない場合は、Power BIのページ（https://powerbi.microsoft.com/ja-jp/desktop/）からダウンロードしておきましょう（画面1）。

▼画面1　Power BIのインストール

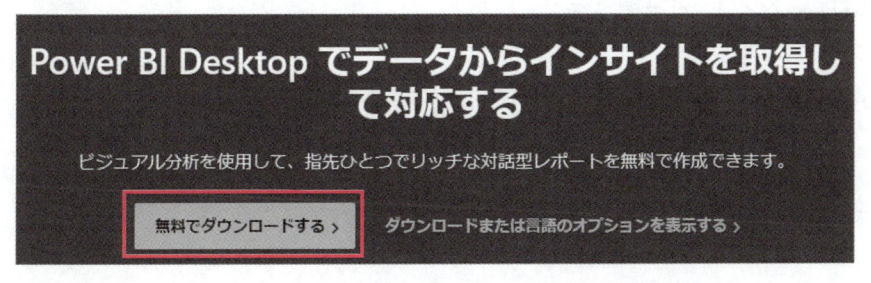

2 SharePointリストから Power BIレポートを作成する

Power BIデスクトップアプリのインストールを終えたミムチは、早速SharePointリストのデータを取得し、レポートを作成しようとしました。

「Power BIでSharePointリストのデータが取得できましたぞ！」

SharePointリストに接続したら、Power Queryというのが開きましたぞ…？

Power BIは、データへの接続後、データ変換、データモデリング、レポート作成、発行・共有の手順で進めていきます！

Power BIレポート作成は、次のような手順で進めていきましょう。

Power BIレポートの作成手順

1. Power BIからデータソース（SharePointリスト）に接続する
2. Power Queryでデータフォーマットを整える
3. 2つのSharePointリストの関係性を定義（データモデリング）する
4. レポートを作成する
5. レポートを発行し、メンバーと共有する

それでは、一つ一つ進めていきましょう。

1 Power BIからSharePointリストに接続する

まずはPower BIデスクトップアプリで、SharePointリストのデータに接続してみましょう。

1 PCのアプリ一覧（Windowsの場合、スタートアイコン）から、Power BI Desktopアプリを開きます（画面1）。

▼**画面1** Power BI Desktopアプリを開く

2 「空のレポート」を選択し、新しいPower BIレポートを作成します（画面2）。

▼**画面2** 新規レポートの作成

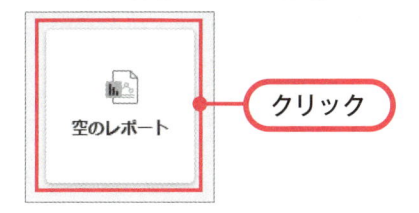

3 右上に「サインイン」と表示されている場合、「サインイン」をクリックし、メール欄に作成したMicrosoftアカウントを入れて「続行」をクリックします（画面3）。

▼**画面3**　Power BIサービスへのサインイン

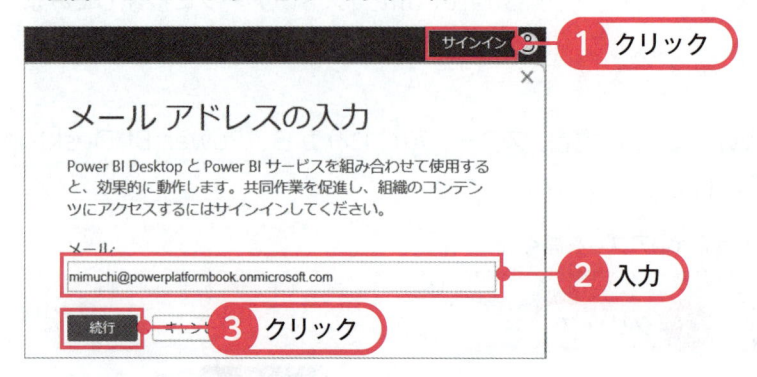

Power BIサービスとの連携

　Power BIデスクトップで作成したレポートを、Power BIサービス（クラウド上）へ発行し、メンバーと共有するには、組織アカウントでサインインする必要があります。

4 左上の「ホーム」タブ＞「データを取得」＞「詳細」を選択します（画面4）。

▼**画面4**　データを取得

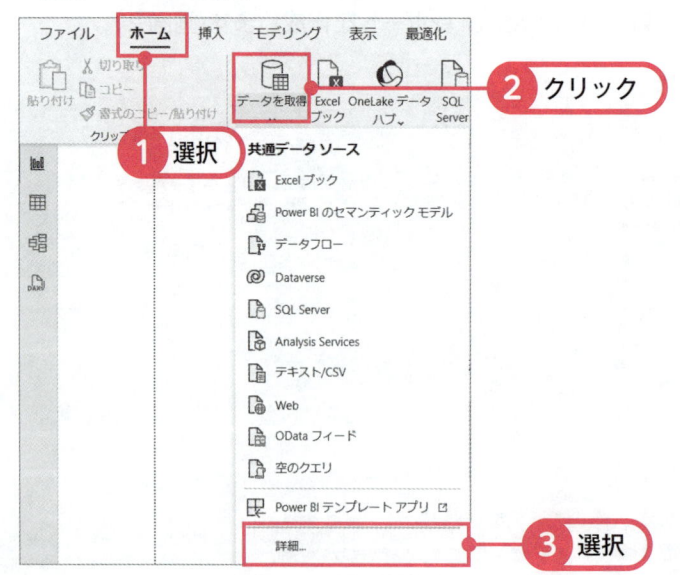

5 「SharePoint」と検索後、「SharePoint Onlineリスト」を選択し、「接続」をクリックします（画面5）。

▼**画面5** SharePoint Onlineリストを選択して接続

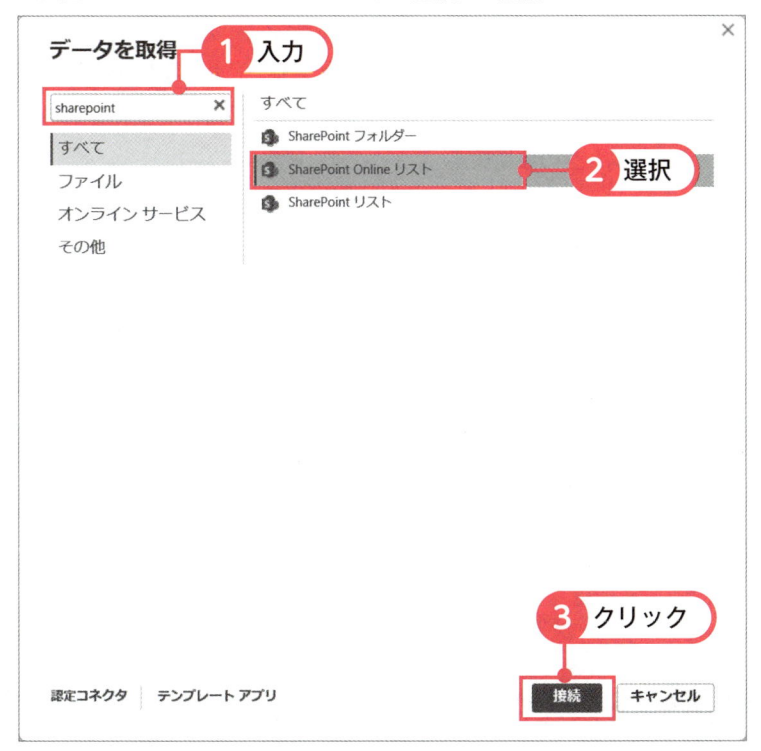

6 SharePointリストのあるSharePointサイトを開き、「ホーム」タブをクリックしたときのURL（ドメイン名/sites/〇〇/）をコピーします（画面6）。

▼**画面6** SharePointサイトのURLをコピー

7 Power BIデスクトップに戻り、次のように設定して、「OK」をクリックします（画面7）。

サイトURL	SharePointサイト（ホーム）のURLを貼り付け
実装	2.0
表示モード	既定-SharePointリストの"既定のビュー"に設定されている列を取得します

▼**画面7**　SharePoint Onlineリストへの接続設定

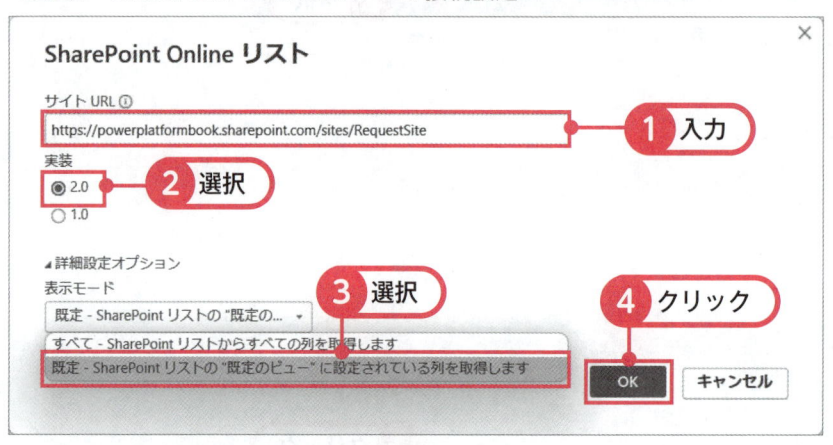

8 画面8のような認証画面がでたら、「Microsoftアカウント」で「サインイン」をしてから「接続」をクリックします。

▼**画面8**　SharePoint Onlineリストへの接続認証

9 ナビゲーターで「RequestList」と「ManHourList」を選択し、「データの変換」をクリックすると（画面9）、Power Queryエディターが開きます（画面10）。

▼**画面9** SharePointリストを選択してデータの変換

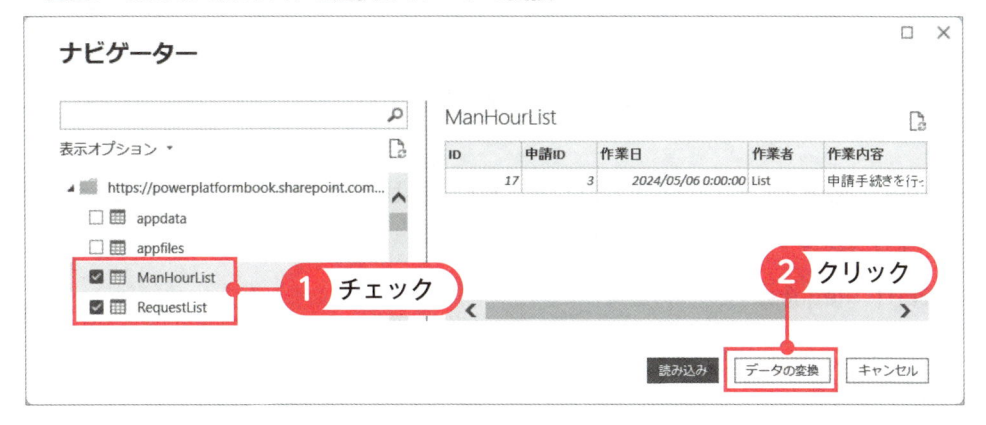

▼**画面10** Power Queryエディター画面

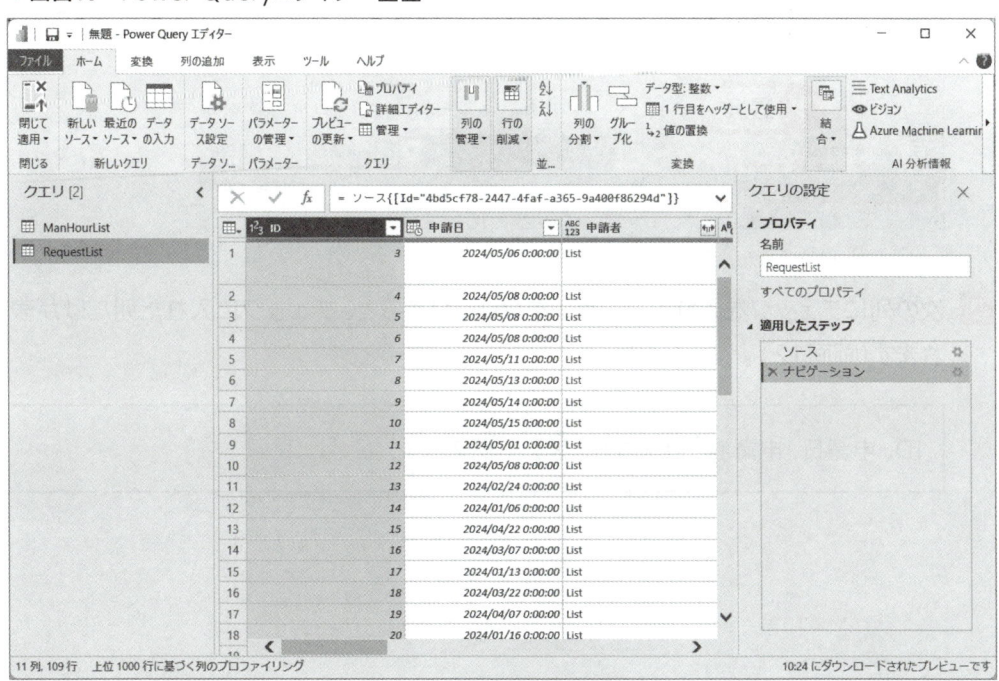

これで、Power BIからSharePointリストへ接続ができました。

2　Power Queryでデータフォーマットを整える

Power Queryエディターでは、Power BIで分析するデータの変換操作を行います。

①「RequestList」クエリのデータ変換

1 Power Queryエディターのクエリで、「RequestList」を選択し、「ホーム」タブ＞「列の選択」をクリックします（画面11）。

▼**画面11**　RequestListの列の選択

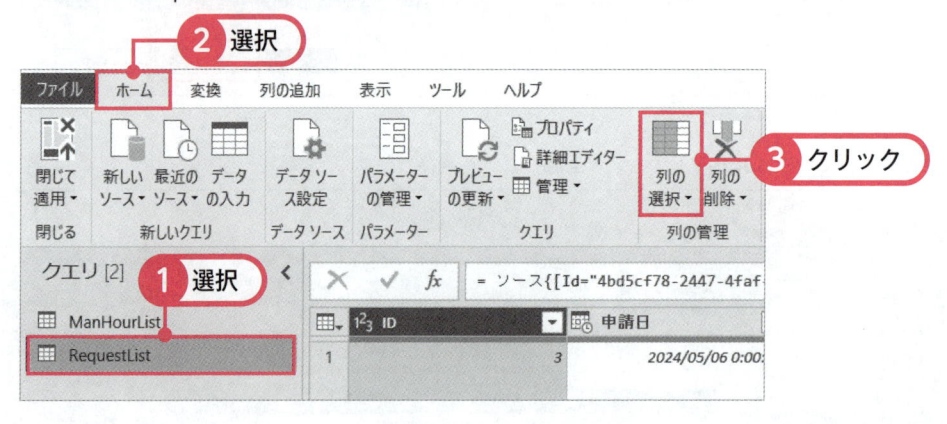

2 次の列にチェックを入れて、「OK」をクリックすると、チェックに入れた列だけが表示されます（画面12）。

ID、申請日、申請者、カテゴリ、ステータス

▼**画面12** 列の選択で必要な列にチェックを入れる

3 申請日の列の左にある「日付/時刻」アイコンをクリックし、データ型を「日付」に変更します（画面13）。

▼**画面13** 申請日列のデータ型を変更

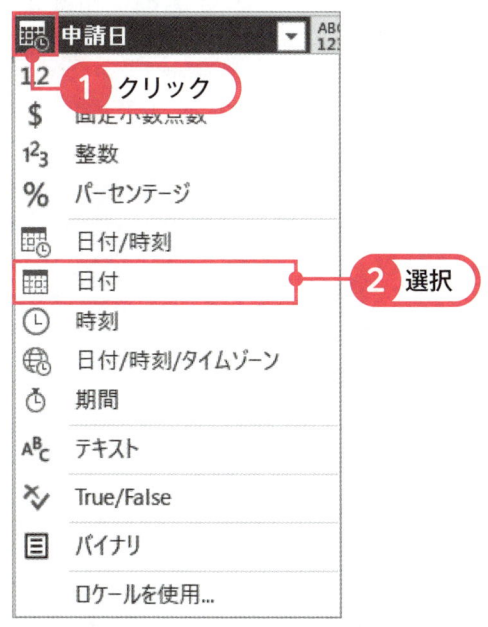

4　申請者列の右の「展開」アイコン>「新しい行に展開する」を選択します（画面14）。

▼**画面14**　申請者列のデータを新しい行に展開

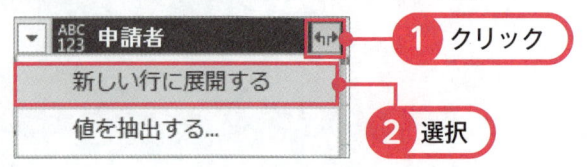

5　再度申請者列の右の「展開」アイコンをクリックし、「email」「department」にチェックを入れて、「元の列名をプレフィックスとして使用します」のチェックを外し、「OK」をクリックします（画面15）。

▼**画面15**　申請者列のレコードを展開

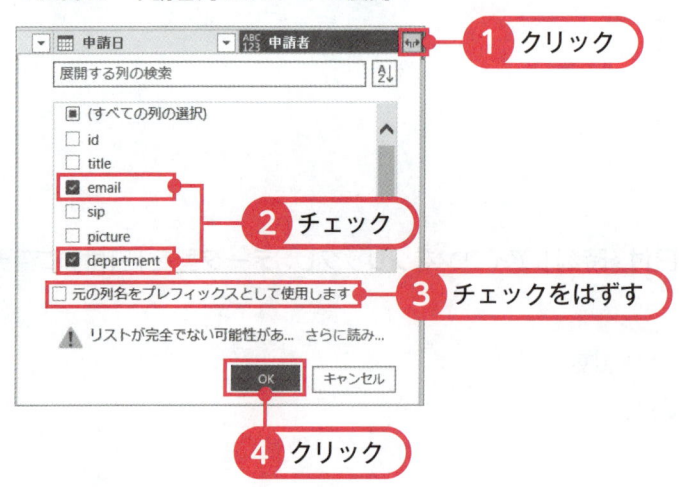

6 展開された2つの列「email」「department」をCtrlキーを押しながら選択し、右クリックで「型の変更」>「テキスト」を選択し、データ型をテキスト型に変更します（画面16）。

▼**画面16** email、department列のデータ型を変更

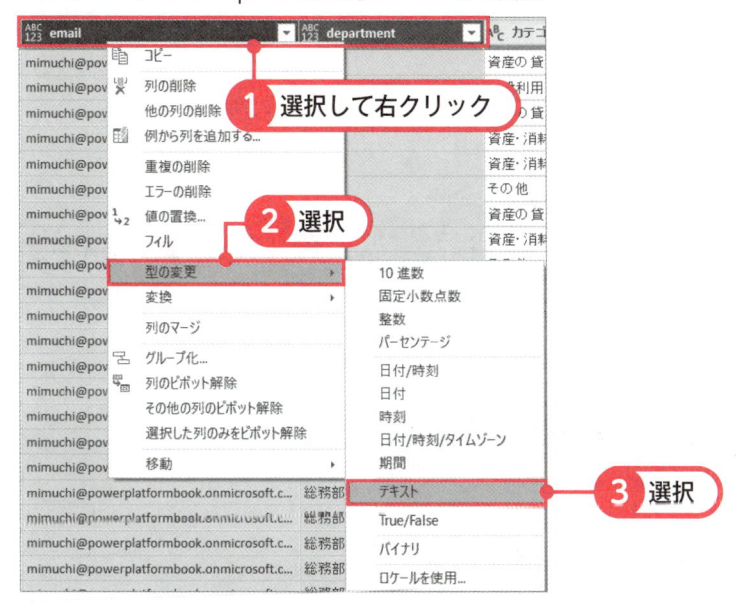

②「ManHourList」クエリのデータ変換

1 「RequestList」のデータ変換が完了したので、クエリの「ManHourList」を選択します（画面17）。

「ManHourList」についても、「RequestList」のデータ変換と同様の手順で進めていきます。

▼**画面17** 「ManHourList」クエリを選択

2 「ホーム」タブ＞「列の選択」をクリックし（画面18）、次の列にチェックを入れて「OK」をクリックします（画面19）。

申請ID、作業日、作業者、作業時間

▼**画面18**　ManHourListの列の選択

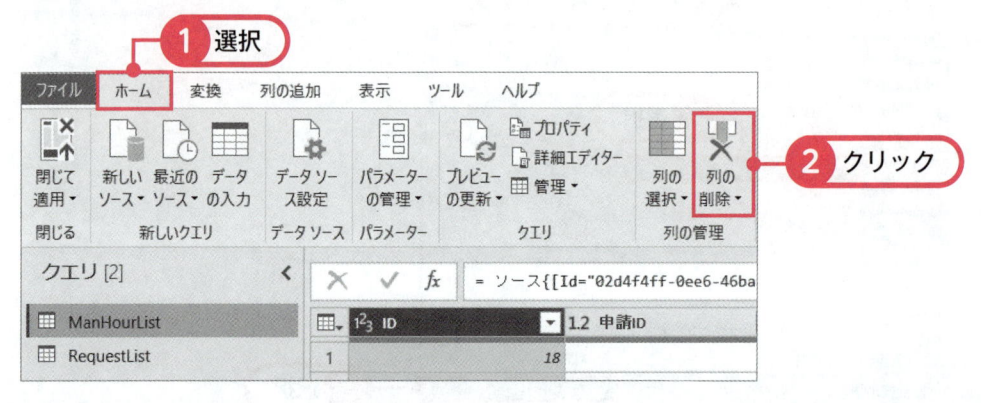

▼**画面19**　列の選択で必要な列にチェックを入れる

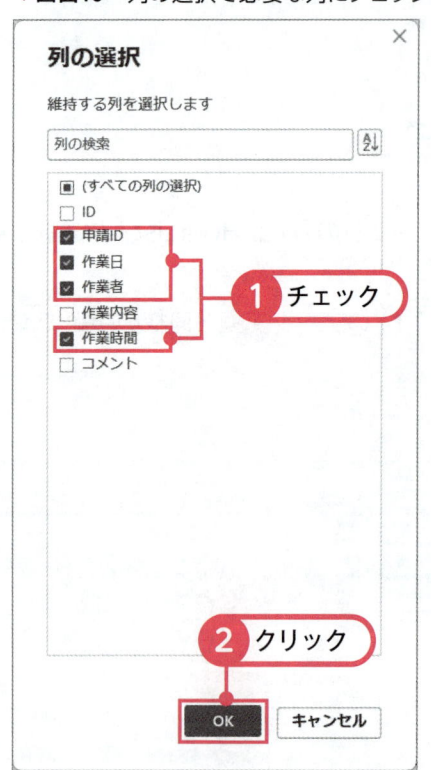

3 作業日の列の左にある「日付/時刻」アイコンをクリックし、データ型を「日付」に変更します（画面20）。

▼**画面20** 作業日列のデータ型を変更

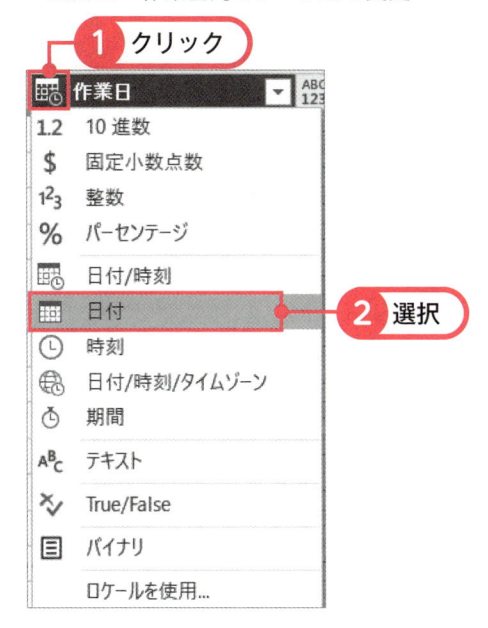

4 申請ID列の左にある「10進数（1.2）」アイコンをクリックし、データ型を「整数」に変更します（画面21）。

▼**画面21** 申請ID列のデータ型を変更

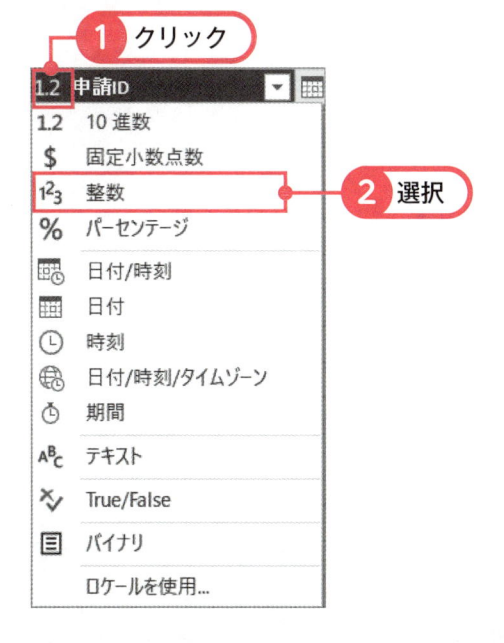

5 作業者列の右の「展開」アイコン＞「新しい行に展開する」を選択します（画面22）。

▼**画面22**　作業者列のデータを新しい行に展開

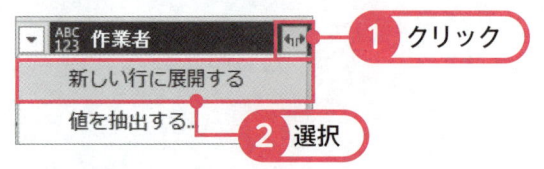

6 再度作業者列の右の「展開」アイコンをクリックし、「email」にチェックを入れて、「元の列名をプレフィックスとして使用します」のチェックを外し、「OK」をクリックします（画面23）。

▼**画面23**　作業者列のレコードを展開

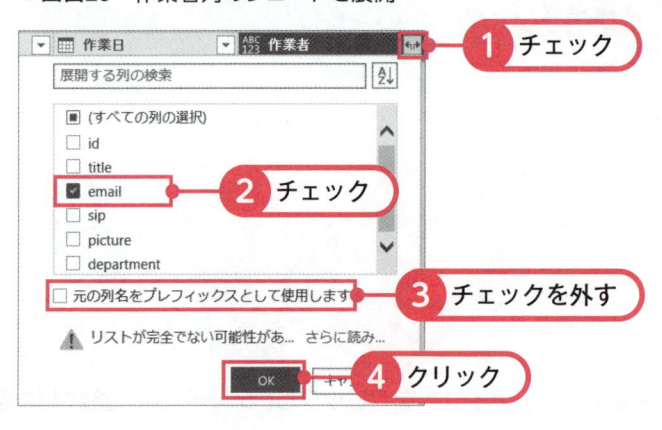

7 展開された「email」列の左の「ABC123」アイコンをクリックし、データ型を「テキスト」に変更します（画面24）。

▼**画面24**　email列のデータ型を変更

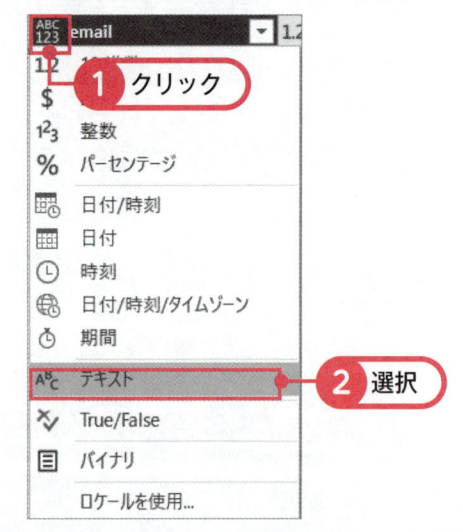

8 「ManHourList」のデータ変換も完了したので、「ホーム」タブ＞「閉じて適用」をクリックします（画面25）。

Power Queryエディターが閉じて、Power BIデスクトップ画面で、変換後のデータが読み込まれます。

▼**画面25**　Power Queryエディターを閉じて適用する

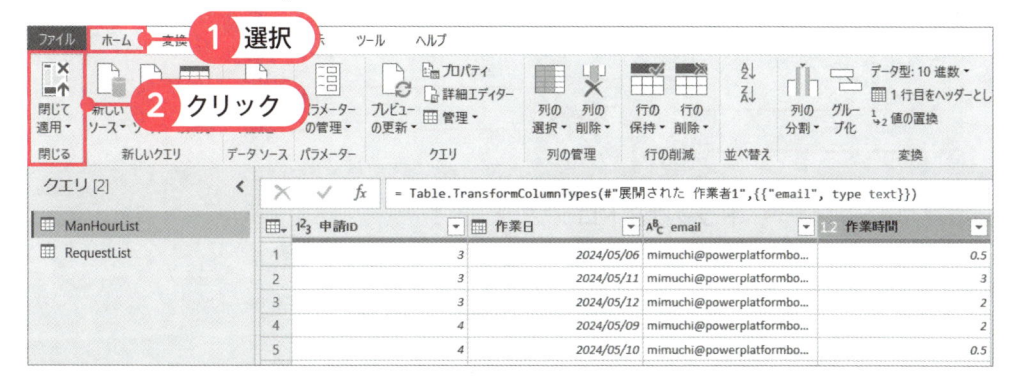

これでPower Queryでのデータ変換操作も完了です。

3　2つのSharePointリストの関係性を定義する

次に、Power BIデスクトップの「モデルビュー」タブで、リレーションシップを作成し、2つのテーブル間の関係性を定義します。

1 Power BIデスクトップで「モデルビュー」タブをクリックすると、「RequestList」と「ManHourList」が表示されます（画面26）。

▼**画面26**　Power BIデスクトップのモデルビュータブ

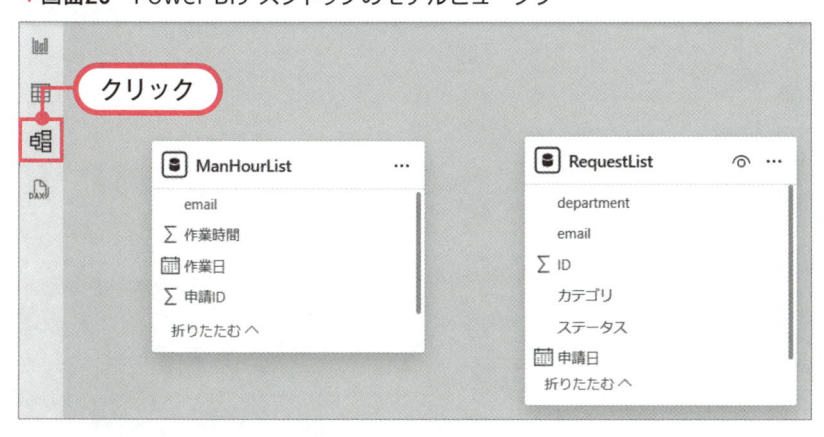

2　「RequestList」の「ID」列を選択し、「ManHourList」の「申請ID」列にドラッグ＆ドロップして保存すると、2つのテーブル間を「申請ID」列で紐づけること（リレーションシップの作成）ができます（画面27）。

▼**画面27**　テーブル間のリレーションシップの作成

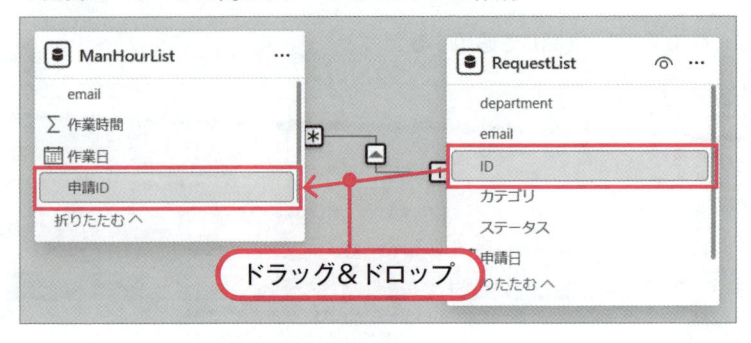

これで、2つのテーブル間の関係性が定義できました。

4　レポートを作成する

「モデルビュー」タブで、データモデルを作成したら、再度「レポートビュー」タブに戻り、レポート（グラフ等）を作成していきます。

1　「レポートビュー」タブに戻り、「視覚化」から「集合縦棒グラフ」を選択し、「X軸」に「データ」からManHourListの「作業日」を追加します（画面28）。

　　作業日は年、四半期、月、日の階層が自動で作成されるため、「四半期」「日」は右の「×」アイコンで削除します。

▼**画面28** 集合縦棒グラフのX軸にデータを入れる

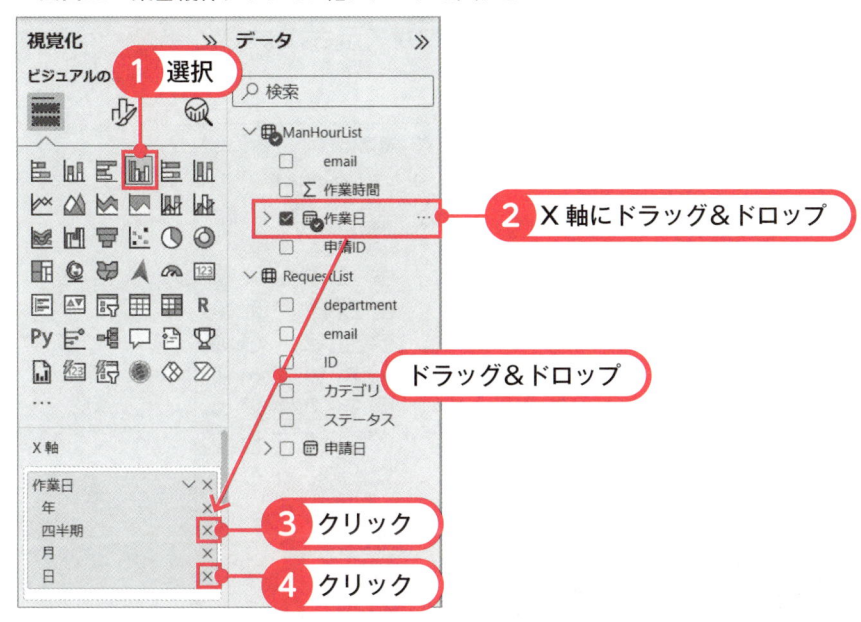

2 集合縦棒グラフの「Y軸」にManHourListの「作業時間」（合計）を追加すると、画面29のように、作業時間が棒グラフで表示されます。

グラフの上側に表示されている「二又」のアイコン（階層内で1レベル下をすべて展開します）を選択し、年月レベルで作業時間の合計を表示してみましょう。

▼**画面29** 集合縦棒グラフのY軸にデータを入れる

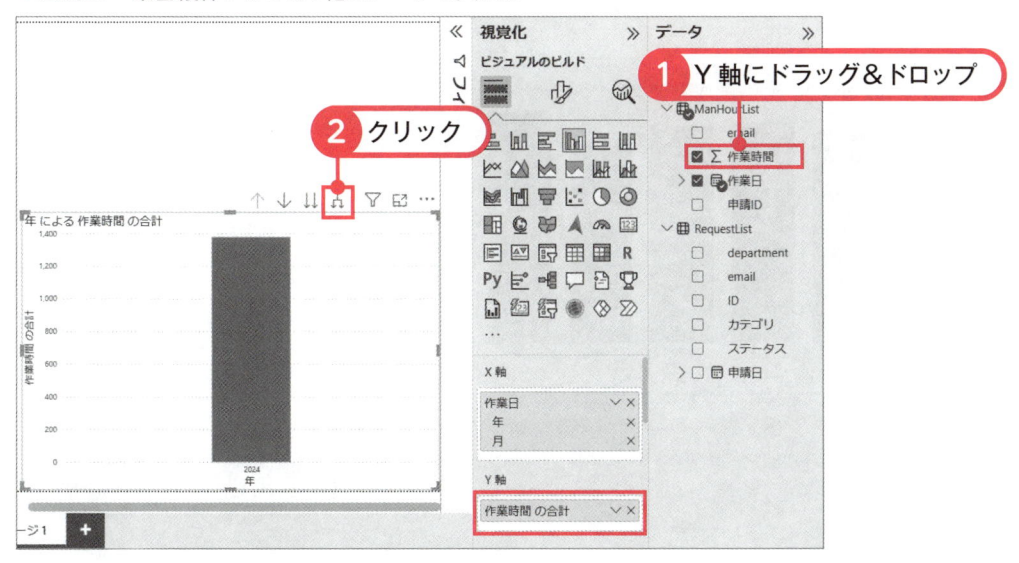

3 集合縦棒グラフの「凡例」にRequestListの「カテゴリ」を追加すると、画面30のように、年月・カテゴリごとの作業時間が、棒グラフが表示されます。

▼**画面30**　集合縦棒グラフの凡例にデータを入れる

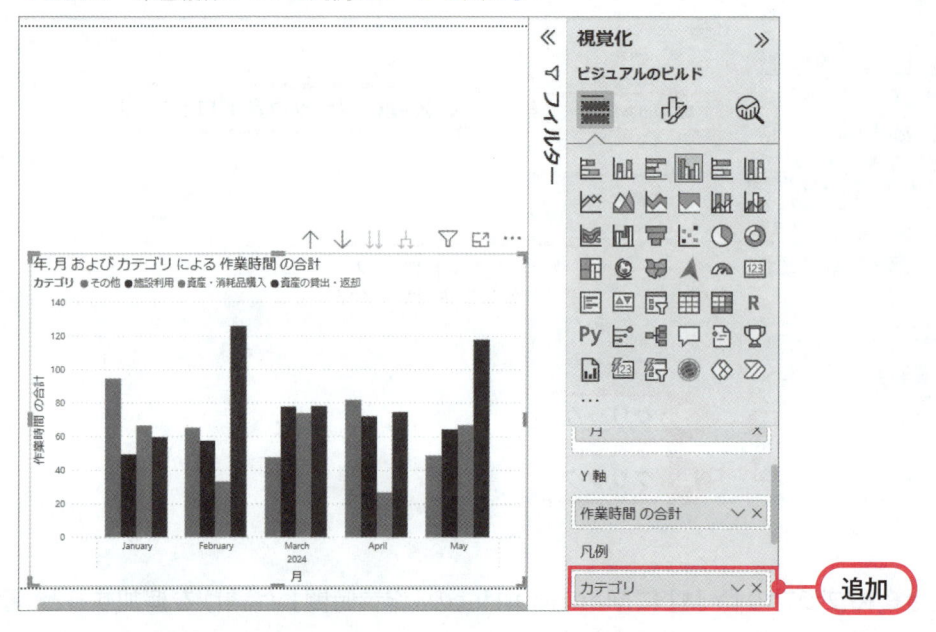

4 グラフを選択した状態で、「視覚化」から別のグラフ（例えば「積み上げ縦棒グラフ」）を選択すると、同じデータを別のグラフで表示することができます（画面31）。

▼**画面31**　積み上げ縦棒グラフに変える

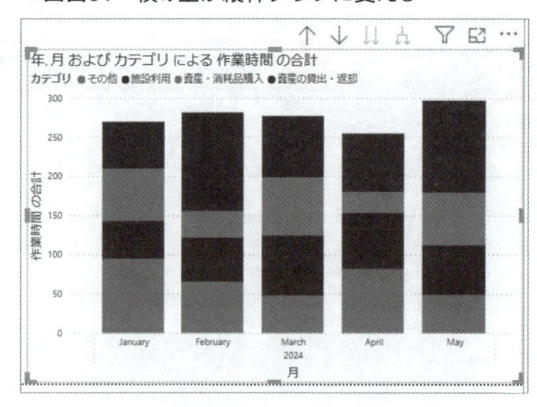

リレーションシップの重要性

　このように、RequestListと、ManHourListの2つの異なるテーブルのデータを、1つの
グラフに表示できるのは、「モデルビュー」タブで適切にリレーションシップの作成をし
たためです。

　リレーションシップの作成が適切でない場合は、異なるテーブルのデータを適切にグ
ラフに表示することができません。

5 次に「視覚化」から「カード」を選択し、「フィールド」に「RequestList」の「ID」（IDのカ
ウント）を追加すると、申請件数の合計が表示できます（画面32）。

▼画面32　カードに申請件数を表示する

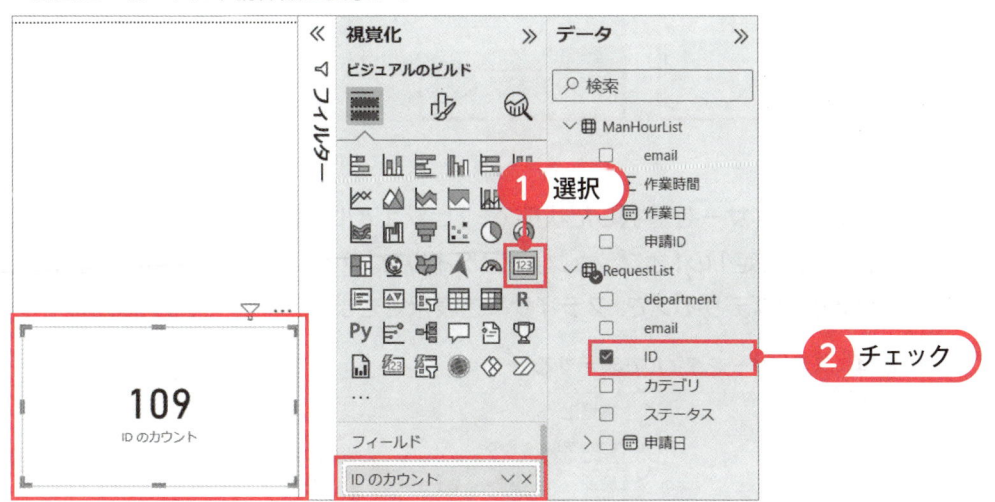

6 次に「視覚化」から「スライサー」を選択し、「フィールド」に「RequestList」の「カテゴリ」を追加すると、カテゴリのフィルターを表示できます（画面33）。

▼**画面33**　スライサーにカテゴリを表示する

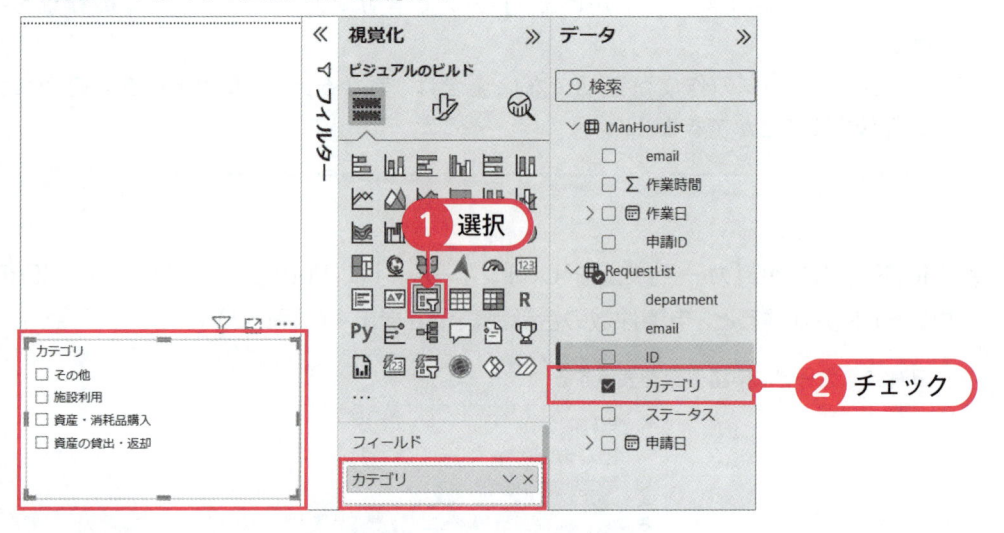

7 カテゴリのスライサーを選択した状態で、「ビジュアルの書式設定」＞「ビジュアル」＞「スライサーの設定」の「オプション」でスタイルを「タイル」に変更すると、画面34のようなレスポンシブデザインで、スライサーを表示できます。

▼**画面34**　スライサーをタイルで表示する

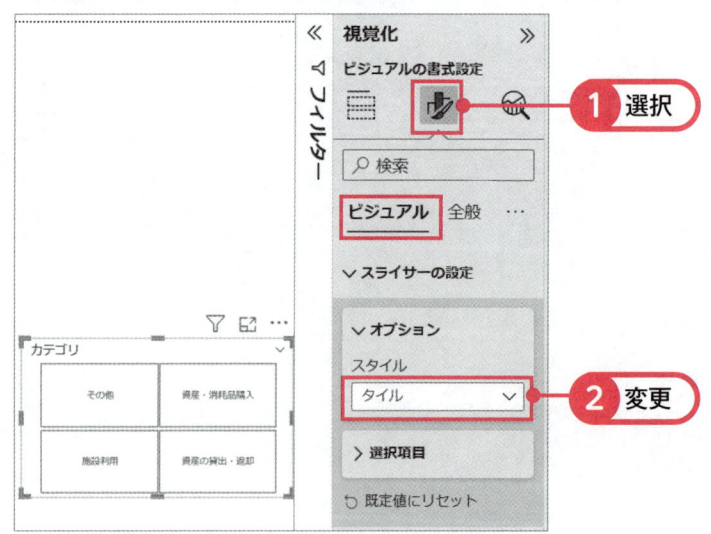

ビジュアルの書式設定

ビジュアルの書式設定を使うと、ビジュアルのデザインを色々と変更できます。

例えば、色、タイトル、フォントサイズ等、様々な設定ができるので、最終的にレポートのデザインを綺麗に整えたい場合は、ぜひ活用してください！

8 後は、自由にPower BIの視覚化からビジュアルを追加し、レポートを作成してみましょう。

配色を変えたい場合は、「表示」タブの「テーマ」から好きなテーマを選択することもできます（画面35）。

▼**画面35** レポートのテーマを変える

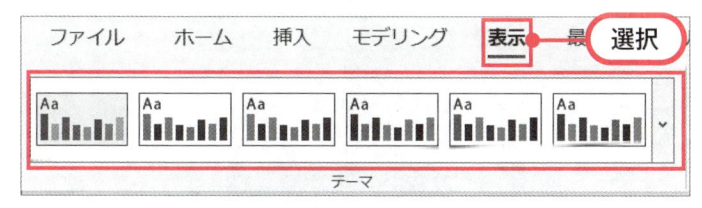

これで、Power BIのレポートが作成できました。

5 レポートを発行し、メンバーと共有する

Power BIデスクトップでレポートを作成した状態では、作業者のみがレポートを見ることができ、他のメンバーと共有されていません。

最後に、作成したレポートを「Power BIサービス」（クラウド上）に発行し、メンバーと共有する手順を解説します。

①Power BIサービスにレポートを発行する

1 Power BIデスクトップでレポートを作成した後、「ホーム」タブ＞「発行」をクリックし、レポートをPower BIサービスに発行します（画面36）。

▼**画面36**　レポートを発行する

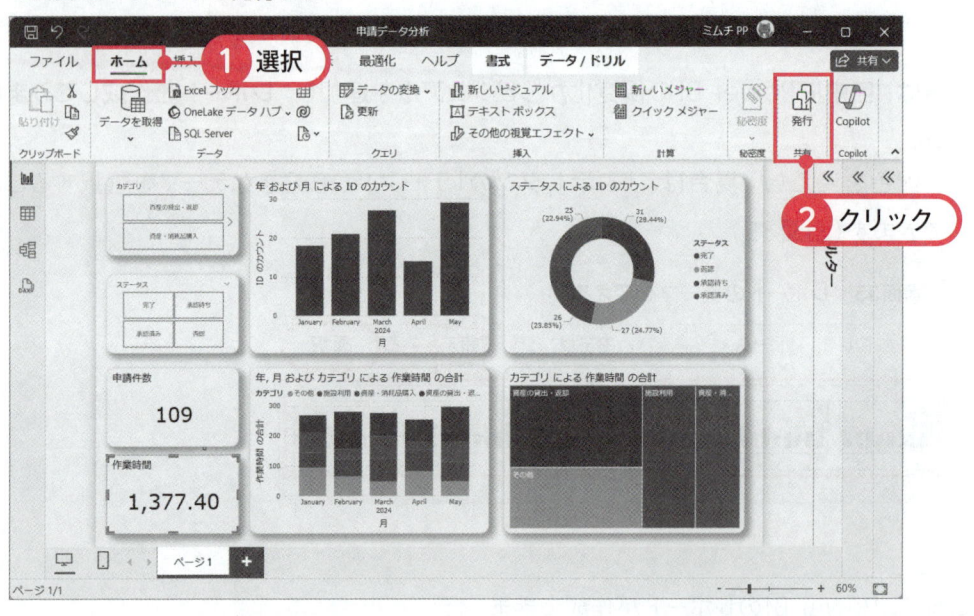

2 「マイワークスペース」を選択し、「選択」をクリックします（画面37）。

▼**画面37**　マイワークスペースに発行する

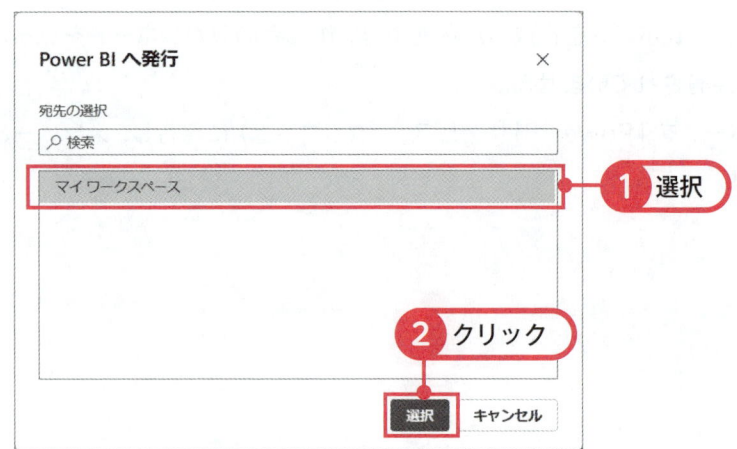

ワークスペースにレポートを発行する

　Power BIデスクトップで作成したレポートは、Power BIサービスの任意のワークスペースを指定して、発行する必要があります。

　ワークスペースは、作業場所という意味で、レポートを共有したいメンバーがアクセスできるワークスペース（例えば「総務部ワークスペース」等）を作成して発行することができます。

　Power BI Proライセンスを持っていない場合は、マイワークスペース（自分だけが見られるワークスペース）のみに発行することができます。

3 レポートの発行が成功したら、「Power BIで'レポート名'を開く」を選択し、Power BIサービスに発行されたレポートを表示します（画面38）。

▼**画面38**　Power BIサービスに発行されたレポートを表示する

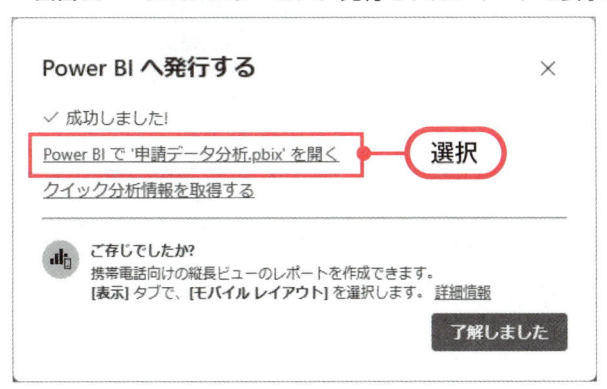

　これで、Power BIデスクトップで作成したレポートを、Power BIサービスに発行できました。

②データの自動更新設定をする

1 ブラウザでPower BIサービスが開くので、「マイワークスペース」を選択します（画面
39）。

▼**画面39** Power BIサービスのマイワークスペースを表示

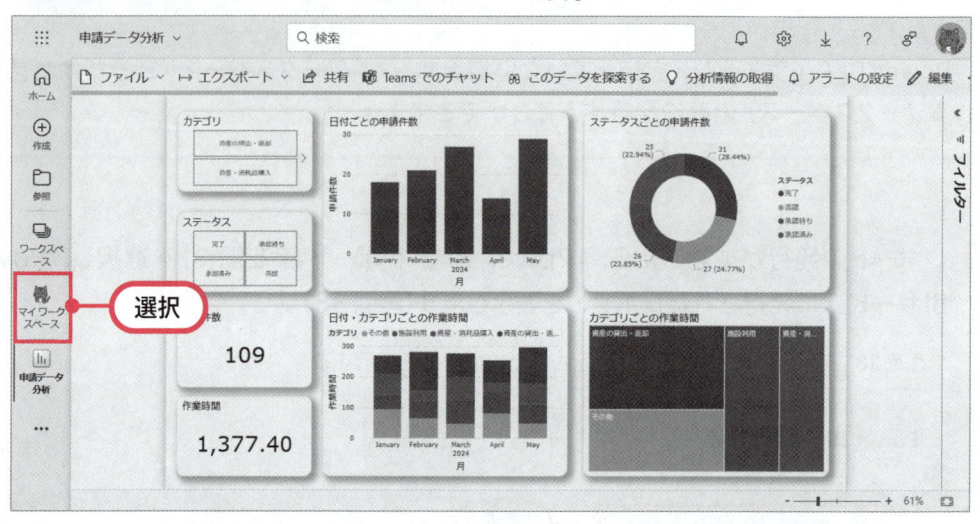

2 「セマンティック」の「更新のスケジュール設定」アイコンをクリックします（画面40）。

▼**画面40** 「更新のスケジュール設定」をクリック

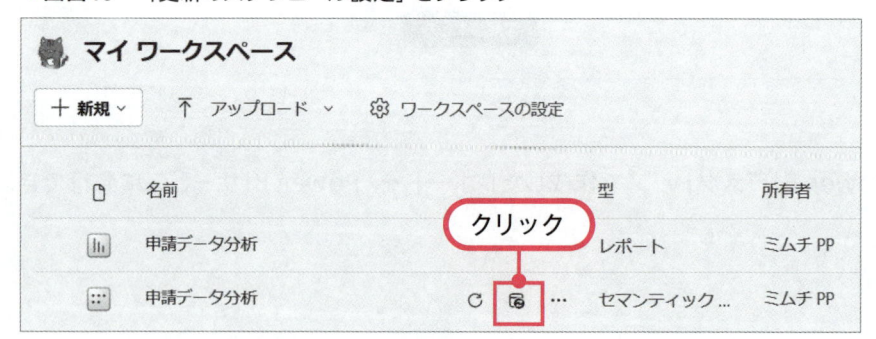

3 「データソースの資格情報」で「資格情報の編集」をクリックし（画面41）、画面42のように設定して「サインイン」を選択します。

▼**画面41**　「資格情報の編集」をクリック

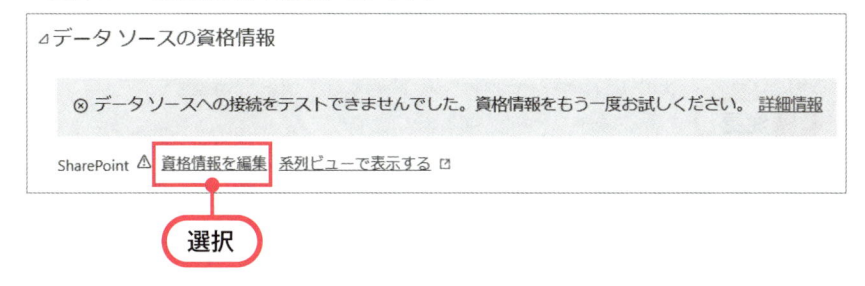

▼**画面42**　「資格情報の編集」を設定

4 資格情報の編集が設定できたら、「最新の情報に更新」を「オン」にして、画面43のように更新日時を設定し「適用」をクリックします。

▼**画面43** 「情報更新スケジュール」を設定

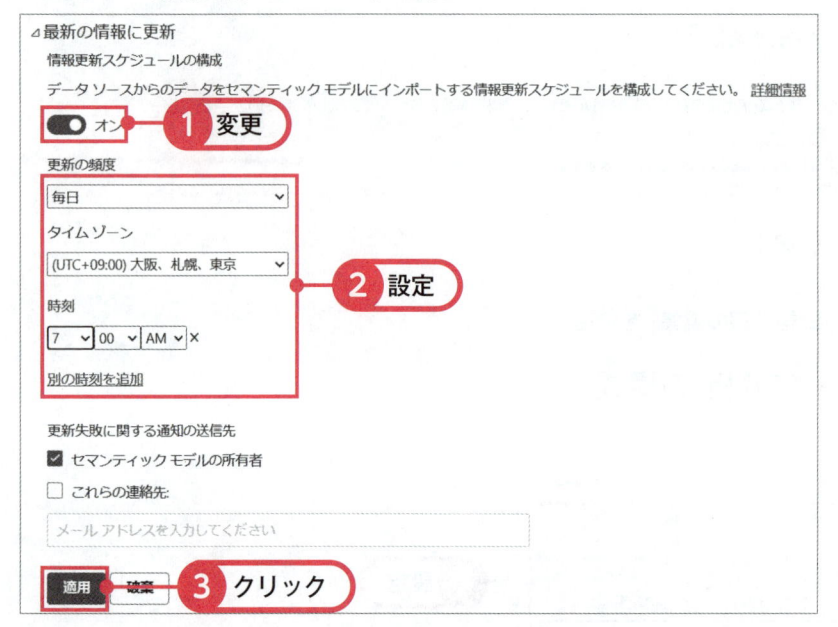

これで、設定したスケジュールでデータを自動更新することができます。

③ワークスペースにアクセス権を付与する

マイワークスペースは、自分だけの作業場所のため、他のメンバーにアクセス権を付与することはできません。

他のメンバーにアクセス権を付与したい場合は、新規にワークスペースを作成しましょう。

1 ワークスペースで「アクセスの管理」をクリックします（画面44）。

▼**画面44** ワークスペースへアクセス権の付与

2 アクセスの管理で、Microsoft Entra IDに登録されているユーザーやセキュリティグ
ループを追加すると、ワークスペースにあるレポートやセマンティックモデルを共有する
ことができます（画面45）。

▼**画面45**　ユーザーやセキュリティグループを追加

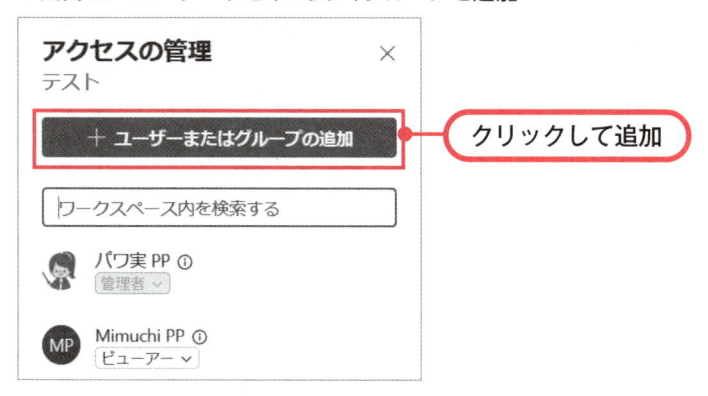

3 レポートのリンクを共有したい場合は、Power BIサービスで「レポート」を開き、「共
有」からリンクを共有できます（画面46）。

▼**画面46**　Power BIレポートのリンクを共有

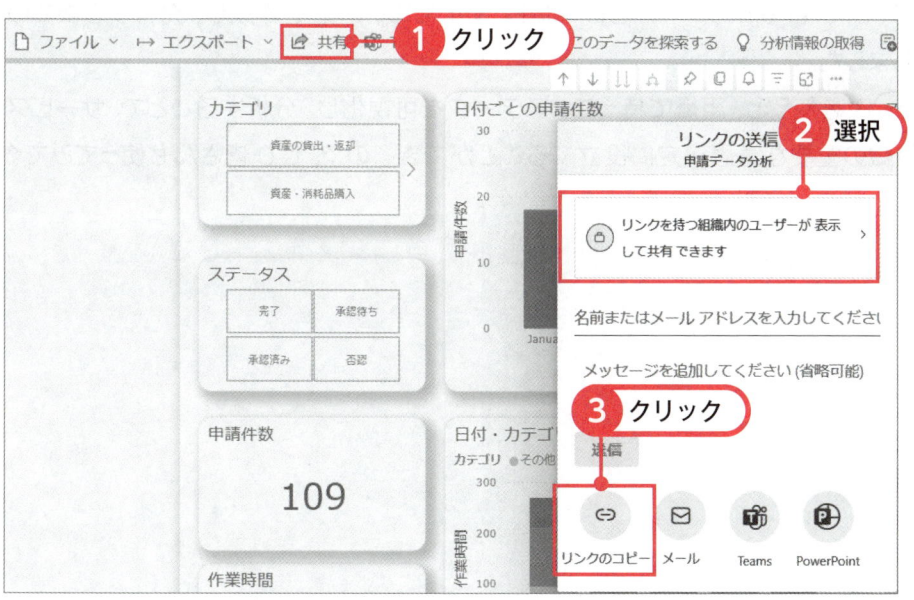

これでPower BIレポートの発行と共有、データの自動更新設定ができました。

第7章のまとめ

本章では、Power Appsと、Power BIとの簡単な連携について、実際にSharePointリストからPower BIレポートの作成を通して学習しました。

Power BIを使うと、ExcelやCSVファイル、SharePointリスト等、様々なデータソースを組み合わせて、可視化したレポートを作成し、共有することができます。

Power BIレポート作成は、次のような手順で進めていきます。

Power BIレポートの作成手順

1. Power BIからデータソース (SharePointリスト) に接続する
2. Power Queryでデータフォーマットを整える
3. 2つのSharePointリストの関係性を定義 (データモデリング) する
4. レポートを作成する
5. レポートを発行し、メンバーと共有する

今回は、SharePointリストから簡単にPower BIレポートを作成し、発行するまでの手順を体験しました。

Power BIを使うと、組織で持っているデータを可視化し、分析することで、サービスの改善等、組織の重要な意思決定に役立てることができるので、ぜひ皆さんも使ってみてください!

AI・Copilot の活用

第8章のゴール

　本章では、Power AppsのCopilot機能を使って、テーブルとレスポンシブレイアウトのアプリを自動作成してみます。

　また、AI Builderや、ChatGPT等のAIを、Power Appsアプリ開発で活用する事例を紹介します。

　この章を完了すると、Power AppsのCopilot機能や、AI Builderを使った簡単なアプリ開発ができるようになり、さらにChatGPTを活用し、アプリ開発の効率をアップする方法を理解することができます。

1 Copilotを使ったアプリの自動作成

Power Platformを使った申請業務の改善を行ったミムチは、最近よく聞く「AI」や「Copilot」について、興味を持ち始めました。

「Power AppsのCopilot機能を使えば、アプリが自動で作成できると聞きましたぞ！」

しかし「Copilot」というのは、どうやって使えるのですかな…？

Power Appsの「Copilot」機能は、Dataverseが使える環境なら、誰でも自由に使えるので、早速体験してみましょう！

1 Copilotでレスポンシブデザインのアプリを自動作成する

まずは、Power Appsの「Copilot」機能を使って、テーブルと、レスポンシブデザインアプリの自動作成をしてみましょう！

※本書で紹介するCopilotを使用したテーブル作成や画面操作の例は、実際の動作と完全に一致しない場合があります。

① Copilotでテーブルを自動作成する

1 Power Apps（https://make.powerapps.com/）を開き、「アプリ」タブから「Copilotで開始する」を選択します（画面1）。

▼**画面1** Power AppsをCopilotで開始する

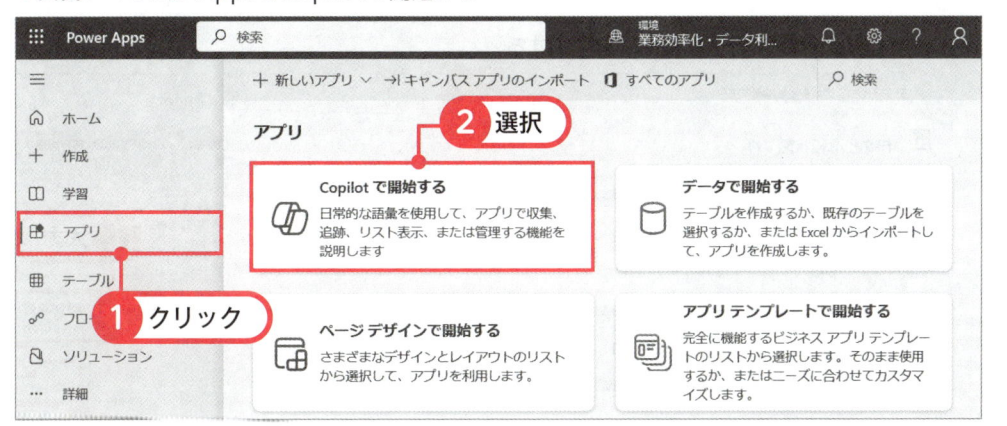

2 アプリを作成する画面が開き、Copilotにアプリの説明文を入力することで、テーブルを自動作成してくれます。

　　試しに次の文を入力し、「送信」ボタンをクリックしましょう（画面2）。

> 他部署からの申請と承認状態を管理するテーブルを作成して

▼**画面2** Copilotでテーブルの作成をする

3 自動作成されたテーブルが表示されますが、テーブルを修正したい場合は、続けて Copilotに指示を出すことができます(画面3)。

テーブルに列を追加したい場合、次の文を入力し、「送信」ボタンをクリックしましょう。

> 申請者、承認者、カテゴリの列も追加して

▼**画面3** Copilotでテーブルに列を追加する

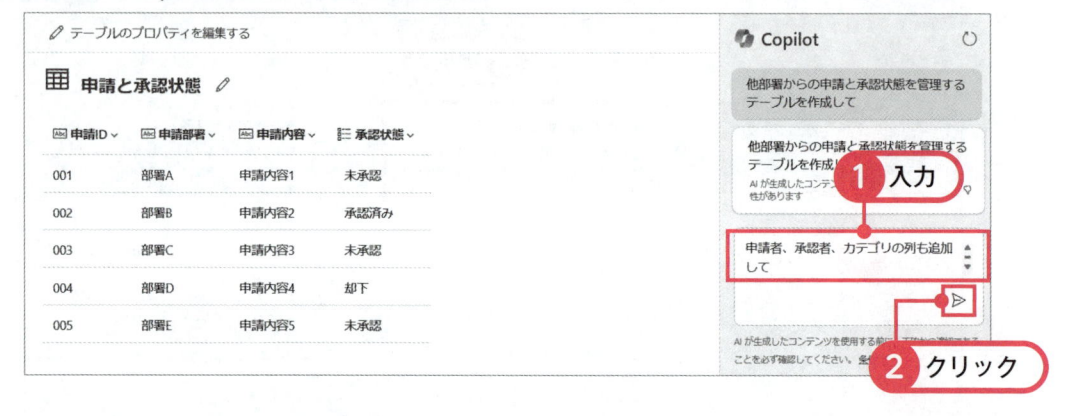

4 カテゴリ列のデータ型を「選択肢」型に変えたり、選択肢のオプションを変えたりしたい 場合は、次のように文を入力し、「送信」ボタンをクリックしましょう(画面4、画面5)。

> カテゴリ列は選択肢型にして（資産の貸出・返却、資産・消耗品購入、施設利用、その他)

> 承認状態の選択肢は（未承認、承認、否認）にして

▼**画面4** Copilotで列の種類 (データ型) を変更する

▼**画面5** Copilotで選択肢列のオプションを変更する

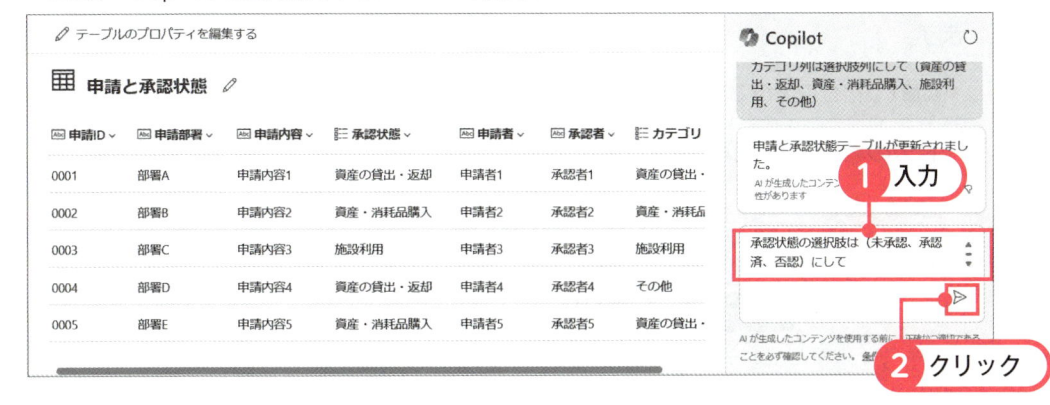

このように、Copilotを使ってPower Appsアプリのテーブルを自動作成することができます。

Copilotで作るテーブルはDataverseに格納される

Copilotでテーブルを作成したけど、一体何のデータソースに格納されているの？
そう疑問に思うかもしれません。
Copilotで作成されたテーブルは、Dataverseに格納されます。
そのためDataverseを持っていないと、Copilotでテーブル作成ができません。

②Copilotで作成したテーブルからアプリを自動作成する

1 Copilotでテーブルを自動作成したら、「アプリを作成する」ボタンをクリックします（画面6）。

▼**画面6** Copilotでアプリを自動作成する

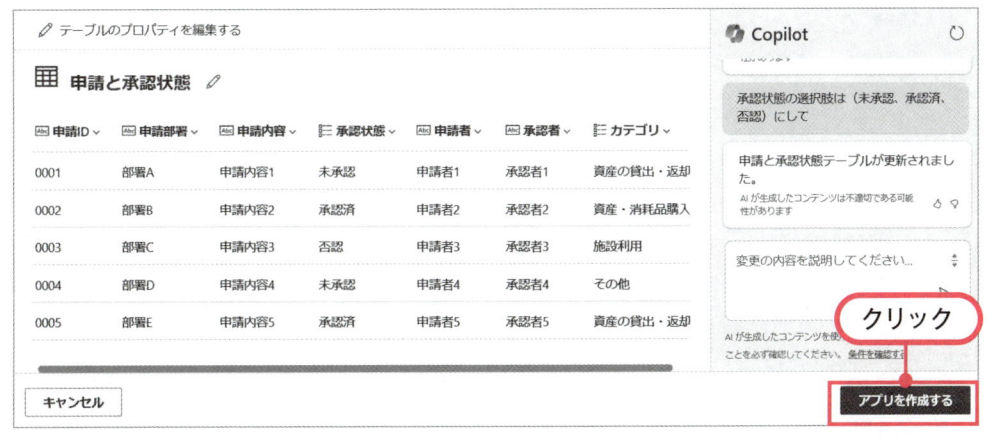

2 画面7のようなポップアップが表示された場合、「自分の環境で作成する」をクリックします。

▼**画面7**　自分の環境でテーブルとアプリを作成する

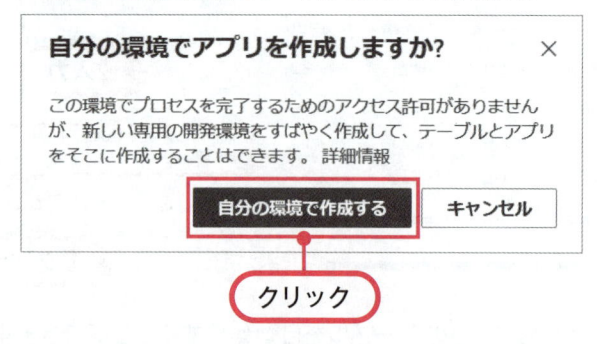

3 しばらく待つと、テーブルを元にレスポンシブデザインの Power Apps アプリが自動作成されます（画面8）。

▼**画面8**　アプリ作成準備中

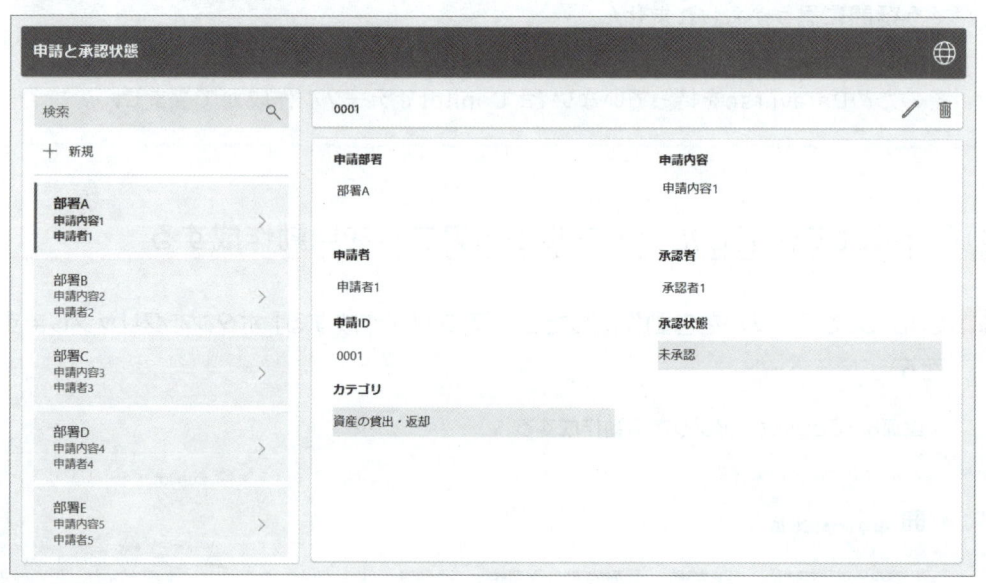

4 レスポンシブデザインなので、アプリのプレビューで、画面サイズをスマホサイズ（画面9）、タブレットサイズ（画面10）などに切り替えることができます。

▼**画面9** スマホサイズの表示

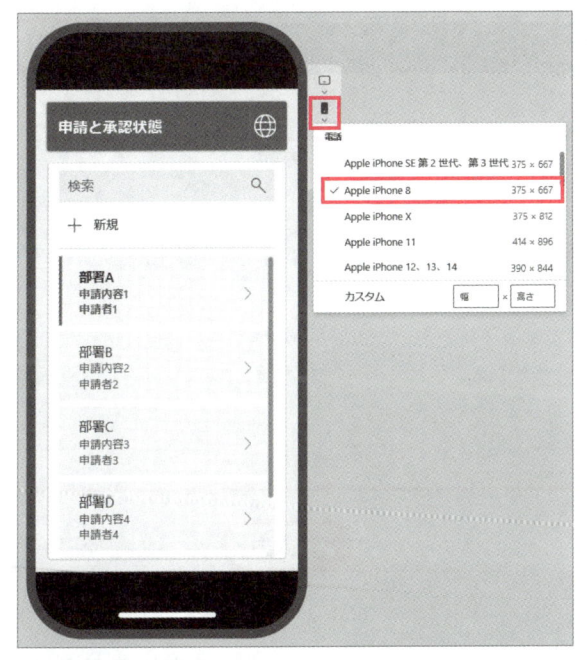

▼**画面10** タブレットサイズの表示

5 自動作成されたアプリを触ってみましょう！

「＋新規」をクリックすると、新規にデータ登録できます（画面11）。

▼**画面11**　新規データ登録

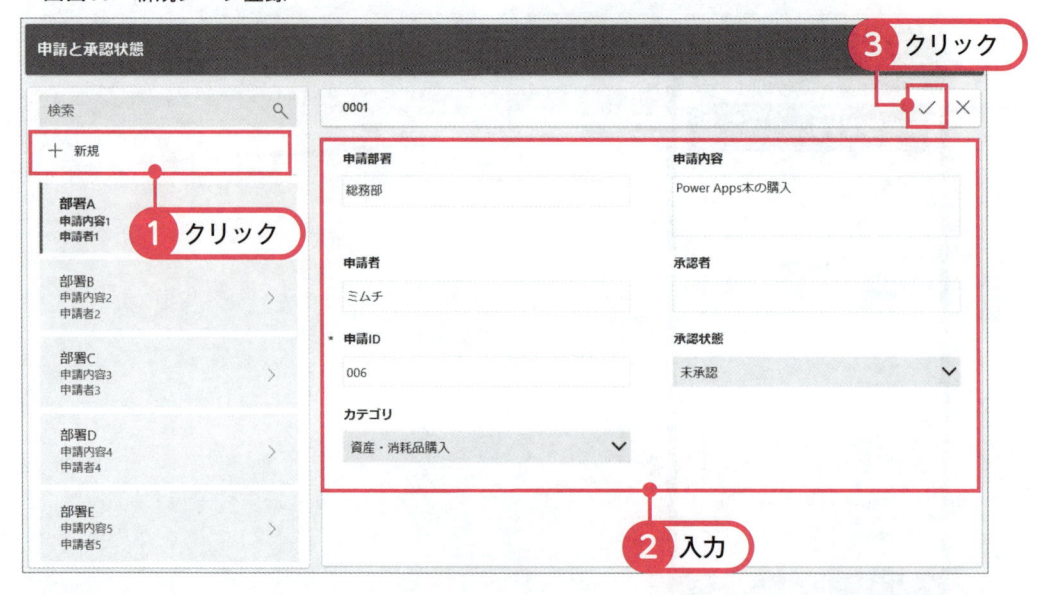

6 一覧からデータを選択し、「ペン」アイコンをクリックすると、データを編集できます（画面12）。

▼**画面12**　データの編集

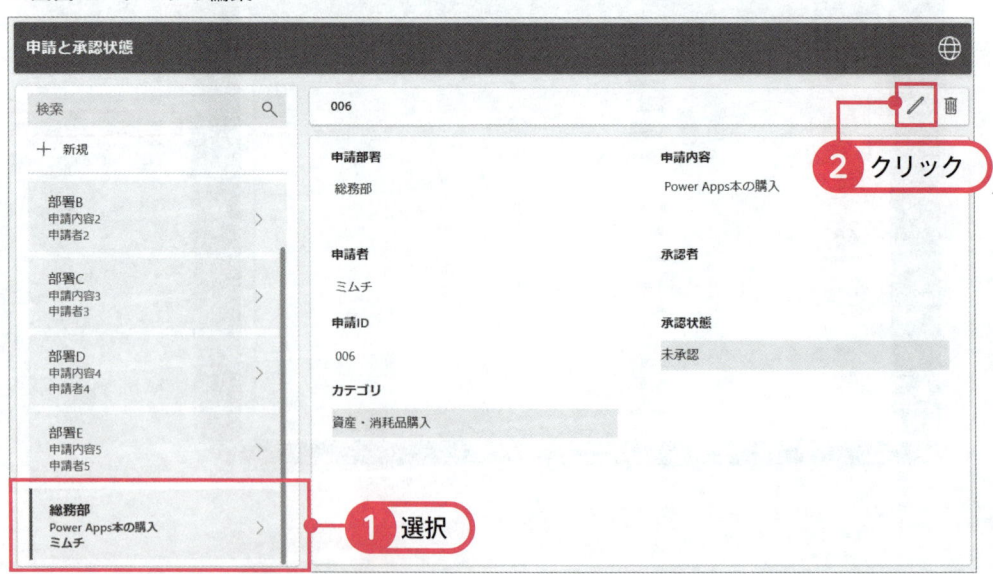

7 一覧からデータを選択し、「ごみ箱」アイコンをクリックすると（画面13）、削除確認画面が出て、「削除」をクリックするとデータを削除できます（画面14）。

▼**画面13** 「ごみ箱」アイコンをクリック

▼**画面14** データの削除

このような感じで自動作成アプリは動作します。

レスポンシブデザインのアプリは、1画面にCRUD（登録、読込、更新、削除）すべて

の機能が搭載されているシンプルなアプリです。

　しかし、このアプリの構造を理解するには、「コンテナ」の使い方についても理解を深める必要があります。

自動作成アプリの構成については、次の記事等を参考にしてください。

参考：【PowerApps入門】SharePointリストからレスポンシブなアプリを自動作成する！
https://www.powerplatformknowledge.com/powerapps-autocreateapp-responsive/

コラム　SharePoint リストからレスポンシブデザインのアプリを自動作成する

　実は、Power Appsの「ホーム」タブから「データで開始する」を選択し（画面1）、「外部データを選択」し（画面2）、対象のSharePointリストを設定後、「アプリを作成する」をクリックすると、SharePointリストをデータソースとしたレスポンシブデザインのアプリを自動作成できます（画面3）。

▼画面1　Power Appsをデータで開始する

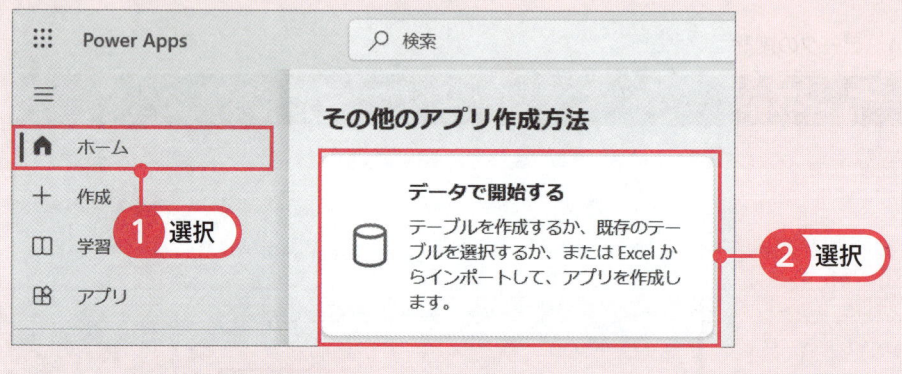

▼画面2　外部データを選択する

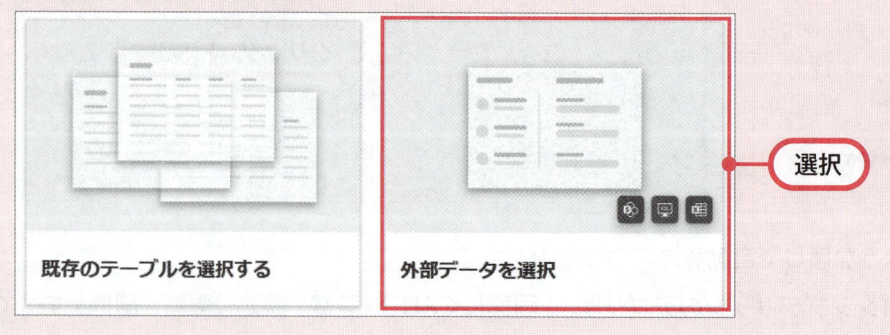

▼画面3　SharPointリストを選択し、アプリを作成する

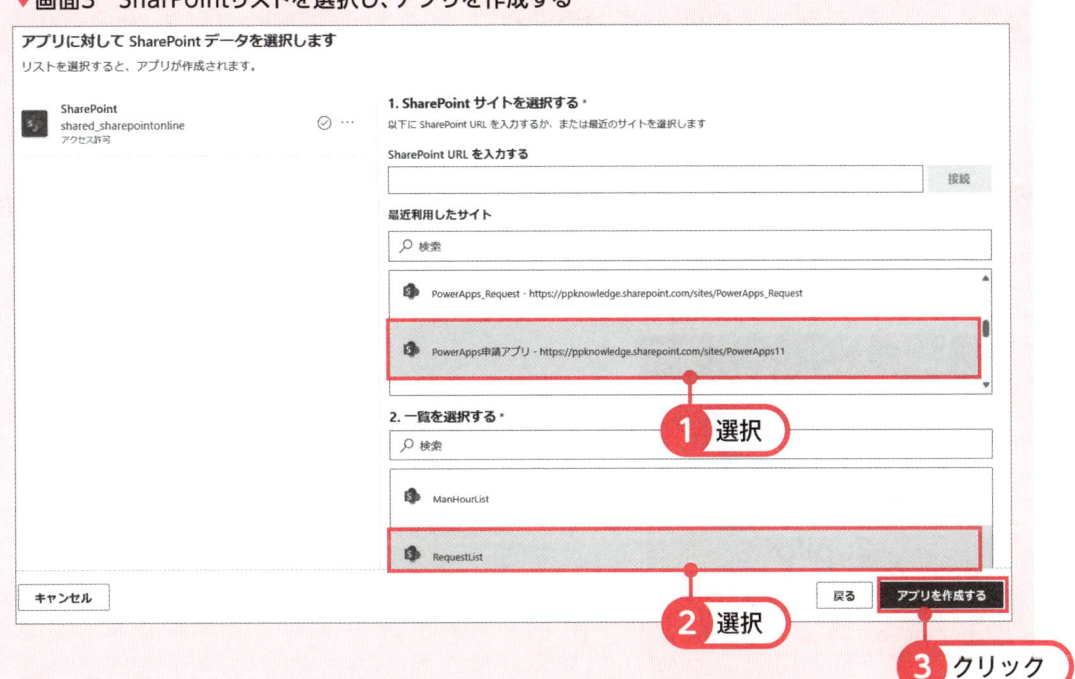

この方法で作成できるレスポンシブデザインのアプリは、今回紹介した「Copilot」を使って Dataverseテーブルから自動作成したアプリと同じ構造になります。

ただし2024年7月現在は、1つのSharePointリストからしかアプリを自動作成できない点に注意してください。

SharePointリストから、簡単にレスポンシブデザインのアプリを作りたい方は、ぜひ活用してみてください！

2 Copilotでアプリを編集する

次にPower Appsの編集画面で、Copilot機能を使って編集をしてみましょう！

1 Power Apps編集画面の右上の「Copilot」アイコンをクリックすると、Copilotが右側に表示されます（画面15）。

▼**画面15**　Power Apps編集画面のCopilot機能

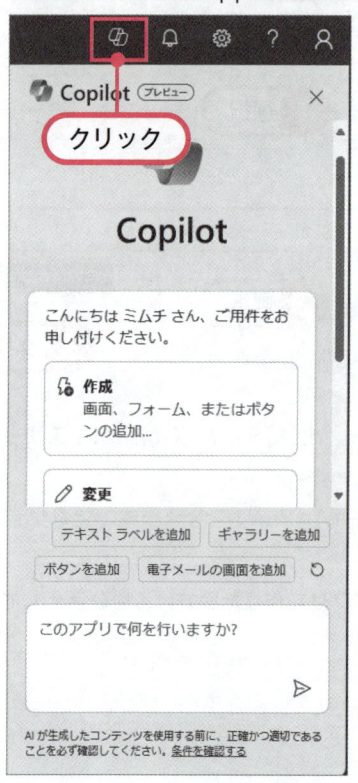

2 例えば「作成」＞「ギャラリーを追加」を選択すると（画面16）、画面にギャラリーを追加することができます（画面17）。

▼**画面16** Copilotでギャラリーを追加する

▼**画面17** Copilotで追加されたギャラリー

3 Copilotで、テキストのフォントサイズ等を変更することもできます（画面18）。

▼**画面18**　Copilotでテキストのフォントサイズを変更

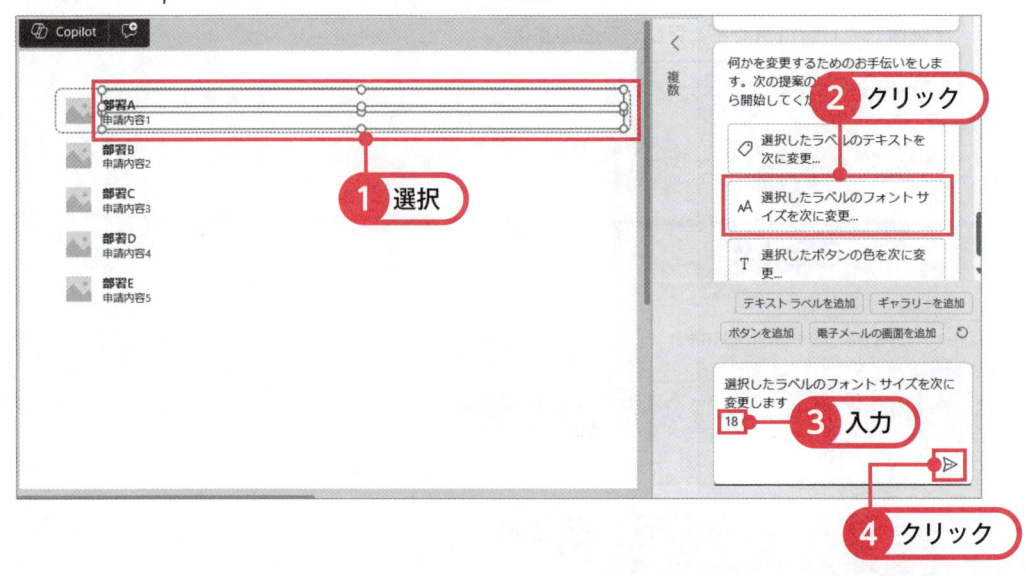

その他にも、ボタンや画面の追加、テキストやアイコンのプロパティの変更等もできるので、色々と試してみてください。

3 Copilotで関数式の説明を作成する

次に、Copilotを使って関数式の説明文を作成してみます。

1 この機能は2024年5月時点では、「英語」でのみ対応しているため、アプリ編集画面で関数式の入力箇所に「Copilot」のアイコンが表示されない場合は、Power Appsの「設定」アイコン＞「Power Appsの設定」から（画面19）、言語を「English」に変更しましょう（画面20）。

▼**画面19** Power Appsの設定を選択

▼**画面20** 言語をEnglishに変更

2 説明文を追加したい関数式を表示し、「Copilot」アイコンをクリックし（画面21）、
「Explain this fomula」を選択します（画面22）。

▼**画面21**　関数式の「Copilot」をクリック

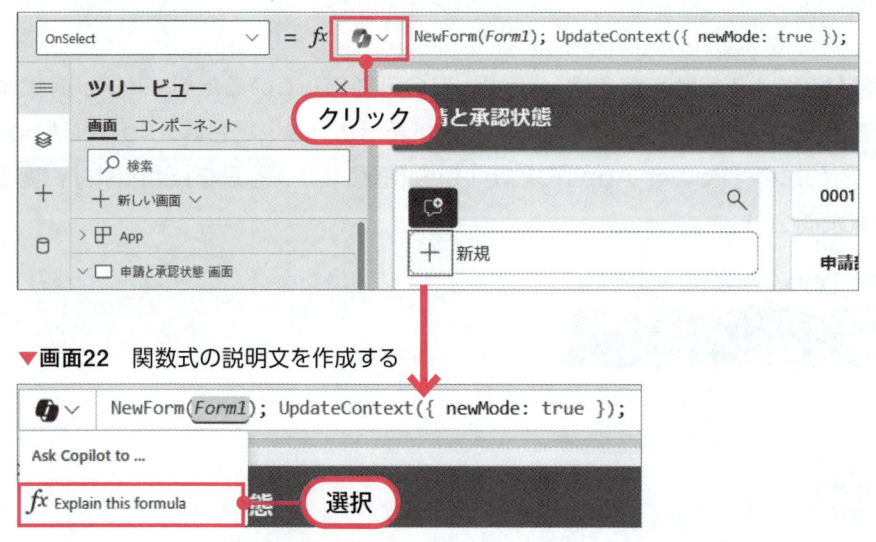

▼**画面22**　関数式の説明文を作成する

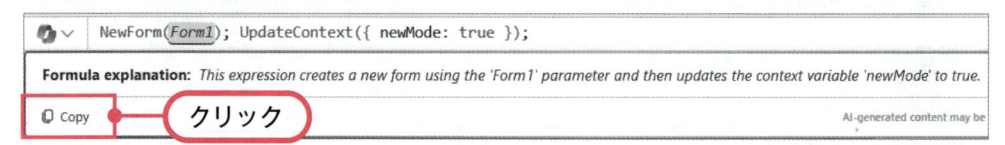

3 画面23のように、関数式の説明文が自動で作成されるため、コメント等に利用したり、
関数式の理解に活用したりすることができます。

▼**画面23**　作成された関数式の説明文

NewForm(*Form1*); UpdateContext({ newMode: true });	
Formula explanation: *This expression creates a new form using the 'Form1' parameter and then updates the context variable 'newMode' to true.*	
Copy　　クリック	AI-generated content may be

コラム　**Power AppsのCopilot機能はまだまだ発展途上？**

　ここまでの説明だと、「Copilot機能って大したものではないのでは？」と思う人もいるかもしれません。

　現時点では「Copilot」はプレビュー機能のため、まだまだ発展途上です。

　今はまだ多くの機能が使えるわけではなく、何だか物足りないと感じるかもしれません。

　しかし今後どんどん機能のアップデートがされていく予定です。

　例えば、日本語でまだ未対応な機能として、「関数式の自動作成」があります。

　コメントで、実装したい関数式の説明文を書くと、Copilotが自動で関数式を作成してくれる機能です。

　2024年5月時点では、まだ日本語でサポートされていませんが、近日中にサポートされると思います。

　更に、2024年5月に開催したMicrosoft Build（Microsoftが毎年開催するエンジニア、開発者を対象としたカンファレンスイベント）では、Power AppsのCopilotを使って、複数のテーブルを使ったデータモデル（リレーションシップ）の作成や、複数画面のアプリの作成も自動でできるようになると発表されました。

　Copilot機能はどんどん進化しており、今後のアップデートも期待できます。

　将来的には、CopilotでPower Appsのテーブル設計〜アプリ完成まで、すべてをサポートできるようになるかもしれませんね。

2　AI Builderの活用

> ミムチは、Power Appsの画面で「AIハブ」と表示されているコンテンツを見つけました。
>
> 「AIハブ？Power Appsで、Copilot以外にAIの機能が使えるのですかな？」

 Power Appsでも「AI」機能を使って、テキストの要約等ができるのですかな？

 Power Platformでは「AI Builder」を使って、簡単にテキスト要約や、情報抽出等ができるAI機能を使えます。

1　AI Builderとは？

　AI Builderは、Power Platformの一部として提供されているAI機能です。

　AI Builderを使うことで、プログラミングやデータサイエンスの専門知識が無くても、アプリやフローに、簡単にAI機能を組み込むことができます。

　AI Builderを使うことで、例えば次のようなことができます。

AI Builderでできること

● 顧客からの質問に対して、自動で返信文案を作成する

● メールのメッセージや、ドキュメント等のテキストを要約する

● 請求書から、登録番号、電話番号、商品名、価格等の情報を抽出する

● 顧客レビューの感情分析をし、肯定的、否定的、中立かのいずれかを検出する

● 顧客からの問い合わせを、「問題」「請求」「方法」等のカテゴリに分類する

2 AI Builderを使うための準備

Power AppsでAI Builderを使うには、AI Builderクレジットが必要になります。AI Builderクレジットは、表1のようなライセンスに付属しています。

▼表1 AI Builderクレジットが付属したライセンス

ライセンス	クレジットの数
AI Builderアドオン（T1、T2、T3）	1,000,000
Power Apps Premium	500
アプリごとのPower Apps	250
Power Automate Premium	5,000
Power Automateプロセス	5,000
Power Automateホスト型アドオン	5,000
Power Automate非アテンド型RPAアドオン	5,000

　また、AI Builder試用版を使うことで、200,000クレジットを30日間無料で使うことができます。

　AI Builderのライセンスの詳細については、Microsoftの公式ページをご確認ください。

参考：AI Builder ライセンスとクレジットの管理

https://learn.microsoft.com/ja-jp/ai-builder/credit-management

　今回は次の手順で、AI Builder試用版を使い、Power AppsでAI機能を使ってみます。

1 Power Appsを開き、「詳細」>「AIハブ」を選択します（画面1）。

▼画面1　AIハブを選択

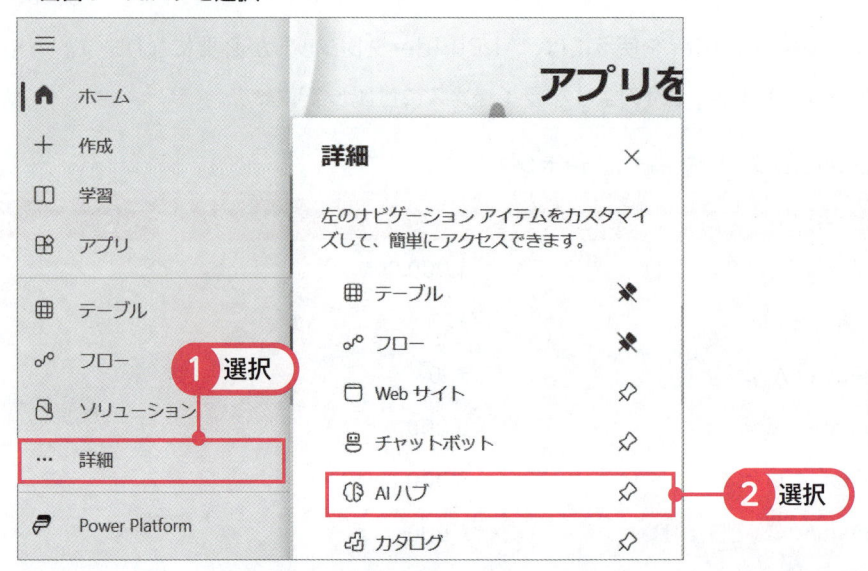

2 環境は「Dataverseによるアプリのビルド」の環境を選択します（画面2）。

もしDataverse環境を作成していない場合は、新規に作成しましょう。

▼画面2　Dataverseの環境を選択

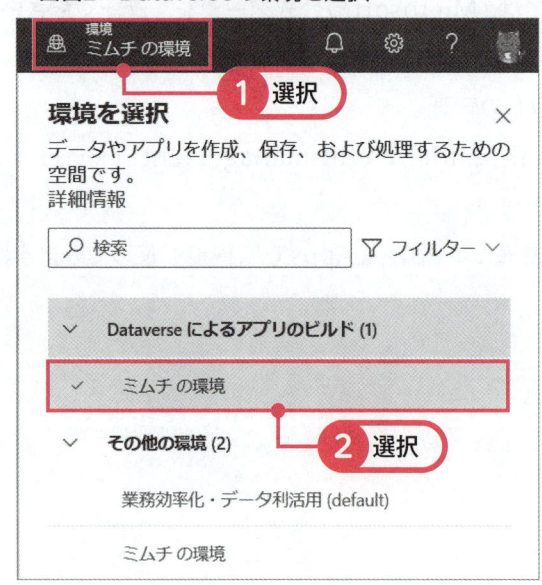

3 AI Builderの「無料試用版の開始」をクリックします（画面3）。

▼**画面3** AI Builderの無料試用版の開始

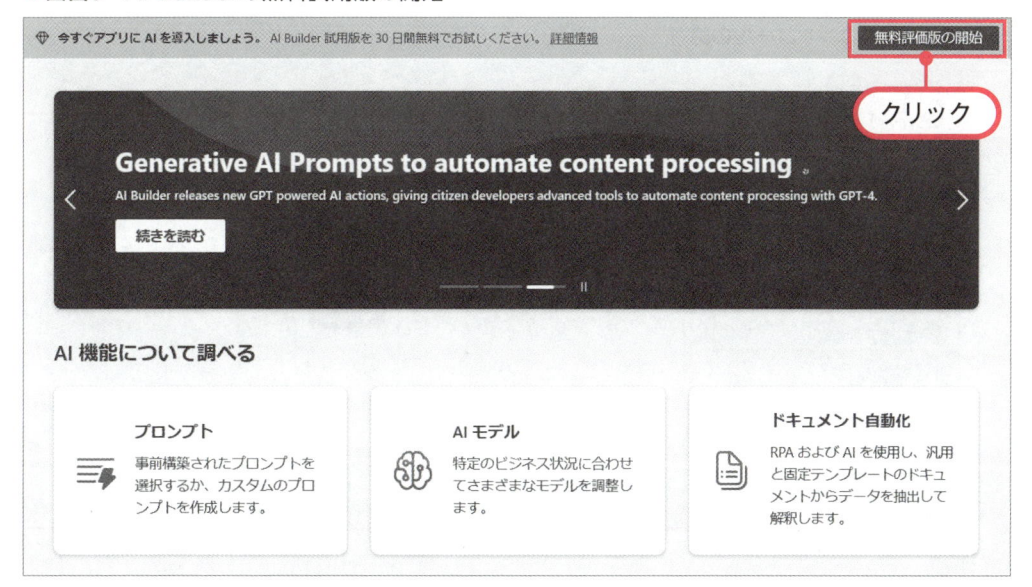

これで、30日間無料でAI Builderを使うことができます。

3 Power Appsで入力した文章要約する

「AIプロンプト」のテンプレートを使って、Power Appsで入力したテキストを、自動で要約してみましょう。

1 Power Appsの編集画面を開き、「挿入」から「テキスト入力」、「ボタン」、「テキストラベル」コントロールを追加します（画面4）。

▼**画面4**　コントロールの追加

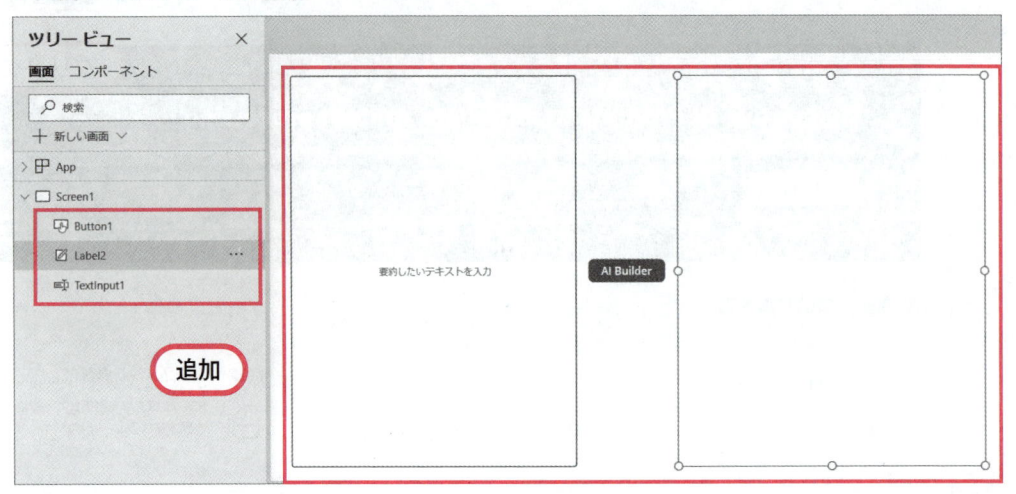

2 「データ」タブを選択し、「データの追加」＞「AIモデル」の「すべてのモデルを表示する」をクリックし（画面5）、「AI Summarize」を選択します（画面6）。

▼**画面5**　AIモデルの追加　　　　　　　　　　▼**画面6**　AI Summarizeの選択

3 ボタンの「OnSelect」プロパティに次の関数式を入力します（画面7）。

Set（Result, 'AI Summarize'.Predict（TextInput1.Text））

▼**画面7 ボタンクリック時の実装**

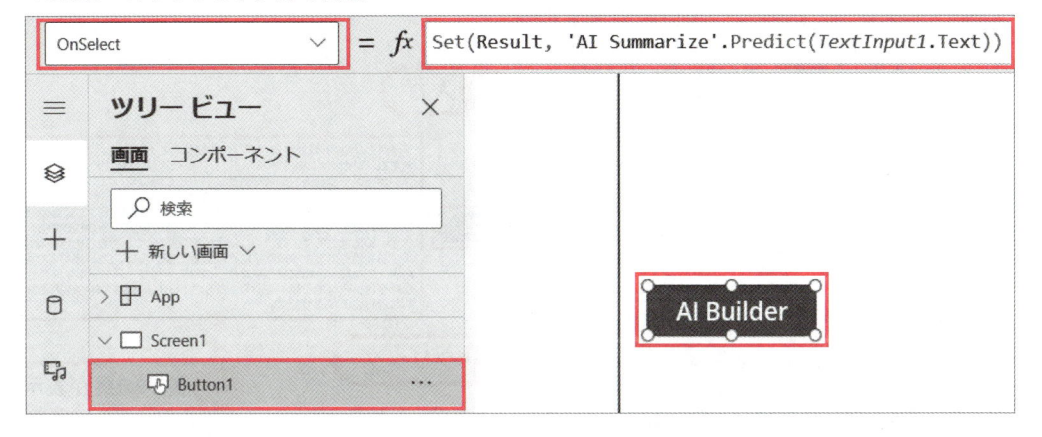

4 テキストラベルの「Text」プロパティには、次の関数式を入力します。

Result.Text

5 アプリのプレビューで、テキスト入力に要約したいテキストを入力した後、ボタンをクリックすると、テキストラベルに要約された文章が表示されます（画面8）。

▼**画面8　テキストを要約する**

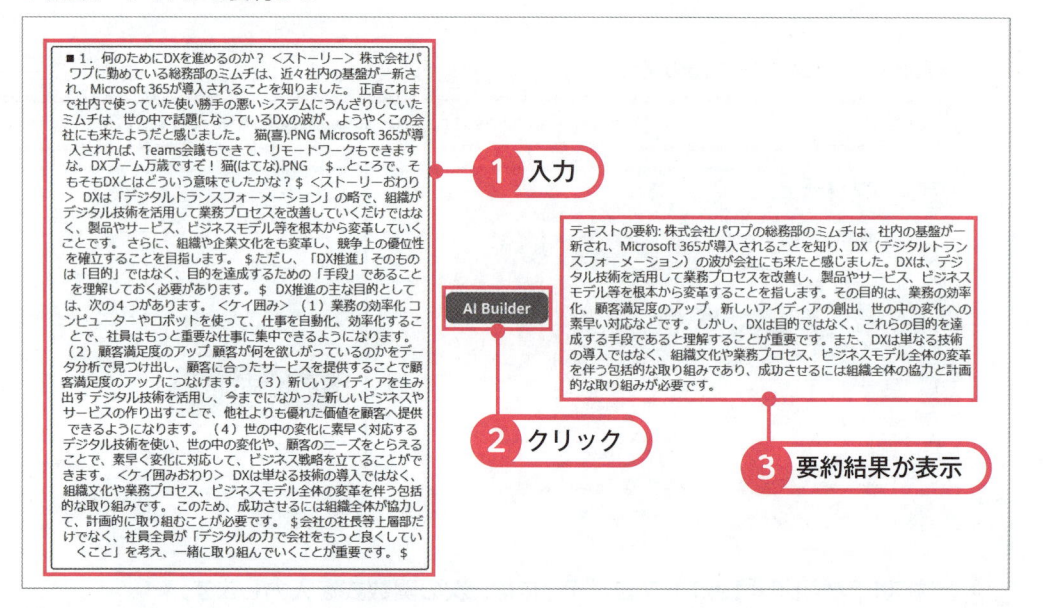

このようにして、Power Appsで簡単にAI機能を使うことができます。

4　Power Appsで読み込んだレシートの画像から情報抽出する

Power AppsでAI機能を使うとき、自分で出力内容を指定したい場合もあります。

例えば領収書のデータから、日付、製品名、価格のデータを抽出し、JSON形式で出力する等です。

JSON形式のように、決められたフォーマットでデータを出力すると、Power Appsで抽出したデータを、Power Automateで別のシステムへ入力するまでの操作を、自動化することもできます。

ここでは、レシートの画像をPower Appsで読み込み、日付、製品名、価格のデータをJSON形式で出力してみましょう。

①独自のAIプロンプトを作成する

1 Power Appsを開き、「詳細」＞「AIハブ」＞「プロンプト」を選択します。

2 「GPTでプロンプトを使用してテキストを作成する」をクリックします（画面9）。

▼**画面9** GPTでプロンプトを使用してテキストを作成する

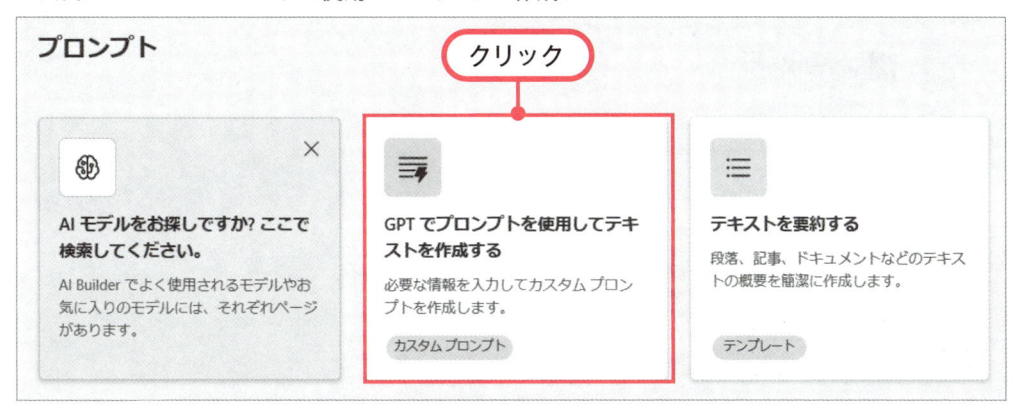

3 画面10のようにプロンプトを入力し、「+入力を追加する」をクリックします。
AIプロンプトの名前は、「レシートデータをJSONで出力」に変更します。

> 以下の入力データからデータを抽出して、JSONフォーマットで出力して。
> 入力：

▼**画面10** プロンプトを設定

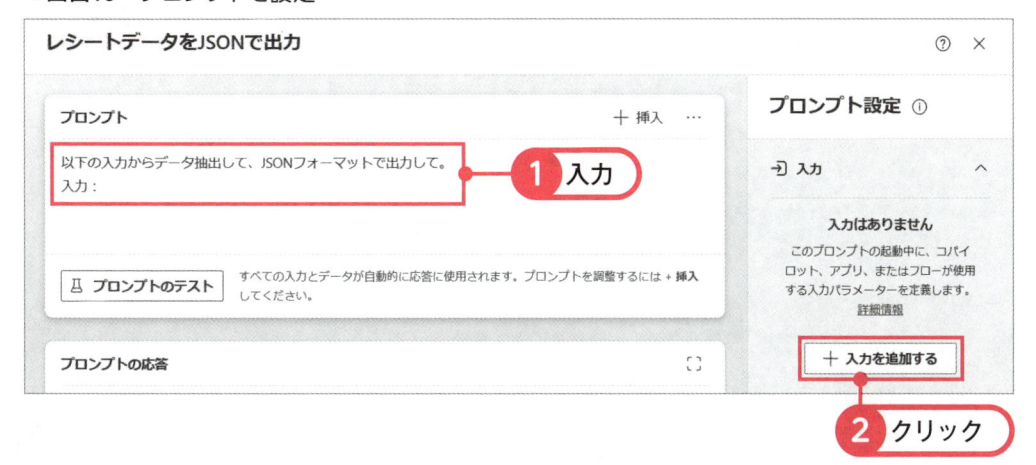

4 プロンプト設定で、名前に「レシートデータ」と入力します（画面11）。

▼**画面11** プロンプトの入力を設定

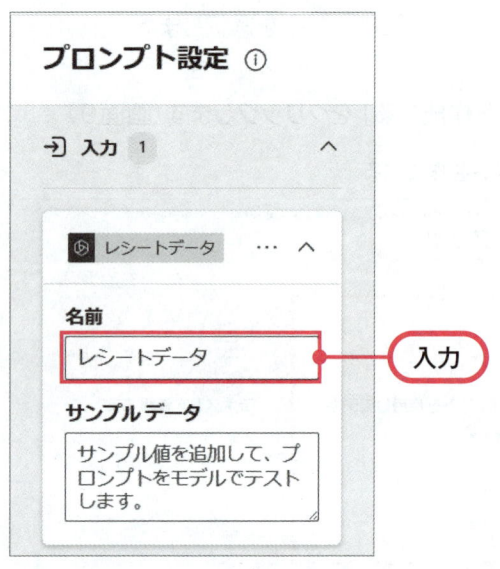

5 プロンプトの「入力：」の下を選択し、「＋挿入」＞「レシートデータ」を選択します（画面12）。

▼**画面12** プロンプトに入力データを挿入

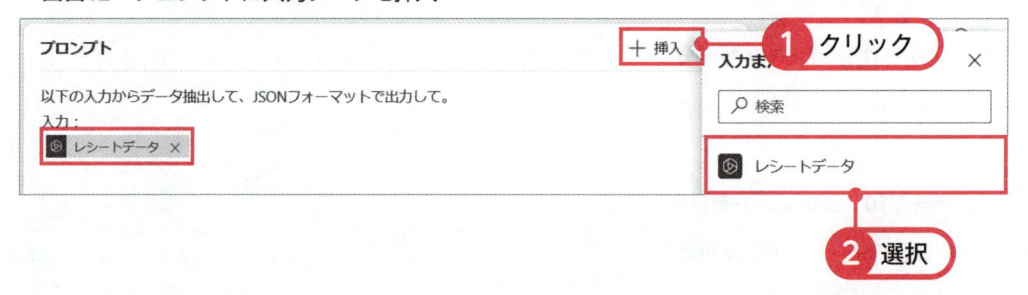

6 プロンプト設定の「出力」で、「JSON（プレビュー）」を選択し、「編集」をクリックします（画面13）。

▼**画面13**　プロンプトの出力設定

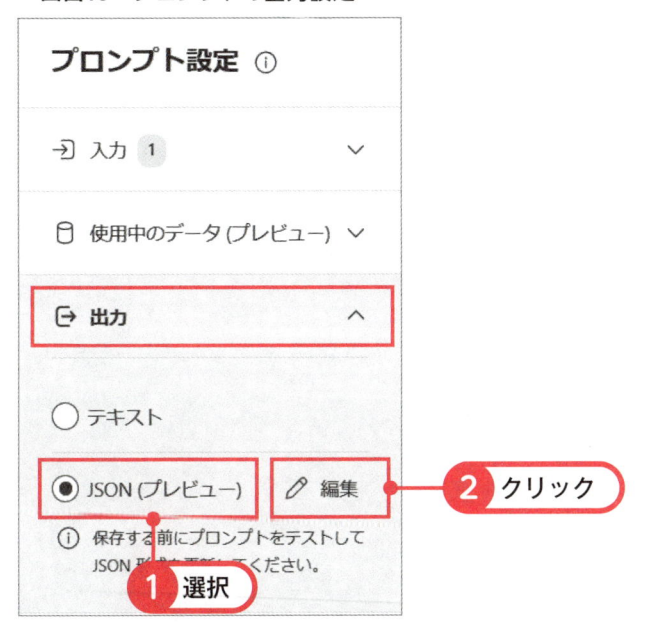

7 次のJSONを入力して、「適用」をクリックします（画面14）。

```
{
    "receipt": {
     "date": "2024年7月1日 10:00",
     "items": [
       {
          "name": "リンゴ",
          "cost": "350"
       },
       {
          "name": "ミカン",
          "cost": "250"
       }
     ]
    }
}
```

▼**画面14**　JSONフォーマットの例を入力

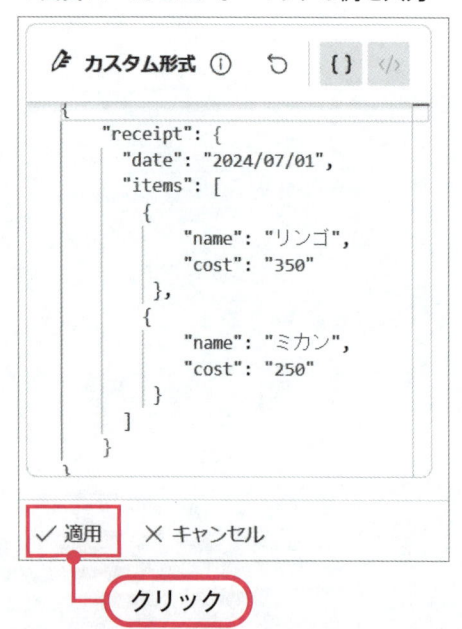

8 モデルを「GPT 4（プレビュー）」に変更後、「カスタムプロンプトを保存」をクリックします（画面15）。

▼**画面15** GPT4モデルに変更

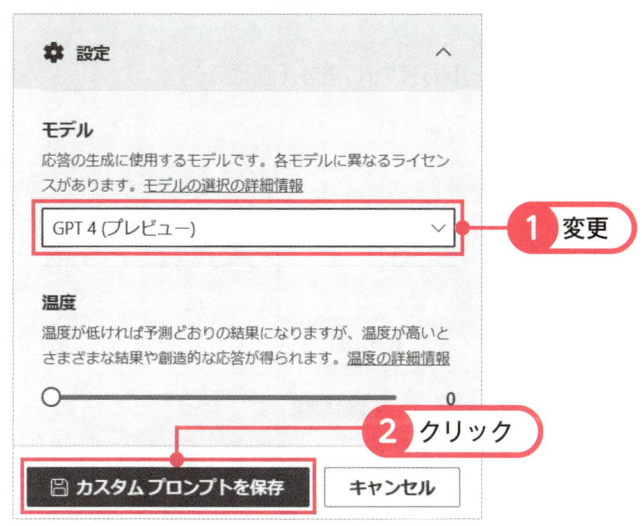

これで、自分の独自のプロンプトが作成できました！

プロンプトって何？

　プロンプトは、AIに対して行う指示や質問のことで、人とAIが対話する際に使う「入力」になります。

　プロンプトによって、AIに何をしてほしいか、どのような形で回答してほしいか等の指示を出します。

　例えば、「AIって何？」や「猫の特徴について300字で説明して」とプロンプトを入力すると、それに対してAIが回答を生成してくれます。

　良いプロンプトは、AIからより的確な回答を得るための鍵になり、プロンプトの工夫次第で、生成AIの出力品質も大きく変わります。

　本書の特典でも、プロンプト作成のコツをまとめているので、ぜひご活用ください！

②カスタムプロンプトをPower Appsで使う

1 Power Appsの編集画面を開き、「挿入」＞「AI Builder」＞「テキスト認識エンジン」を追加します。

また、ボタンとテキストラベルコントロールも追加します（画面16）。

▼**画面16**　レシートデータ抽出用コントロールの追加

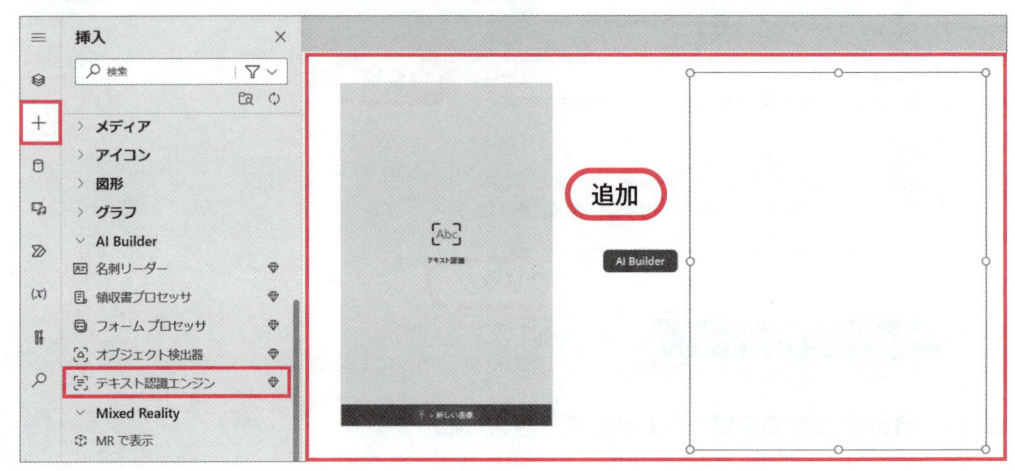

2 「データ」タブから「データの追加」＞「レシートデータをJSONで出力」を選択します（画面17）。

▼**画面17**　カスタムプロンプトの追加

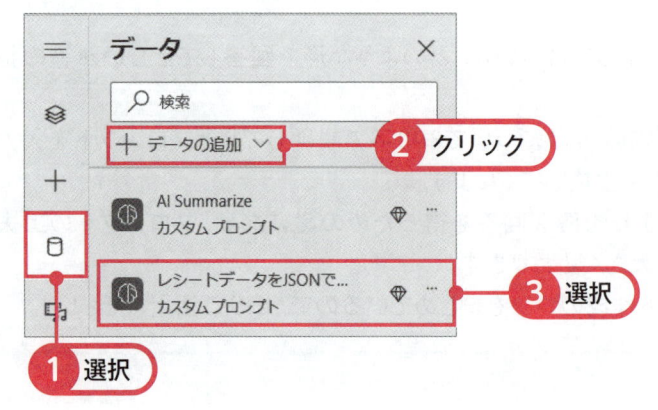

3 ボタンの「OnSelect」プロパティに、次の関数式を入力します(画面18)。

```
Set(
  ReceiptResult, レシートデータをJSONで出力.Predict(
    Concat(TextRecognizer1.Results,Text,", ")
  )
)
```

▼**画面18 ボタンクリック時の実装**

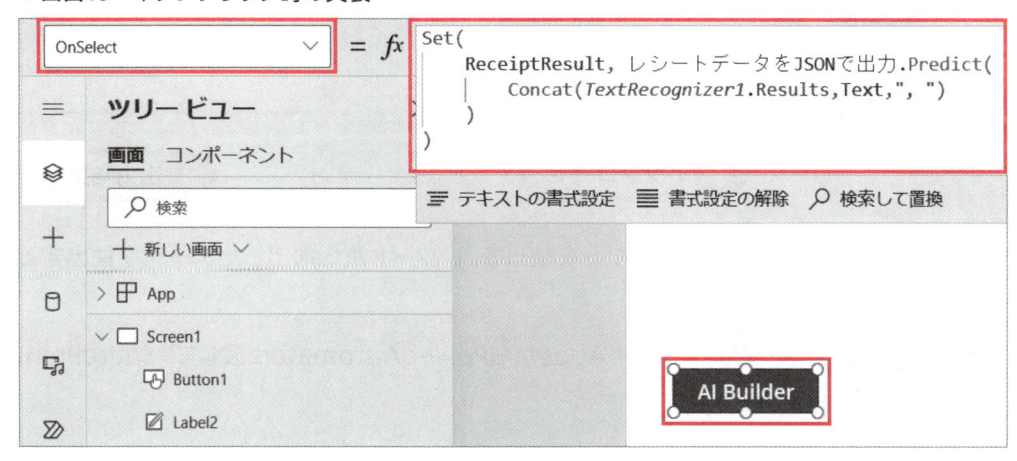

4 テキストラベルの「Text」プロパティには、次の関数式を入力します。

```
ReceiptResult.Text
```

5 アプリのプレビューから、レシートの画像をアップロードすると、テキスト認識エンジン(OCR)で、レシートの文字を読み取ります。

　その後ボタンをクリックすると、レシートから抽出したデータが、右側に指定したJSON形式で出力されます(画面19)。

▼**画面19**　レシートを読み取り、JSON形式でデータ出力

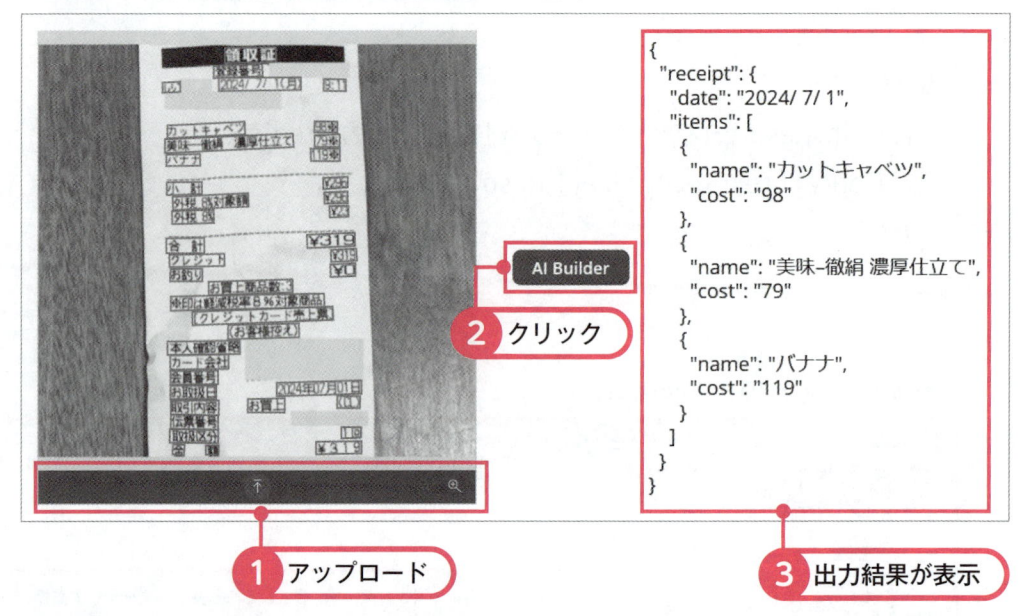

このようにして、カスタムプロンプトを使って、レシートから抽出したデータを抽出することができました。

抽出したJSONデータは、Power AppsからPower Automateに渡して、SharePointリストに登録することもできます。

その他にも、様々なAI機能の活用方法があるため、ぜひ活用してください！

3 ChatGPTを使った開発支援

　ミムチは、最近AI関連のニュースでよく聞く「ChatGPT」についても、興味を持ち始めました。

　「ChatGPTを試しに使ってみましたが、これはすごいですぞ…！」

　「ChatGPT」をPower Appsアプリ開発にも活用できるのではないですかな？

ChatGPTは、Power Platformの要件定義〜リリースまで、あらゆるフェーズで活用できますので、ぜひ使っていきましょう！

1　ChatGPTは業務改善のあらゆるフェーズで活用できる

「ChatGPT」については、知っている人も多いかもしれません。

　ChatGPTは、OpenAIが開発した大規模言語モデル（大量のテキストデータを学習して構築された、自然言語処理のモデル）です。

　ChatGPTは、OpenAIのサイト（https://chatgpt.com/）から使うことができます。

　自然な言語で質問をすると、ChatGPTが回答してくれ、まるで人と会話しているようなやりとりができます（画面1）。

▼**画面1**　ChatGPT (GPT-4o) の画面

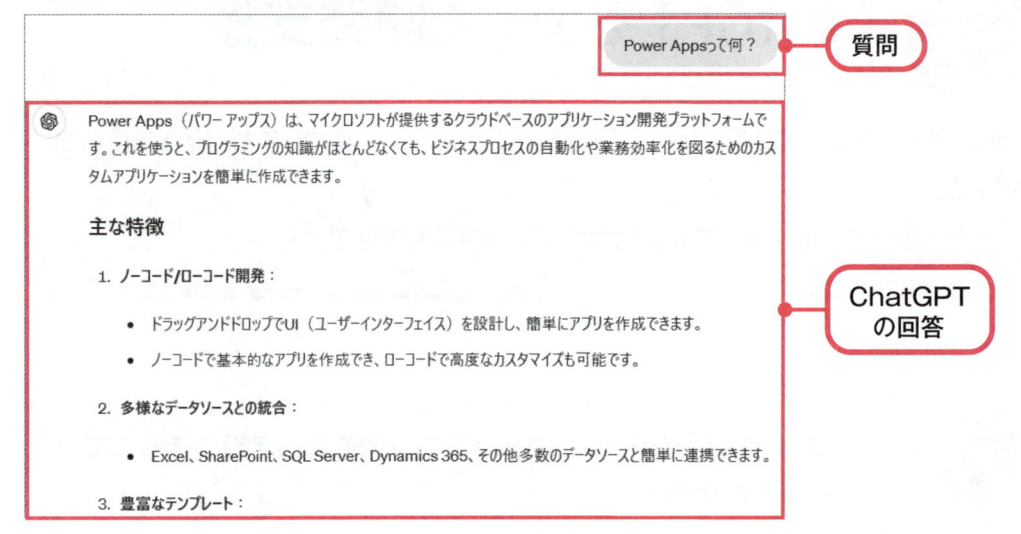

ChatGPTは、Power Platform開発のあらゆるフェーズで活用することができます。

ChatGPTを活用することで、開発効率を飛躍的にアップできる可能性があるため、ぜひ使ってみてください！

コラム　ChatGPT以外の生成AIも使ってみる！

2022年のChatGPT登場以降、OpenAI以外の会社からも、様々な大規模言語モデルを使った生成AIサービスが提供されています。

テキストで会話ができるサービスとして、ChatGPT以外にも、例えば「Claude」等のサービスがあります。

「Claude」でもChatGPTと同様、自然言語で質問すると、回答を返してくれます（画面）。

▼**画面**　Claude (Opus) の画面

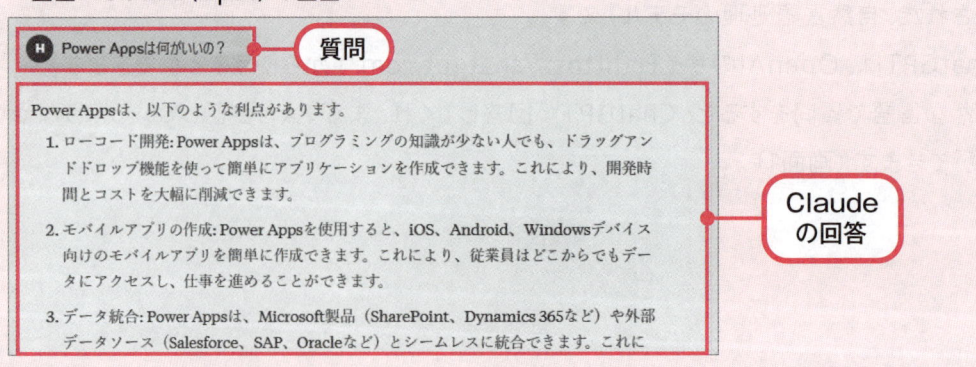

ChatGPTでよい回答が得られなかった場合に、Claudeを使うと解決することもあるかと思います。

今後も色々な生成AIサービスが出てくるかと思いますが、いくつかのサービスを合わせて活用すると、より的確な回答が得られる可能性があります。

特に主要な生成AIサービスについては、最初に試しに使ってみるとよいでしょう！

2 Power Appsアプリ開発でのChatGPT活用例

①要件定義での活用

第5章第1節で行った要件定義では、システムで何を実現したいか検討し、必要な機能の洗い出しを行いました。

この段階でChatGPTを活用することで、要件のたたき台として使えそうな案を回答してくれます。

例えば画面2のように、現状の業務フローを伝えた上で、Power PlatformやMicrosoft 365を活用した改善の要件定義の案を出してもらいます。

▼**画面2** ChatGPT (GPT-4o) に要件定義の案を出してもらう (質問内容)

総務部では、他部署からの申請処理業務を以下のフローで行っています。
この業務フローを、Microsoft 365とPower Platformを使って改善します。
要件定義の案を出してください。

現状のフロー：
①他部署の申請者が、総務部の職員にメールや電話で申請を提出します。
例えば、物品の貸し出し申請などがあります。
②申請を受けた総務部の職員は、Excelの申請一覧に申請内容を手動で記載します。Excelなどを使用して一覧で情報を管理するのはよく使われている方法かと思います。
③総務部の職員が申請の対応を完了したら、メールや電話で申請者に連絡します。
例えば、物品の貸し出し準備が完了した旨を通知します。
④総務部の職員は、部署の課長に対して、月次で申請の件数や内容を報告します。この報告書は、申請一覧のExcelとは別にWordで作成されています。

するとChatGPTから、画面3、画面4のように、要件定義の提案を回答してくれます。

▼**画面3**　ChatGPT（GPT-4o）が提案してきた要件定義の案

この業務フローをMicrosoft 365とPower Platformを活用して改善するための要件定義案を以下に示します。各ステップを自動化・効率化することで、手動作業を減らし、全体の業務効率を向上させます。

要件定義案

1. **申請受付（フォームの自動化）**

   - **Power AppsまたはMicrosoft Formsの利用:**

     - 他部署の申請者は、専用の申請フォーム（例：Power AppsアプリまたはMicrosoft Forms）を通じて申請を提出します。
     - フォームには、必要な申請情報（例：申請者名、申請内容、希望日時など）を入力するフィールドを設けます。
     - フォーム送信時に自動で申請IDが付与されるようにします。

2. **申請内容の管理（データの自動記録）**

   - **SharePointリストまたはDataverseの利用:**

     - 提出された申請は、自動的にSharePointリストまたはDataverseに記録され、申請一覧として管理されます。
     - これにより、Excelでの手動記録を不要にします。
     - 申請内容に応じて、必要なデータを適切なリストに分類し、後で容易に検索・フィルタリングできるようにします。

▼**画面4**　ChatGPT（GPT-4o）が提案してきた要件定義の案

---

3. **申請対応と通知（プロセスの自動化）**

   - **Power Automateの利用:**

     - 新しい申請が記録されると、Power Automateのフローがトリガーされ、総務部の職員に通知します。
     - 申請対応が完了したら、総務部の職員はSharePointリストまたはDataverseでステータスを更新します。
     - ステータス更新に伴い、Power Automateが自動的に申請者にメール通知を送信します（例：物品の貸し出し準備完了通知）。

4. **月次報告の自動化**

   - **Power BIまたはPower Automateの利用:**

     - SharePointリストまたはDataverseに蓄積されたデータを元に、Power BIでダッシュボードを作成し、月次の申請件数や内容を可視化します。
     - 月次報告書が必要な場合、Power Automateを使って定期的にデータを抽出し、Wordテンプレートに自動で挿入して報告書を生成します。
     - 報告書は自動的に課長に送信されるように設定します。

ChatGPTは時には誤った回答をすることもあるので、あくまでたたき台と考えましょう。

そのため、最終的には自分で判断する必要がありますが、たたき台を出してくれるだけでも、自分だけで0から考えるよりも格段に効率がアップします。

> **生成AIを使うときはモデルにも注意**
>
> ChatGPTや、Claude等の生成AIは、短期間で次々に新しいモデルを出しています。
>
> 私は2024年5月現在、最近公開されたGPT-4oモデルを使っていますが、これはGPT3.5とは比べ物にならないほど、精度が高いです。
>
> 生成AIのモデルはどんどん進化し、モデルによってかなりパフォーマンスが異なるため、利用する際は、どのモデルを使うかも注意しておきましょう。

②アプリ設計での活用

ChatGPTは、アプリの設計フェーズでもかなり活用できます。

例えば第5章第2節で、申請アプリのデータベース設計をしましたが、これをChatGPTに手伝ってもらうこともできます。

要件定義と同様、ChatGPTにデータベース設計案を出してもらいます（画面5）。

▼**画面5**　ChatGPT（GPT-4o）にデータベース設計の案を出してもらう

> ✎　上記の申請処理業務を、Power Appsでアプリ化します。
> データソースとしてSharePointリストをつかうときの、データベース設計案を提案してください。　**質問**
>
> ⚙　Power Appsでアプリ化する際に、データソースとしてSharePointリストを使用するためのデータベース設計案を以下に提案します。申請の管理に必要な情報を効率的に保存・管理できるように、適切なリストと列を設計します。
>
> **SharePointリスト設計案**
>
> 1. **リスト名：申請リスト（Requests）**
>
> ・各申請の詳細情報を保存するリストです。

するとChatGPTから、画面6、画面7のように、データベース設計の提案を回答してくれます。

▼画面6　ChatGPT（GPT-4o）が提案してきたデータベース設計の案

1. リスト名: 申請リスト（**Requests**）

- 各申請の詳細情報を保存するリストです。

列名 (Column Name)	タイプ (Type)	説明 (Description)
ID	自動生成 (Auto-generated)	各申請に対する一意の識別子 (Unique identifier for each request)
申請者 (Requester)	人 (Person)	申請を行った人の名前 (Name of the person who made the request)
部署 (Department)	テキスト (Single line of text)	申請者の所属部署 (Department of the requester)
申請内容 (Request Details)	複数行テキスト (Multiple lines of text)	申請の具体的な内容 (Details of the request)
申請日 (Request Date)	日付と時刻 (Date and Time)	申請が提出された日付 (Date the request was submitted)
希望日時 (Desired Date)	日付と時刻 (Date and Time)	申請者が希望する日時 (Desired date and time for the request)
ステータス (Status)	選択 (Choice)	申請の現在の状態 (Current status of the request)
担当者 (Assigned To)	人 (Person)	申請に対応する総務部の職員 (Administrative staff assigned to the request)
対応完了日 (Completion Date)	日付と時刻 (Date and Time)	申請が完了した日付 (Date the request was completed)
備考 (Remarks)	複数行テキスト (Multiple lines of text)	その他の備考やコメント (Additional remarks or comments)

▼画面7　ChatGPT（GPT-4o）が提案してきたデータベース設計の案

追加リスト

必要に応じて、申請に関連するその他の情報を管理するための追加リストを作成することも検討できます。例えば、「物品リスト（Equipment）」や「申請カテゴリ（Request Categories）」などがあります。

1. リスト名: 物品リスト（**Equipment**）

- 各物品の詳細情報を保存するリストです。

列名 (Column Name)	タイプ (Type)	説明 (Description)
ID	自動生成 (Auto-generated)	各物品に対する一意の識別子 (Unique identifier for each equipment)
物品名 (Equipment Name)	テキスト (Single line of text)	物品の名前 (Name of the equipment)
数量 (Quantity)	数値 (Number)	物品の数量 (Quantity of the equipment)
状態 (Condition)	選択 (Choice)	物品の状態 (Condition of the equipment)

2. リスト名: 申請カテゴリ（**Request Categories**）

- 各申請のカテゴリ情報を保存するリストです。

列名 (Column Name)	タイプ (Type)	説明 (Description)
ID	自動生成 (Auto-generated)	各カテゴリに対する一意の識別子 (Unique identifier for each category)
カテゴリ名 (Category Name)	テキスト (Single line of text)	カテゴリの名前 (Name of the category)

テーブルごとに、列名、データ型（タイプ）の一覧を提案してくれています。
またメインの申請リスト以外に、追加リストの案も出してくれました。

　例えば、対応工数を記録するリストも必要な場合、ChatGPTに追加で指示を出せば、追加で作成するリストも提案してくれます（画面8）。

▼**画面8**　ChatGPT（GPT-4o）に追加で指示した際の回答

　ChatGPTは、これまでの質問や回答の内容を踏まえて、追加の質問に対しても回答してくれます。
　一度の質問で適切な回答が得られなかった場合は、追加で質問をしてみましょう。

③アプリ開発での活用

　Power Appsの実装についても、ChatGPTはとても役立ちます。
　例えば、どのように関数式を実装すればよいか分からないとき、ChatGPTに聞いてみましょう（画面9）。

▼画面9　ChatGPT（GPT-4o）にPower Appsの実装方法を聞いてみる

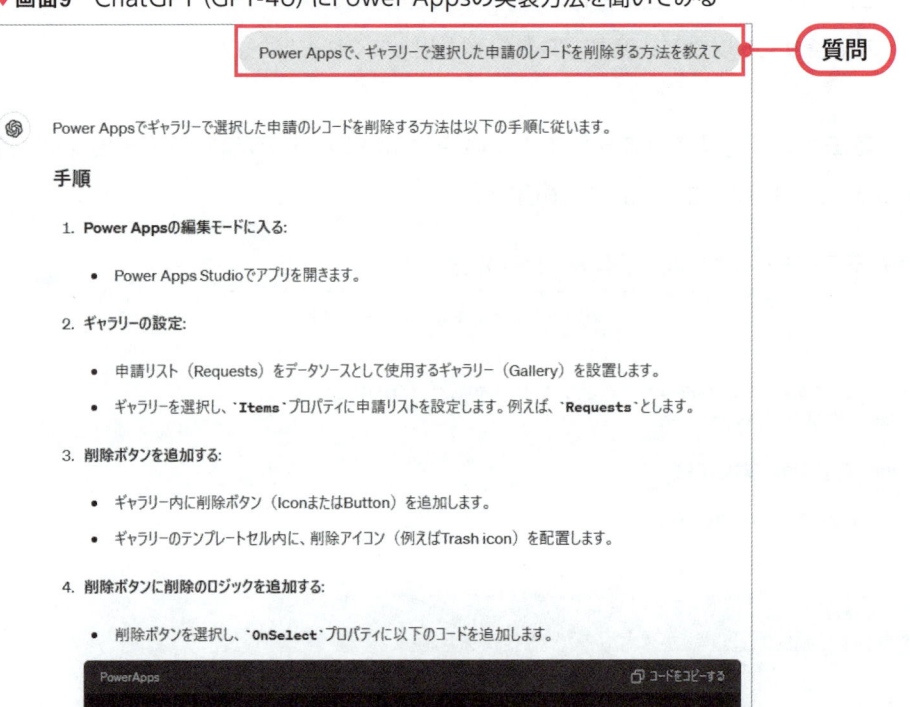

Google検索をした場合は、1つ1つ記事の内容を確認する必要がありますが、ChatGPTは実装方法そのものを回答してくれる上、実際に入力する関数式も出してくれます。

ただし、このときもやはり適切な回答をしてくれない場合があるため、ある程度の知識が必要なことも多いです。

ChatGPTと、Google検索をうまく組み合わせて活用していきましょう！

コラム	今後はAIを使いこなす力が必要になる

本章で述べたように、ChatGPTをはじめとするAIの活用により、Power Platform開発の効率は飛躍的に向上します。

ただし、AIの回答は常に正確とは限らないため、開発者自身による内容の確認が不可欠です。

そのため、Power Platform開発においては、AIを「優秀なアシスタント」と考えるとよいでしょう。

活用例からも明らかなように、今後はAIを効果的に活用できるか否かが、様々な仕事における生産性の向上に大きく影響するでしょう。

初めは適切な質問ができず、満足のいく回答が得られないこともあるかもしれません。しかし、AIを繰り返し使用することで、徐々に質問の仕方のコツをつかめるようになるはずです。

さらに、AIの活用はPower Platform開発に留まりません。

例えば私自身、冷蔵庫の余り物を材料に、AIに夕食のメニューを提案してもらうことがあります。

今後、様々な場面でAIを上手に活用していくことが重要になると考えられますので、皆さんも、ぜひAIを活用してみてください！

第8章のまとめ

　本章では、**Power AppsのCopilot機能を使ったレスポンシブアプリの自動作成方法を紹介**しました。

　2024年5月現在では、一つのテーブル作成から、一つの画面で構成されるアプリしか作成できませんが、Microsoft Build 2024で発表されたように、今後は複数のテーブルからデータモデルを作成し、複数画面のアプリをCopilotで自動作成できるようになります。

　また、Copilot機能を使うと、アプリの関数式の作成や、関数式の説明を作成したり、ギャラリー等のコントロールや、プロパティの設定も変更したりできます。

　Copilotは、今後まだまだ発展途上です。将来的にはCopilotに設計〜テスト、リリースまですべてをお願いできるようになるかもしれません。

　AI Builderを使うと、文章要約や、文章生成、感情分析等のAI機能を手軽にアプリやフローに組み込むことができます。

　また、ChatGPT等の生成AIを、Power Appsアプリ開発に活用する事例も紹介しました。
　ChatGPT等の生成AIを活用すると、要件定義〜テスト、リリースまであらゆるフェーズで開発効率をあげることができます。

　例えば、要件定義や設計のたたき台を作成してもらうことで、検討から抜け漏れていた項目に気づくことがあります。

　また開発でエラーや、実装方法で分からないことが出てきたとき、生成AIを活用すると、検索エンジンよりも早く解決にたどり着ける可能性があります。

　また、生成AIを活用すると、Power Apps以外の様々な作業効率をアップさせることができます。

　生成AIを使うときは、次の点にも注意しましょう。

生成AI利用の注意点

- 生成AIは必ずしも正しい回答をしてくれるわけではないため、最終的には自分で確認が必要となる。
- 業務で生成AIサービスを活用するときは、セキュリティ面にも注意する。

　これらの注意事項も考慮し、ぜひ生成AIとWeb検索を上手く活用して、様々な問題解決に役立ててください！

おわりに

　「アプリ開発の初心者でも、体系的に学べば早くスキルアップできるのでは？」

　私が、アプリ開発へのチャレンジ＆挫折を2回繰り返し、3回目にようやく1つの「家事管理アプリ」を作り上げたときに感じました。

　Power Apps本も色々ありますが、特に「要件定義」や「設計」まで分かりやすく解説している本はあまりないと感じ、「自分で分かりやすい本を出そう！」と本書の出版に至りました。

　ところで私は、Power Apps以外のPower Automateや、Power BIも大好きです。

　Power Automateを活用することで、業務プロセスを自動化し、業務効率を劇的に向上させることができます。

　例えば今回紹介したような、承認フローを簡単に作成できます。

　さらにPower BIを使うことで、Power Appsで収集したデータを視覚的に分かりやすいレポートにできます。

　これにより、データドリブンな意思決定が可能となり、ビジネスの成功につながる重要な示唆を得ることができるのです。

　皆さんには、ぜひ本書をきっかけに、Power Apps以外のPower Platformサービスにも興味を持っていただければと思います。

　最後までお読みいただいた読者の皆さま。

　ここまで支えてくれた家族。

　そして、本書の出版についてお声がけいただいた出版社の方々。

　本当にありがとうございました！

　この本が、皆さまのスキルアップの手助けになれば幸いです。

■著者紹介

パワ実

　元々非IT系の事務職であったが、組織へのMicrosoft 365導入を契機に2021年よりPower Platformを勉強し始め、ブログやYouTube、Twitterで情報発信を行っている。Power Platformの経験を活かし、2023年にはIT系コンサルタントに転職。2024年にはYouTubeチャンネル「業務効率化・データ活用ちゃんねる」の登録者数が1万人を突破。Power Platform初心者向けの開発サポートサービスも提供している。

　　Power Platformについて、もっと知りたい場合は、著者の運営している次のコンテンツもぜひご覧ください！

YouTube チャンネル

業務効率化・データ活用ちゃんねる
https://www.youtube.com/@pawami

X（旧 Twitter）

パワ実@業務効率化・データ活用情報発信
https://x.com/pawami_powerpf

ブログ

業務効率化・データ活用ブログ
https://www.powerplatformknowledge.com/

パスワード：K6vAbzyk

●カバーデザイン
mammoth.

●キャラクターイラスト
もさん

ゼロから学ぶ Power Apps 実践に役立つビジネスアプリ開発入門

発行日	2024年　9月　5日	第1版第1刷
	2025年　5月　8日	第1版第3刷

著　者　パワ実

発行者　斉藤　和邦
発行所　株式会社　秀和システム
　　　　〒135-0016
　　　　東京都江東区東陽2-4-2　新宮ビル2F
　　　　Tel 03-6264-3105（販売）Fax 03-6264-3094
印刷所　三松堂印刷株式会社

©2024 Pawami　　　　　　　　　　Printed in Japan

ISBN978-4-7980-7225-8 C3055